高等职业教育计算机类专业新型一体化教材

微信公众平台与小程序开发
——实验与项目案例教程

林世鑫　李　圆　主编

莫国勇　副主编

U0199061

电子工业出版社.

Publishing House of Electronics Industry

北京 · BEIJING

内 容 简 介

本书是学习微信公众平台开发与小程序开发的基础教程。全书共 20 讲，所有内容均为大众日常在微信公众平台、小程序中接触的、熟悉度极高的业务功能，其中讲解微信公众平台与小程序开发的内容各占 10 讲。

本书可以作为高职院校学生的微信平台开发课程的教材，也可作为计算机培训机构的微信平台开发课程的教材；对于广大微信平台开发爱好者，本书是很好的入门级学习用书。

图书在版编目（CIP）数据

微信公众平台与小程序开发：实验与项目案例教程 / 林世鑫，李圆主编. —北京：电子工业出版社，2020.1
（2025.1 重印）

ISBN 978-7-121-37139-4

Ⅰ. ①微… Ⅱ. ①林… ②李… Ⅲ. ①移动终端－应用程序－程序设计－高等职业教育－教材 Ⅳ.①TN929.53

中国版本图书馆 CIP 数据核字（2019）第 152395 号

责任编辑：李　静　　　　　　　特约编辑：田学清
印　　刷：固安县铭成印刷有限公司
装　　订：固安县铭成印刷有限公司
出版发行：电子工业出版社
　　　　　北京市海淀区万寿路 173 信箱　　　邮编：100036
开　　本：787×1092　1/16　印张：21.5　　　字数：592 千字
版　　次：2020 年 1 月第 1 版
印　　次：2025 年 1 月第 8 次印刷
定　　价：57.00 元

凡所购买电子工业出版社图书有缺损问题，请向购买书店调换。若书店售缺，请与本社发行部联系，联系及邮购电话：（010）88254888，88258888。

质量投诉请发邮件至 zlts@phei.com.cn，盗版侵权举报请发邮件至 dbqq@phei.com.cn。

本书咨询联系方式：（010）88254604，lijing@phei.com.cn。

前　言

　　微信公众平台与小程序的推出不仅改变了互联网的应用习惯与应用生态，也改变了人们的日常生活状态与工作业务模式，因此开发微信平台下的业务应用（包括公众平台与小程序）成为近几年来各互联网公司新兴的业务模块。为适应这一领域迅速增长的人才需求，国内部分高职院校陆续开设了相关的课程。

　　但在目前市面上常见的微信平台开发类书籍中，还没有面向高职院校学生使用的教材。大多同类教材的内容也没有针对高职院校的学情与课程特点进行设置，具体表现为以下三点：

　　（1）有的教材是"理论介绍式"教材，其在内容选择、理论阐述上大多照搬微信的开发技术文档，缺少教学转化，缺少完整的、可操作的实验内容，缺少清晰的实验步骤。

　　（2）有的教材是综合项目"开发步骤式"教材，但其涉及的知识综合性强、复杂度较高，且忽略了对相关知识的分析讲解，对于缺乏实际开发经验的高职学生而言，难度偏高。

　　（3）有的教材在内容的编排和选择上未考虑课堂教学时间的限制，以及课堂教学的讲、练需要，在教学使用时，教师需要对内容进行大幅度取舍，备课难度较大。

　　本书内容原为编者在任教的高职院校承担"微信平台搭建与开发"课程教学任务时的讲义，编者经过课堂教学实践，并根据学生的学习情况与教学课时情况，对这些内容进行了反复修改。

　　本书具有以下几大特点。

　　（1）本书内容包括两大部分：微信公众平台开发与小程序开发，其内容各占10讲。从最基础的工具准备、环境搭建开始，逐渐深入广大读者都熟悉的微信公众平台、小程序的业务功能。

　　（2）在学习难度的设定方面，本书充分考虑了高职学生的学情基础，微信公众平台开发与小程序开发中大部分常用的接口与技术贯穿全书。内容难度均为入门级，每讲内容基本控制在4个课时之内，旨在使学生通过学习本书，对微信开发有一个基本的认识与理解，初步具备微信开发的技术与能力，为后期的学习、工作打下基础。

　　（3）本书对知识的讲解分析，以"未涉及则不介绍"为原则，力求避免对大量的理论知识进行堆砌式讲解。以完成实验步骤为主，对实验过程中涉及的新知识、新原理，穿插进行简单介绍。预期的目标是学生在使用本书时，可以做到"不阅读知识原理，能顺利完成实验；阅读知识原理，能更好地完成实验、掌握技能"。

　　（4）对比较抽象、复杂的知识原理，本书专门绘制了插图，以帮助师生理解、学习。

　　（5）为便于教师授课与学生学习，本书不仅对每个实验涉及的知识提供了配套的PPT，而且提供了完整的实验素材与源码。同时，本书配备了微信平台开发的教学视频。

（6）本书配备的教学视频并非简单演示实验过程，而是对各实验涉及的微信开发技术做了更细化的分解演示与讲解，是本书一个重要的、更加基础的补充内容。广大师生在使用本书之前，可以先通过这套教学视频进行前期的基础学习。

使用本书作为教材的教师，可以参考下面的教学课时分配表进行教学。

章　　名	课 时 分 配	每周 4 课时	每周 2 课时
第 1 讲　微信公众号开发准备	2	✓	✓
第 2 讲　关键字回复	4	✓	✓
第 3 讲　接收回复不同类型的消息	4	✓	✓
第 4 讲　微信公众号自定义菜单	2	✓	
第 5 讲　获取用户信息	4	✓	✓
第 6 讲　事件回复消息	4	✓	✓
第 7 讲　发送客服消息	4	✓	
第 8 讲　带参数的二维码	4	✓	✓
第 9 讲　发送模板消息	4	✓	
第 10 讲　JS-SDK 的应用	4	✓	
第 11 讲　小程序开发准备	2	✓	✓
第 12 讲　小程序 Hello World	2	✓	
第 13 讲　获取用户的微信信息	4	✓	✓
第 14 讲　购物小程序首页的 UI 设计	4	✓	✓
第 15 讲　会员中心 UI 设计	4	✓	✓
第 16 讲　二维码的应用	4	✓	✓
第 17 讲　多媒体娱乐小程序	4	✓	✓
第 18 讲　小程序的界面与交互效果	4	✓	✓
第 19 讲　手机小助手	4	✓	
第 20 讲　网上书店与购物车	4	✓	
合计	72	72	48

在本书中，图中的"帐号""模版""appID""appsecret"，在正文中已修改为正确形式，分别为"账号""模板""AppID""AppSecret"，请读者注意。

本书在编写过程中，电子工业出版社的李静编辑给予了大力支持，提出了许多宝贵的意见，在此特别致谢。

对本书中未介绍的必要性内容及存在的不足，还望读者不吝指正，在此不胜感激。

编　者
2019 年 9 月

目　录

第1讲 微信公众号开发准备

1.1 微信公众号开发简介

1.1.1 微信公众号类型简介

目前微信公众号包括两种类型：订阅号与服务号。两者的主要区别有三点：用户对象不同、功能定位不同及拥有的接口权限不同。

订阅号主要用于宣传信息，无论是机构还是个人，都可以申请订阅号。订阅号又分为认证用户与非认证用户，两者的主要区别在于权限范围不同。因为认证订阅号需要提供企业的一些资质证明资料，所以个人申请的订阅号无法获得认证资质。

服务号主要用于为客户提供在线服务。服务号只允许提供相关资质证书的企业单位或组织机构申请。

不同类型微信公众号如图1-1所示。

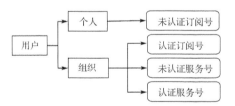

图 1-1 不同类型微信公众号的区别

不同类型的微信公众号接口权限的区别如表1-1所示。

表 1-1 不同类型的微信公众号接口权限的区别

接 口 名 称	未认证订阅号	认证订阅号	未认证服务号	认证服务号
基础支持：获取 access_token	有	有	有	有
基础支持：获取微信服务器 IP 地址	有	有	有	有
接收消息：验证消息、普通消息、事件推送、语音识别结果	有	有	有	有
发送消息：被动回复消息	有	有	有	有
发送消息：客服接口		有		有
发送消息：群发接口		有		有

续表

接 口 名 称	未认证订阅号	认证订阅号	未认证服务号	认证服务号
发送消息：模板消息接口				有
发送消息：一次性订阅消息接口		有		有
用户管理：用户分组管理		有		有
用户管理：设置用户备注名		有		有
用户管理：获取用户基本信息		有		有
用户管理：获取用户列表		有		有
用户管理：获取用户地理位置				有
用户管理：网页授权获取用户 OpenID/用户基本信息				有
推广支持：生成带参数的二维码				有
推广支持：长链接转短链接口				有
界面丰富：自定义菜单		有	有	有
素材管理：素材管理接口		有		有
智能接口：语义理解接口				有
多客服：获取多客服消息记录、客服管理				有
微信支付接口				申请
微信小店接口				申请
微信卡券接口		申请		申请
微信设备功能接口				申请
微信发票接口		有		有
JS-SDK：基础接口	有	有	有	有
JS-SDK：分享接口		有		有
JS-SDK：图像接口	有	有	有	有
JS-SDK：音频接口	有	有	有	有
JS-SDK：智能接口（网页语音识别）	有	有	有	有
JS-SDK：设备信息	有	有	有	有
JS-SDK：地理位置	有	有	有	有
JS-SDK：界面操作	有	有	有	有
JS-SDK：微信扫一扫	有	有	有	有
JS-SDK：微信小店				有
JS-SDK：微信卡券		有		有
JS-SDK：微信支付				有

出于用户体验和安全性方面的考虑，微信公众号的注册有一定门槛，一些高级接口的权限需要认证后才可以获取。为了帮助学习者快速了解和学习微信公众号的开发、熟悉各类接口的功能与用法，微信提供了测试号，不具备申请认证微信公众号资质的学习者，可以使用测试号进行开发学习。

测试号提供了微信公众平台所有接口权限，但测试号在接口的调用次数与关注用户的数量上有一定的限制。

测试号的体验接口权限如表 1-2 所示。

表 1-2　测试号的体验接口权限

类　别	功　能	接　口　名　称		每 日 限 制
对话服务	基础支持	获取 access_token		2000 次
		获取微信服务器 IP 地址		无上限
	接收消息	验证消息真实性		无上限
		接收普通消息		无上限
		接收事件推送		无上限
		接收语音识别结果		无上限
	发送消息	自动回复		无上限
		客服接口		500 000 次
		群发接口	上传图文消息	100 次
			根据分组进行群发	100 次
			根据 OpenID 进行群发	100 次
			删除群发	10 次
			发送预览	50 次
			查看发送状态	1000 次
		模板消息（业务通知）		100 000 次
	用户管理	用户分组管理		1000 次
		设置用户备注名		10 000 次
		获取用户基本信息		500 000 次
		获取用户列表		500 次
		获取用户地理位置		无上限
	推广支持	生成带参数的二维码		100 000 次
		长链接转短链接接口		1000 次
	界面丰富	自定义菜单		1000 次
	素材管理	素材管理接口		5000 次
功能服务	智能接口	语义理解接口		1000 次
	设备功能	设备功能接口		无上限
	多客服	获取客服聊天记录		5000 次
		客服管理		500 000 次
		会话控制		2000 次
JS-SDK	网页账号	网页授权获取用户基本信息		无上限
	基础接口	判断当前客户端版本是否支持指定 JS 接口		无上限
	分享接口	获取"分享到朋友圈"按钮单击状态及自定义分享内容		无上限
		获取"分享给朋友"按钮单击状态及自定义分享内容		无上限
		获取"分享到 QQ"按钮单击状态及自定义分享内容接口		无上限
		获取"分享到腾讯微博"按钮单击状态及自定义分享内容接口		无上限
	图像接口	拍照或从手机相册中选择图像接口		无上限
		预览图片接口		无上限
		上传图片接口		无上限
		下载图片接口		无上限
	音频接口	开始录音接口		无上限
		停止录音接口		无上限

类　　别	功　　能	接　口　名　称	每　日　限　制
JS-SDK	音频接口	播放语音接口	无上限
		暂停播放接口	无上限
		停止播放接口	无上限
		上传语音接口	无上限
		下载语音接口	无上限
JS-SDK	智能接口	识别音频并返回识别结果接口	无上限
	设备信息	获取网络状态接口	无上限
	地理位置	使用微信内置地图查看位置接口	无上限
		获取地理位置接口	无上限
	界面操作	隐藏右上角菜单接口	无上限
		显示右上角菜单接口	无上限
		关闭当前网页窗口接口	无上限
		批量隐藏功能按钮接口	无上限
		批量显示功能按钮接口	无上限
		隐藏所有非基础按钮接口	无上限
		显示所有功能按钮接口	无上限

1.1.2　微信公众号开发技术原理

微信公众号的管理后台的部分功能插件如图 1-2 所示。

图 1-2　微信公众号管理后台的部分功能插件

这些功能插件都有一定的使用规则，用户只能在使用规则内操作，如果微信公众号管理者的需求超出这些规则，那么将无法实现。因此，微信公众号为开发者提供了功能扩展的接口，允许开发者编写程序，在微信授权的前提下，通过这些接口对微信公众号进行功能扩展。

这些扩展程序是用户自己编写并部署在开发者自己的 Web 服务器上运行的，微信只是利用相关接口与这些服务器进行数据通信而已，这些接口并不需要接触这些程序的具体程序，也不需要编译、运行这些程序（由开发者的 Web 服务器负责）。因此，开发者可以选择自己熟悉的程序设计语言进行开发。目前，在微信官方提供的接入案例中包括用 PHP、Python、Java、C、C++ 等语言版本扩展微信公众号功能的案例（见图 1-3）。

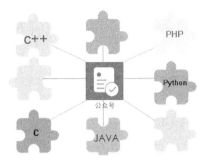

图 1-3　用不同的语言扩展微信公众号的功能

开发者还可以根据需要，结合数据库技术、UI 交互技术进一步扩展微信公众号的功能，我们称这些程序为第三方程序。可以把这些第三方程序理解为微信公众号的"第三方插件"，只不过这些"插件"只能应用于开发者自己的微信公众号，这些第三方程序只有部署在互联网中的公共服务器上（为表述方便，下文简称为 Web 服务器），微信服务器才能与之通信。

当微信公众号的关注者在手机微信端操作微信公众号的扩展功能时，微信公众号先访问 Web 服务器上对应的第三方程序文件；第三方程序再与微信服务器进行通信联系，以获取授权信息、发送运行结果等；完成这些操作后，微信服务器再将结果发送到关注者的手机微信端，从而实现扩展功能。微信公众号扩展程序运行流程示意图如图 1-4 所示。

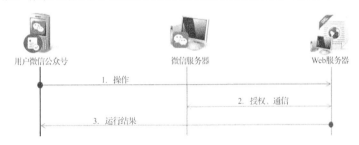

图 1-4　微信公众号扩展程序运行流程示意图

 ## 1.2　工具与环境准备

学习微信公众号开发，需要做好以下准备工作。

（1）公共服务器与数据库：在百度云、阿里云或腾讯云购买一个虚拟主机或云服务器，支持自己熟悉的编程语言即可。

数据库系统选择自己熟悉常用的即可。本书使用的是百度的 BCH 服务器与 PHP 语言和 MySQL 数据库。

（2）域名：如果条件允许，可购买一个一级域名，并对该域名进行 TCP/IP 备案。如果服务器商家赠送域名（一般为二级域名），使用赠送域名亦可。

（3）Web 服务器管理工具：如果 Web 服务器支持 FTP 管理，则应下载安装 FileZilla 软件，并按服务器的相关信息配置 FileZilla 软件，以便于对服务器上的文件进行 FTP 远程管理。如果 Web 服务器不支持 FTP 管理，那么就根据服务器支持的程序管理工具准备管理工具即可，如 GIT 或 SVN。

（4）程序编辑器：安装 Dreamweaver，用于编辑 PHP 程序。

（5）在微信公众号官方网站中下载安装"微信开发者工具"，用于对微信公众号的扩展程序进行测试。

1.2.1 百度 BCH 的配置

百度 BCH 是百度公司为客户的网站服务推出的云服务之一，用户购买 BCH 以后，除可以同时拥有一个虚拟空间、一定容量的数据库外，还可以拥有一个二级域名（该域名不需要进行备案）。这属于性价比较高的网站服务支持。

购买流程也比较简单，登录百度云官网，注册一个账号，根据网站中的文字提示操作，即可完成 BCH 购买，其支付方式支持在线支付。

（1）购买完成后，依次单击"产品服务"→"网站服务"→"云虚拟主机"，就可以看到自己的"主机管理列表"，如图 1-5 所示。

图 1-5　"主机管理列表"

（2）单击主机名右边对应的"控制面板"，进入主机控制面板界面，如图 1-6 所示。

图 1-6　主机管理面板界面

（3）依次单击左窗格中的"常用操作"→"账号信息"（见图 1-7），即可进入"账号信息"界面。

（4）在"账号信息"界面可以看到虚拟主机的一系列账号信息，如图 1-8 所示，将这些信息保存好，在对软件进行 FTP 管理的过程中将用到这些信息。对于未显示的密码，通过"修改密码"功能可以重新设置。

（5）依次单击"主机控制面板"界面左窗格中的"统计概览"→"站点概览"（见图 1-9），进入"站点概览"界面。

图 1-7　"常用操作"菜单　　　　　图 1-8　"账号信息"界面　　　　　图 1-9　统计概览菜单

（6）在浏览器的右窗格中，依次单击"常用操作"→"数据库管理"，如图 1-10 所示，进入数据库管理工具"phpMyAdmin"界面（见图 1-11），在该界面可进行 MySQL 数据库的相关管理操作。

图 1-10　常用操作栏

图 1-11　phpMyAdmin 界面

1.2.2　程序文件的 FTP 管理

（1）安装完成 FileZilla 软件以后，双击其快捷方式，打开该软件。FileZilla 软件界面如

图 1-12 所示。

图 1-12　FileZilla 软件界面

（2）依次单击"文件"→"站点管理器"，在弹出的"站点管理器"对话框中，单击"新站点"按钮，如图 1-13 所示。

图 1-13　"站点管理器"对话框

（3）在"选择项"列表框中，将"我的站点"下面的"新站点"重命名，如 hzmx。"站点管理器"对话框的"常规"选项卡下的必填信息对应的内容如下。

① 主机：Web 服务器的 FTP 地址。

② 端口：8010（Web 服务器的 FTP 端口）。

③ 用户：Web 服务器的 FTP 账号。

④ 密码：Web 服务器的 FTP 密码。

必填信息设置完成后单击"确定"按钮，如图 1-14 所示。

图 1-14　配置 FileZilla 软件的站点信息

（4）选中"站点管理器"对话框的"选择项"中的"hzmx"，然后单击"连接"按钮，如图 1-15 所示。

（5）在弹出的"不安全的 FTP 连接"提示框中，选择"总是允许不安全的明文 FTP 连接这台服务器"复选框，然后单击"确定"按钮，如图 1-16 所示。

图 1-15　选择需要连接的 FTP 站点名称

图 1-16　选择"总是允许不安全的明文 FTP 连接这台服务器"复选框

（6）在 FileZilla 界面的"远程站点"窗格中，双击"webroot"文件夹，打开该文件夹，如图 1-17 所示。

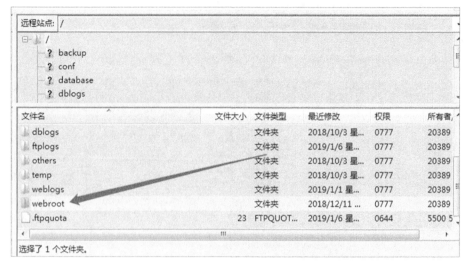

图 1-17 双击"webroot"选项

（7）在"本地站点"窗格中找到对应的本地目录，然后在下面的"文件名"列表框中，找到对应的程序文件，并将其拖到"远程站点"窗格中，即可完成程序的上传操作，如图 1-18 所示。

如果需要下载程序文件，将相应的程序文件从"远程站点"窗格拖到"本地站点"窗格即可。

图 1-18 上传程序文件

 ## 1.3 微信公众号的注册申请

1.3.1 微信公众号的注册

（1）在浏览器中打开微信公众平台的官网。

（2）单击页面右上方的"立即注册"，如图 1-19 所示。

图 1-19　微信公众平台官网首页

（3）在新打开的页面中，单击"订阅号"。微信账号类型列表如图 1-20 所示。

图 1-20　微信账号类型列表

（4）在基本信息填写页面中，填写个人邮箱，单击"激活邮箱"按钮（见图 1-21）。

图 1-21　填写并激活邮箱

　注意：

注册微信公众号的邮箱必须是从未在微信公众平台注册过任何账号的邮箱。

（5）在弹出的对话框中，输入验证码，单击"发送邮件"按钮，如图 1-22 所示。
（6）浏览器将打开所填写的邮箱主页，登录邮箱后，将收到的验证码复制粘贴到"验证码"

文本框中，其他信息项根据个人实际情况设置即可，设置完成后单击"注册"按钮。

（7）选择企业注册地，完成选择后单击"确定"按钮（见图1-23）。

图 1-22　发送验证码到邮箱　　　　　　　图 1-23　选择企业注册地

（8）根据实际需要，选择账号类型，单击"订阅号"对应的"选择并继续"链接，如图 1-24 所示。

图 1-24　选择账号类型

（9）在弹出的提示框中，单击"确定"按钮，如图 1-25 所示。如需重新选择其他类型的公众账号，可单击"取消"按钮返回上级界面重新进行选择。

（10）在"选择类型"界面，根据实际情况选择"主体类型"，本书选择"个人"（见图 1-26）。

（11）在"主体信息登记"界面中，填写申请人的身份信息，如图 1-27 所示。

（12）打开手机微信的"扫一扫"工具，扫描"管理员身份验证"界面中的二维码后，手机响应效果如图 1-28 所示。

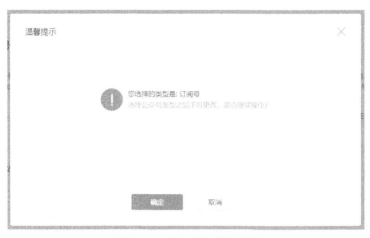

图 1-25　确定公众账号类型

图 1-26　选择微信公众号的"主体类型"

图 1-27　填写申请人身份信息

图 1-28　微信公众号管理员身份确认

（13）在手机微信端单击"我确认并遵从协议"按钮后，该微信号将成为本次所注册的微信公众号的管理员账号。

（14）返回注册页面，在"管理员信息登记"中，填写"管理员手机号码"，单击"获取验证码"按钮，在"短信验证码"文本框中输入相应验证码，单击"继续"按钮，如图1-29所示。

图 1-29 管理员信息登记

（15）填写微信公众号的账号信息，包括"账号名称""功能介绍"，然后选择"运营地区"，如图 1-30 所示。

图 1-30 填写微信公众号的账号信息

（16）设置完成后单击"完成"按钮，弹出"注册成功"提示框，如图 1-31 所示，微信公众号注册完成。

图 1-31　微信公众号注册成功

1.3.2　测试号的申请

测试号并不需要专门注册，任何一个微信号都可以申请一个测试号。

（1）进入微信公众平台官网，在首页的"账号分类"中，将鼠标指针移到"订阅号"上，单击"开发文档"，如图 1-32 所示。

图 1-32　"开发文档"

（2）依次单击"开始开发"→"接口测试号申请"，然后单击页面右窗格中的"进入微信公众账号测试号申请系统"，如图 1-33 所示。

（3）进入测试账号申请页面，如图 1-34 所示。

（4）单击"登录"按钮后，页面将显示一张二维码图片，使用公众号管理员的微信扫描二维码后，手机响应效果如图 1-35 所示。

（5）在手机微信中单击"同意"按钮，允许使用微信的个人信息申请测试号。测试号申请成功后，浏览器将直接登录如图 1-36 所示的"测试号管理"界面。

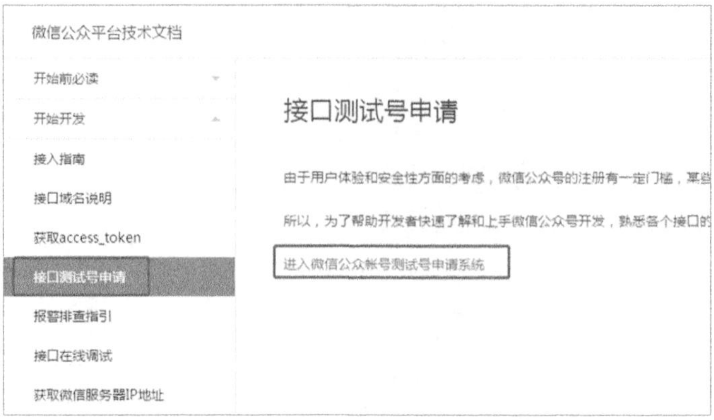

图 1-33　单击"进入微信公众账号申请系统"

图 1-34　测试账号申请页面　　　　　　　　　图 1-35　手机响应效果

图 1-36　"测试号管理"界面

第 2 讲　关键字回复

关键字回复是指用户在微信聊天窗口中，以关键字形式给微信公众号发送消息时，微信公众号能够根据不同的关键字，回复用户不同的内容。

在此基础上，可以继续扩展微信公众号的功能，使微信公众号能够根据用户发送的关键字，在数据库中查询出相应的内容并回复。

本讲内容在测试号中实现，涉及的主要内容如下。

（1）微信公众号的服务器设置；

（2）微信公众号私钥 Token 的验证；

（3）文本型消息的内容格式；

（4）文本型消息的回复。

2.1　自动回复 "hello,world!"

2.1.1　原理分析

本节先实现一个简单的微信公众号自动回复程序：当用户给微信公众号发送消息时，无论发送任何内容的消息，微信公众号均自动回复 "hello,world！"（见图 2-1），其实现原理与过程如下所示。

（1）微信公众号只要开启了 Web 服务器配置，就打通了微信服务器与 Web 服务器之间的通信通道，相当于开启了第三方程序功能。

（2）当微信服务器收到用户发来的消息时，会将数据包转发给 Web 服务器中的第三方程序，该数据包中包含消息发送者的 ID、消息接收者的 ID、消息内容、发送时间、消息类型等内容。

（3）第三方程序接收该数据包，并解析其内容，获取其中包含的数据。

（4）第三方程序将回复的内容，按微信要求的数据格式打包，并转发给微信服务器，最后，微信服务器将这些数据转发到用户的微信端。

微信公众号自动回复消息原理流程时序图如图 2-2 所示。

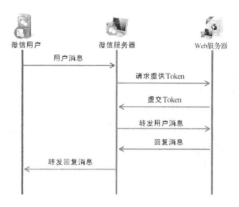

图 2-1　微信公众号自动回复"hello,world"　　　图 2-2　微信公众号自动回复消息原理流程时序图

　注意：

微信服务器与 Web 服务器之间有两次数据往来，第一次是请求 Web 服务器提供通信密钥 Token。通过密钥验证后，进入第二次数据往来，由微信服务器将微信用户发送的消息转发给 Web 服务器，并接收 Web 服务器回复的消息。

虽然这两次通信的任务不同，但都由 Web 服务器上同一个 Web 程序文件完成，因此必须在 Web 程序中区分微信服务器是第几次与程序进行联系并做出不同的应对。

类似这种多次与同一程序文件通信的情况，在本书其他章节中还会遇到，所以务必理解透彻。

2.1.2　步骤与程序

（1）打开 Dreamweaver，新建一个 PHP 文件，并编写实现自动回复"hello,world！"的程序，具体内容如下所示。

```php
<?php
define('TOKEN','hzcc');   //通信私钥
```

```
$wxObj = new wxCallback();
if(isset($_GET['echostr']))  //如果存在 echostr，则为 Token 验证阶段
{
   $wxObj->checkSignature();
}
else{                        //微信公众号只需验证一次 Token
   $wxObj->reciveMsg();
}
class wxCallback
{
      //接收微信发来的信息
      public function reciveMsg()
      {
          $postStr = $GLOBALS["HTTP_RAW_POST_DATA"];
          if (!empty($postStr))
          {
              $postObj = simplexml_load_string($postStr, 'SimpleXMLElement', LIBXML_NOCDATA);
              $fromUsername = $postObj->FromUserName;
              $toUsername = $postObj->ToUserName;
              $content= trim($postObj->Content);
              $time = time();
              $textTpl = "<xml>
              <ToUserName><![CDATA[%s]]></ToUserName>
              <FromUserName><![CDATA[%s]]></FromUserName>
              <CreateTime>%s</CreateTime>
              <MsgType><![CDATA[%s]]></MsgType>
              <Content><![CDATA[%s]]></Content>
              <FuncFlag>0<FuncFlag>
              </xml>";
              if(!empty($content))
              {
          $msgType = "text";
                  $contentStr = 'hello,world!';
                  $result= sprintf($textTpl, $fromUsername, $toUsername, $time, $msgType, $contentStr);
                  echo $result;
              }
          else
          {
                  echo '';
          exit;
              }
          }
      }
      //检查 signature 参数
      public function checkSignature()
      {
          $echoStr=$_GET['echostr'];
      $signature = trim($_GET["signature"]);
          $timestamp = trim($_GET["timestamp"]);
          $nonce = trim($_GET["nonce"]);
          $token =TOKEN;
          $tmpArr = array($token,$timestamp,$nonce);
          sort($tmpArr,SORT_STRING);
```

```
        $tmpStr = implode($tmpArr);
        $tmpStr = sha1($tmpStr);   //sha1 加密
    if($tmpStr === $signature )
    {
            ob_clean();
        echo $echoStr;
        exit;
    }
    else
            return false;
    }
}
?>
```

（2）将以上程序保存为名为 autoReback.php 的文件，打开 FTP 管理工具 FileZilla，连接
Web 服务器，将 autoReback.php 文件上传到 Web 服务器相应的目录下，具体操作参阅 1.2 节的
内容。

（3）程序解析。

① 程序中定义了一个通信私钥"TOKEN"，其值为"hzcc"，该值就是微信服务器要求 Web
服务器提供的通信密钥，它必须与微信公众号后台管理的"服务器配置"（见图 2-3）中的"令
牌"值一致。

如果是使用测试号进行操作的，那么这个私钥必须与"接口配置信息"（见图 2-4）中的
"Token"一致。

图 2-3　微信公众号的服务器配置

图 2-4　测试号的接口配置信息

② 程序变量"$textTpl"的值是微信公众号回复文本型消息的数据模板。微信公众号回复
文本型消息的参数与含义如表 2-1 所示。

表 2-1　微信公众号回复文本型消息的参数与含义

参　　数	是否必需	含　　义
ToUserName	是	接收方账号（收到的 OpenID）
FromUserName	是	开发者微信号
CreateTime	是	消息创建时间　（整型）
MsgType	是	消息类型，文本为 text
Content	是	回复的消息内容（支持换行显示）

2.1.3　配置微信公众号服务器

微信公众号的服务器配置是实现微信公众号与 Web 服务器之间的通信的纽带。只有配置
成功，微信公众号才能使用 Web 服务器上的程序。

正式微信公众号与测试号的服务器配置略有区别，下面分别对其进行介绍。

1．微信公众号配置

（1）打开浏览器，登录微信公众号的管理后台，单击"开发"下面的"基本配置"，如图 2-5 所示。

（2）依次单击"服务器配置"→"修改配置"，参考图 2-6 中的内容，按实际情况填写自己的服务器配置。

图 2-5 "开发"中的"基本配置"

图 2-6 服务器配置参考

  注意：

在服务器配置信息中，"URL"文本框中填写的是 2.1.2 节中程序文件在 Web 服务器上的 URL，"Token"文本框中填写的内容必须与程序中的 Token 值一致。

（3）单击页面中的"提交"按钮，如果提示配置成功，则说明微信服务器已经能够与 Web 服务器进行正常通信；否则，检查相关内容的正确性，重新填写并提交，直至配置成功。

（4）在返回后的页面中，单击"启用"按钮，如图 2-7 所示。

图 2-7 单击"启用"按钮

2．测试号配置

（1）打开浏览器，登录测试账号的管理后台，单击"接口配置信息"后面的"修改"，配置"URL"与"Token"，如图 2-8 所示。

图 2-8 配置测试号的"URL"与"Token"

（2）单击"JS 接口安全域名"后面的"修改"，在"域名"文本框中填写 Web 服务器的域名，如图 2-9 所示。

图 2-9　修改 JS 接口安全域名

图 2-9 中的"域名"就是程序文件所在的 Web 服务器的域名，直接填写即可，无需加 http:// 或者 https://。

2.1.4　测试程序

打开手机微信端，找到对应微信公众号，进入会话界面，并随机给微信公众号发送一条信息，可收到微信公众号自动回复的"hello,world!"（见图 2-10）。

图 2-10　微信公众号自动回复"hello,world!"

 ## 2.2　关键字回复

有了前面自动回复"hello,world!"的程序的基础，实现微信公众号根据消息中的关键字回复不同的内容就比较简单了。

根据不同的关键字回复不同的内容的基本原理是：提取用户发送的消息中的内容，分析其中包含的关键字，然后根据不同的关键字，回复对应内容即可。

本节示范的实验的关键字与相应回复内容如表 2-2 所示。

表 2-2　关键字与相应回复内容

关　键　字	回　　复
惠州	您好！惠州是文明城市，山水秀美，历史悠久
中国	中国是世界四大文明古国之一，也是世界最大的发展中国家
广东	广东简称粤，是中国改革开放、经济发展的先行者
城市	惠州城市职业学院欢迎您
其他	欢迎学习微信公众平台开发

（1）在 Dreamweaver 中打开 2.1.2 节的 autoReback.php 文件，将下面的程序段

```
if(!empty($content))
{
  $msgType = "text";
    $contentStr = 'hello,world!';
    $result= sprintf($textTpl, $fromUsername, $toUsername, $time, $msgType, $contentStr);
    echo $result;
}
```

修改为：

```
if(!empty($content))
{
  $msgType = "text";
    $contentStr =$this->reback($content);        //调用回复函数
    $result= sprintf($textTpl, $fromUsername, $toUsername, $time, $msgType, $contentStr);
    echo $result;
}
```

（2）在 wxCallback 类中定义一个 reback()函数，该函数的参考程序如下。

```
//内容回复函数
public function reback($str)
{
  $reback_str="";
  if(strpos($str,"惠州")!==false)
    $reback_str="您好！惠州是文明城市，山水秀美，历史悠久。";
  elseif(strpos($str,"中国")!==false)
    $reback_str="中国是世界四大文明古国之一，也是世界最大的发展中国家";
  elseif(strpos($str,"广东")!==false)
    $reback_str="广东简称粤，是中国改革开放、经济发展的先行者。";
  elseif(strpos($str,"城市")!==false)
    $reback_str="惠州城市职业学院欢迎您";
  else
    $reback_str="欢迎学习微信公众平台开发";
  return $reback_str;
}
```

（3）保存文件，打开 FTP 管理工具 FileZilla，连接 Web 服务器，将文件重新上传到服务器，覆盖旧文件。

（4）打开手机微信端，找到对应的微信公众号，向微信公众号发送不同的消息，以测试程序效果。微信公众号根据消息中的关键字回复不同内容的测试效果如图 2-11 所示。

图 2-11　微信公众号根据消息中的关键字回复不同内容的测试效果

2.3　关键字查询回复

在前面关键字回复的基础上，通过第三方程序连接数据库，把用户发送的关键字作为查询依据，从数据库中查找对应的数据，然后将其转换为微信公众号的消息回复格式，发送到用户的手机微信端，从而实现微信公众号的关键字查询回复，这也是实现微信公众号与具体的工作业务绑定的技术基础。

2.3.1　数据库设计

（1）在服务器的 MySQL 数据库中，按照如图 2-12 所示的表结构，新建一张 score 表。
（2）在 score 表中输入若干条成绩记录，供程序测试使用，如图 2-13 所示。

序号	名字	类型	排序规则	属性	空	默认	注释	额外
1	sid	varchar(8)	utf8_general_ci		否	无		
2	name	varchar(8)	utf8_unicode_ci		否	无	姓名	
3	course	varchar(12)	utf8_unicode_ci		否	无	课程	
4	term	int(11)			否	无	学期	
5	score	float			否	无	分数	
6	id	int(11)			否	无		AUTO_INCREMENT

图 2-12　数据库 score 表结构

id	sid	sname 姓名	scourse 课程	sterm 学期	score 分数
1	c17f3800	林世鑫	语文	1	80
2	c17f3800	林世鑫	数学	1	85
3	c17f3800	林世鑫	英语	1	82
4	c17f3800	林世鑫	微信开发	1	90
5	c17f3801	张宇明	微信开发	1	95
6	c17f3801	张宇明	语文	1	60

图 2-13　score 表初始化测试记录内容

2.3.2　实现程序

（1）在 Dreamweaver 中打开 2.2 节的 autoReback.php 文件，可以看到程序中调用消息回复方法 reback 的语句\$contentStr=\$this_>reback(\$content)，如下所示。

```
if(!empty($content))
{
    $msgType = "text";
```

```
        $contentStr = $this->reback($content);
        $result= sprintf($textTpl, $fromUsername, $toUsername, $time, $msgType, $contentStr);
        echo $result;
    }
    else
    {
        echo ";
      exit;
    }
```

（2）重新定义 wxCallback 类中的 reback()函数，具体如下。

```
//根据用户消息，查询需要回复的内容
public function reback($str)
{
    $rebackContent="";                          //回复的字符串
    $arr=explode("-",$str);
    if(count($arr)!==3)
    {
        $rebackContent="发送'学号-科目-学期'可查询相应的成绩";
    }
    else
    {
        $dbserver="xxx..baidubce.com";          //数据库服务器名
        $dbuser="b_xxxxx";                      //数据库用户名
        $dbpass="xxxxxx";                       //数据库登录密码
        $dbname="b_da8ty0tfbnuy9x";             //数据库名
        $conn=mysql_connect($dbserver,$dbuser,$dbpass);
        $dbconnect=mysql_select_db($dbname,$conn);
        mysql_query("SET NAMES 'UTF8'");
        $sqls="select * from score where sid='{$arr[0]}' and scourse='{$arr[1]}' and sterm={$arr[2]}";
        $rs=mysql_query($sqls,$conn);
        if(mysql_num_rows($rs)>0)
        {
            $score_arr=mysql_fetch_array($rs);
            $rebackContent=$score_arr['sid']."-".$score_arr['sname']."同学您好！您的".$score_arr['scourse'].'第'.$score_arr['sterm'].'
学期的分数是:'.$score_arr['score'];
        }
        else
        {
            $rebackContent="对不起，暂时没有相应的成绩记录";
        }
        mysql_free_result($rs);                 //记录集释放
        mysql_close($conn);                     //数据库连接释放
    }
    return $rebackContent;                      //返回回复的内容变量
}
```

（3）将以上程序保存为文件 keySqlReback.php，打开 FTP 管理工具 FileZilla，连接 Web 服务器，将文件 keySqlReback.php 上传到相应的目录下。

2.3.3 测试程序

（1）打开浏览器，登录微信公众号的管理后台，将微信公众号的"服务器配置"中的"服务器地址"修改为 keySqlReback.php 文件的 URL 地址。

（2）打开手机微信端，找到对应的微信公众号，进入会话界面，按照"学号-科目-学期"的格式发送信息查询成绩，以测试程序效果。微信公众号自动查询回复学生成绩效果如图 2-14 所示。

图 2-14　微信公众号自动查询回复学生成绩效果

第3讲 接收回复不同类型的消息

微信公众号除了支持接收用户的文本类型的消息，还支持接收用户的图片、语音、视频、链接、位置等类型的消息。而且，微信公众号还支持回复用户各种不同类型的消息，如文本、图片、语音、音频、视频与图文等。

本讲涉及的知识内容有：

（1）微信公众号支持的用户消息类型；

（2）判断用户消息的类型；

（3）不同用户消息类型的<xml>数据包；

（4）多媒体素材文件 MediaId 的获取；

（5）图片消息的回复；

（6）图文消息的回复。

3.1 微信公众号的用户消息类型

用户发送给微信公众号的消息的数据包格式如下。

```xml
<xml>
    <ToUserName><![CDATA[%s]]></ToUserName>
    <FromUserName><![CDATA[%s]]></FromUserName>
    <CreateTime>%s</CreateTime>
    <MsgType><![CDATA[%s]]></MsgType>
    <Content><![CDATA[%s]]></Content>
    <FuncFlag>0<FuncFlag>
</xml>
```

消息数据包中包含的 MsgType 项就是"消息类型"，通过这个数据项的值，可以判断用户所发送的消息的类型。

用户消息对应的 MsgType 值及其类型如表 3-1 所示。

表 3-1 用户消息对应的 MsgType 值及其类型

MsgType 值	类　　型
text	文本消息
image	图片消息
voice	语音消息

MsgType 值	类　　型
video	视频消息
shortvideo	小视频消息
location	位置消息
link	链接消息

不同类型的用户消息，除了 MsgType 值不同，xml 数据包中其他项的具体内容也略有区别。各种类型消息的 xml 数据包及参数含义如下（文本消息请参阅第 2 讲）。

1．图片消息

图片类型的消息数据包如下。

```xml
<xml>
  <ToUserName><![CDATA[toUser]]></ToUserName>
  <FromUserName><![CDATA[fromUser]]></FromUserName>
  <CreateTime>1348831860</CreateTime>
  <MsgType><![CDATA[image]]></MsgType>
  <PicUrl><![CDATA[this is a url]]></PicUrl>
  <MediaId><![CDATA[media_id]]></MediaId>
  <MsgId>1234567890123456</MsgId>
</xml>
```

图片类型消息数据包的参数及其含义如表 3-2 所示。

表 3-2　图片类型消息数据包的参数及其含义

参　　数	含　　义
ToUserName	微信公众号
FromUserName	发送方账号（一个 OpenID）
CreateTime	消息创建时间　（整型）
MsgType	消息类型，值为 image
PicUrl	图片链接（由系统生成）
MediaId	图片消息媒体 ID，可以调用获取临时素材接口获取数据
MsgId	消息 ID，64 位整型

2．语音消息

语音类型的消息数据包如下。

```xml
<xml>
  <ToUserName><![CDATA[toUser]]></ToUserName>
  <FromUserName><![CDATA[fromUser]]></FromUserName>
  <CreateTime>1357290913</CreateTime>
  <MsgType><![CDATA[voice]]></MsgType>
  <MediaId><![CDATA[media_id]]></MediaId>
  <Format><![CDATA[Format]]></Format>
  <MsgId>1234567890123456</MsgId>
</xml>
```

语音类型消息数据包的参数及其含义如表 3-3 所示。

表 3-3　语音类型消息数据包的参数及其含义

参　　数	含　　义
ToUserName	微信公众号
FromUserName	发送方账号（一个 OpenID）
CreateTime	消息创建时间 （整型）
MsgType	消息类型，值为 voice
MediaId	语音消息媒体 ID，可以调用获取临时素材接口获取数据
Format	语音格式，如 amr、speex 等
MsgId	消息 ID，64 位整型

上述内容是微信公众号未开通语音识别功能的数据包。如果微信公众号开通了语音识别功能，那么用户每次给微信公众号发送语音时，微信就会在推送的语音消息数据包中，增加一个 Recognition 字段，该字段中保存的是通过语音识别得到的内容文字，采用 UTF8 编码。

开通语音识别功能后的语音消息数据包如下。

```xml
<xml>
    <ToUserName>< ![CDATA[toUser] ]></ToUserName>
    <FromUserName>< ![CDATA[fromUser] ]></FromUserName>
    <CreateTime>1357290913</CreateTime>
    <MsgType>< ![CDATA[voice] ]></MsgType>
    <MediaId>< ![CDATA[media_id] ]></MediaId>
    <Format>< ![CDATA[Format] ]></Format>
    <Recognition>< ![CDATA[腾讯微信团队] ]></Recognition>
    <MsgId>1234567890123456</MsgId>
</xml>
```

3．视频消息

视频类型的消息数据包如下。

```xml
<xml>
    <ToUserName><![CDATA[toUser]]></ToUserName>
    <FromUserName><![CDATA[fromUser]]></FromUserName>
    <CreateTime>1357290913</CreateTime>
    <MsgType><![CDATA[video]]></MsgType>
    <MediaId><![CDATA[media_id]]></MediaId>
    <ThumbMediaId><![CDATA[thumb_media_id]]></ThumbMediaId>
    <MsgId>1234567890123456</MsgId>
</xml>
```

视频类型消息数据包的参数及其含义如表 3-4 所示。

表 3-4　视频类型消息数据包的参数及其含义

参　　数	含　　义
ToUserName	微信公众号
FromUserName	发送方账号（一个 OpenID）
CreateTime	消息创建时间（整型）
MsgType	消息类型，值为 video
MediaId	视频消息媒体 ID，可以调用获取临时素材接口获取数据
ThumbMediaId	视频消息缩略图的媒体 ID，可以调用多媒体文件下载接口获取数据
MsgId	消息 ID，64 位整型

4．地理位置消息

地理位置类型的消息数据包如下。

```xml
<xml>
    <ToUserName><![CDATA[toUser]]></ToUserName>
    <FromUserName><![CDATA[fromUser]]></FromUserName>
    <CreateTime>1351776360</CreateTime>
    <MsgType><![CDATA[location]]></MsgType>
    <Location_X>23.134521</Location_X>
    <Location_Y>113.358803</Location_Y>
    <Scale>20</Scale>
    <Label><![CDATA[位置信息]]></Label>
    <MsgId>1234567890123456</MsgId>
</xml>
```

地理位置类型消息数据包的参数及其含义如表 3-5 所示。

表 3-5　地理位置类型消息数据包的参数及其含义

参　　数	含　　义
ToUserName	开发者微信号
FromUserName	发送方账号（一个 OpenID）
CreateTime	消息创建时间　（整型）
MsgType	消息类型，值为 location
Location_X	用户的地理纬度坐标值
Location_Y	用户的地理经度坐标值
Scale	地图缩放大小比例
Label	地理位置信息
MsgId	消息 ID，64 位整型

5．链接消息

链接类型的消息数据包如下。

```xml
<xml>
    <ToUserName><![CDATA[toUser]]></ToUserName>
    <FromUserName><![CDATA[fromUser]]></FromUserName>
    <CreateTime>1351776360</CreateTime>
    <MsgType><![CDATA[link]]></MsgType>
    <Title><![CDATA[公众平台官网链接]]></Title>
    <Description><![CDATA[公众平台官网链接]]></Description>
    <Url><![CDATA[url]]></Url>
    <MsgId>1234567890123456</MsgId>
</xml>
```

链接类型消息数据包的参数及其含义如表 3-6 所示。

表 3-6　链接类型消息数据包的参数及其含义

参　　数	含　　义
ToUserName	微信公众号
FromUserName	发送方微信号，若为普通用户，则是一个 OpenID
CreateTime	消息创建时间（整型）

续表

参　　数	含　　义
MsgType	消息类型，值为 link
Title	消息标题
Description	消息描述
Url	消息链接
MsgId	消息 ID，64 位整型

3.2　判断用户消息的类型

本节的程序是使用测试号实现在收到用户发送的消息时，对该消息的 MsgType 值进行判断，然后将消息的类型回复给用户。

（1）在 Dreamweaver 中打开 2.1.2 节中的 autoReback.php 文件，重定义其中的 reciveMsg() 方法，实现根据用户消息包中的 MsgType 参数值判断消息类型，完整的程序如下。

```php
<?php
//判断不同的消息类型
define('TOKEN','hzcc');                              //通信私钥
$wxObj = new wxCallback();
if(isset($_GET['echostr']))                          //如果 echostr 存在，则为 Token 验证阶段
{
    $wxObj->checkSignature();
}
else{                                                //微信公众号只需验证一次 Token
    $wxObj->reciveMsg();
}
class wxCallback
{
    //接收微信发来的信息
    public function reciveMsg()
    {
        $postStr = $GLOBALS["HTTP_RAW_POST_DATA"];
        if (!empty($postStr))
    {
    //将接收到的 xml 数组转换成对象
    $postObj = simplexml_load_string($postStr, 'SimpleXMLElement', LIBXML_NOCDATA);
        //读取对象中各成员的值
        $fromUsername = $postObj->FromUserName;      //发送方（关注者）
        $toUsername = $postObj->ToUserName;          //接收方（微信公众号）
        $content= trim($postObj->Content);           //消息内容
    $remsgType=$postObj->MsgType;                    //收到的消息的类型
        $time = time();
    $textTpl = "<xml>
        <ToUserName><![CDATA[%s]]></ToUserName>
        <FromUserName><![CDATA[%s]]></FromUserName>
        <CreateTime>%s</CreateTime>
```

```
            <MsgType><![CDATA[%s]]></MsgType>
            <Content><![CDATA[%s]]></Content>
            <FuncFlag>0<FuncFlag>
            </xml>";
    //判断消息的类型
    if($remsgType=='text')
        $contentStr='您给我发送了一条文本消息';
    else if($remsgType=="image")
        $contentStr="您给我发送了一张图片";
    else if($remsgType=='voice')
        $contentStr="您给我发送了一段语音";
    else if($remsgType=='video')
        $contentStr="这是一段视频";
    else if($remsgType=='shortvideo')
        $contentStr="这是一段小视频";
    else if($remsgType=='location')
        $contentStr="好的，我知道您在哪里了，一会见";
    else if ($remsgType=='link')
        $contentStr="这是一个链接";
    else
        $contentStr="hello!";
    //将判断结果回复给用户
    $msgType = "text";
            $result= sprintf($textTpl, $fromUsername, $toUsername, $time, $msgType, $contentStr);
            echo $result;
    }
}
//检查 signature 参数
public function checkSignature()
{
    $echoStr=$_GET['echostr'];
$signature = trim($_GET["signature"]);
    $timestamp = trim($_GET["timestamp"]);
    $nonce = trim($_GET["nonce"]);
    $token =TOKEN;
    $tmpArr = array($token,$timestamp,$nonce);
    sort($tmpArr,SORT_STRING);
    $tmpStr = implode($tmpArr);
    $tmpStr = sha1($tmpStr);   //sha1 加密
if($tmpStr == $signature )
{
            ob_clean();
    echo $echoStr;
    exit;
    }
    else
            return false;
    }
}
?>
```

（2）将程序另存为 multiMessage.php 文件，并将该文件上传到 Web 服务器对应的目录下。

（3）登录测试号的管理后台，依次单击"基本配置"→"服务器配置"→"修改配置"，参考图 3-1 将测试号的 URL 修改为 multiMessage.php 文件的 URL。

图 3-1　测试号的服务器配置

　注意：

"Token"也可以修改，但必须与程序中的常量"Token"值一致。

（4）在手机微信端找到相应的微信公众号，进入对话界面，发送不同类型的消息，以测试程序效果。

 ## 3.3　回复不同类型的消息

3.3.1　回复消息的类型

微信公众号除了支持接收不同类型的用户消息，还支持给用户回复不同类型的消息。微信公众号可回复给用户的消息类型如表 3-7 所示。

表 3-7　微信公众号可回复给用户的消息类型

MsgType 值	类　　型
text	文本消息
image	图片消息
voice	语音消息
video	视频消息
music	音乐消息
news	图文消息

每种类型的回复消息，都以 xml 数据包的形式发出，xml 数据包中的内容，因每种回复消息的类型的不同而略有不同。

下面是不同类型消息回复时的 xml 数据包及参数含义说明（回复文本类型消息的数据包请参阅第 2 讲）。

1. 图片消息

微信公众号回复给用户的图片类型消息数据包如下。

```xml
<xml>
   <ToUserName><![CDATA[%s]]></ToUserName>
   <FromUserName><![CDATA[%s]]></FromUserName>
   <CreateTime>%s</CreateTime>
    <MsgType><![CDATA[%s]]></MsgType>
  <Image>
        <MediaId><![CDATA[%s]]></MediaId>
  </Image>
</xml>"
```

图片类型消息数据包的参数及其含义如表 3-8 所示。

表 3-8　图片类型消息数据包的参数及其含义

参　数	是 否 必 需	含　义
ToUserName	是	接收方的微信（一个 OpenID）
FromUserName	是	微信公众号
CreateTime	是	消息创建时间（整型），可直接用 PHP 的 time()函数获得
MsgType	是	消息类型，值为 image
MediaId	是	通过素材管理中的接口上传多媒体文件，得到的 ID。

微信公众号回复给用户的图片、音频、视频等多媒体内容，只能是来自微信公众号的素材库中的内容，这些内容在素材库中有唯一的 MediaId，微信公众号通过该 ID 号指定要回复的媒体文件。MediaId 是无法直接获取的，只能通过调用相关接口获得（见 3.3.2 节）。

2. 语音消息

微信公众号回复给用户的语音类型消息数据包如下。

```xml
<xml>
   <ToUserName><![CDATA[toUser]]></ToUserName>
   <FromUserName><![CDATA[fromUser]]></FromUserName>
   <CreateTime>12345678</CreateTime>
   <MsgType><![CDATA[voice]]></MsgType>
   <Voice>
      <MediaId><![CDATA[media_id]]></MediaId>
   </Voice>
</xml>
```

语音类型消息数据包的参数及其含义如表 3-9 所示。

表 3-9　语音类型消息数据包的参数及其含义

参　数	是 否 必 需	含　义
ToUserName	是	接收方的微信（一个 OpenID）
FromUserName	是	开发者微信号
CreateTime	是	消息创建时间戳（整型）
MsgType	是	消息类型，值为 voice
MediaId	是	通过素材管理中的接口上传多媒体文件，得到的 ID

3．视频消息

微信公众号回复给用户的视频类型消息数据包如下。

```xml
<xml>
  <ToUserName><![CDATA[toUser]]></ToUserName>
  <FromUserName><![CDATA[fromUser]]></FromUserName>
  <CreateTime>12345678</CreateTime>
  <MsgType><![CDATA[video]]></MsgType>
  <Video>
    <MediaId><![CDATA[media_id]]></MediaId>
    <Title><![CDATA[title]]></Title>
    <Description><![CDATA[description]]></Description>
  </Video>
</xml>
```

视频类型消息数据包的参数及其含义如表 3-10 所示。

表 3-10　视频类型消息数据包的参数及其含义

参　　数	是 否 必 需	含　　义
ToUserName	是	接收方的微信（一个 OpenID）
FromUserName	是	开发者微信号
CreateTime	是	消息创建时间 （整型）
MsgType	是	消息类型，值为 video
MediaId	是	通过素材管理中的接口上传多媒体文件得到的 ID
Title	否	视频消息的标题
Description	否	视频消息的描述
MediaId	是	通过素材管理中的接口上传多媒体文件得到的 ID

4．音乐消息

微信公众号回复给用户的音乐类型消息数据包如下。

```xml
<xml>
  <ToUserName><![CDATA[toUser]]></ToUserName>
  <FromUserName><![CDATA[fromUser]]></FromUserName>
  <CreateTime>12345678</CreateTime>
  <MsgType><![CDATA[music]]></MsgType>
  <Music>
    <Title><![CDATA[TITLE]]></Title>
    <Description><![CDATA[DESCRIPTION]]></Description>
    <MusicUrl><![CDATA[MUSIC_Url]]></MusicUrl>
    <HQMusicUrl><![CDATA[HQ_MUSIC_Url]]></HQMusicUrl>
    <ThumbMediaId><![CDATA[media_id]]></ThumbMediaId>
  </Music>
</xml>
```

音乐类型消息数据包的参数及其含义如表 3-11 所示。

表 3-11　音乐类型消息数据包的参数及其含义

参　　数	是 否 必 需	含　　义
ToUserName	是	接收方的微信（一个 OpenID）

续表

参　　数	是 否 必 需	含　　义
FromUserName	是	开发者微信号
CreateTime	是	消息创建时间（整型）
MsgType	是	消息类型，值为 music
Title	否	音乐标题
Description	否	音乐描述
MusicUrl	否	音乐链接
HQMusicUrl	否	高质量音乐链接，Wi-Fi 环境优先使用该链接播放音乐
ThumbMediaId	是	缩略图的媒体 ID，通过素材管理中的接口上传多媒体文件得到的 ID
MediaId	是	通过素材管理中的接口上传多媒体文件得到的 ID

音乐类型消息中的音乐来自网络服务器，因此，开发者可以通过音乐的 URL 指定音乐链接，同时开发者还可以通过 ThumbMediaId（相当于图片消息中的 MediaId）从素材库中获取一张图片，作为音乐的封面缩略图。

5．图文消息

图文类型消息就是将多篇文章以文章列表形式发送给用户，如图 3-2 所示。向用户回复图文类型的消息，可以使消息包含更丰富的内容。

图 3-2　微信公众号的图文消息

图文类型消息的数据包如下。

```xml
<xml>
  <ToUserName><![CDATA[toUser]]></ToUserName>
  <FromUserName><![CDATA[fromUser]]></FromUserName>
  <CreateTime>12345678</CreateTime>
  <MsgType><![CDATA[news]]></MsgType>
  <ArticleCount>1</ArticleCount>
  <Articles>
    <item>
      <Title><![CDATA[title1]]></Title>
      <Description><![CDATA[description1]]></Description>
      <PicUrl><![CDATA[picurl]]></PicUrl>
      <Url><![CDATA[url]]></Url>
    </item>
  </Articles>
</xml>
```

图文类型消息数据包的参数及其含义如表 3-12 所示。

表 3-12　图文类型消息数据包的参数及其含义

参　　数	是否必需	含　　义
ToUserName	是	接收方的微信（一个 OpenID）
FromUserName	是	开发者微信号
CreateTime	是	消息创建时间（整型）
MsgType	是	消息类型，值为 news
ArticleCount	是	图文消息个数；当用户发送文本、图片、视频、图文、地理位置这 5 种消息时，开发者只能回复 1 条图文消息；其余场景最多可回复 8 条图文消息
Articles	是	图文消息信息，如果图文数超过限制，则将只发限制内的条数
Title	是	图文消息标题
Description	是	图文消息描述
PicUrl	是	图片链接，支持 JPG、PNG 格式，较好的效果为大图为 360px×200px，小图为 200px×200px
Url	是	单击图文消息跳转链接

3.3.2　MediaId

在上文中，多种类型的回复消息都涉及 MediaId，MediaId 是媒体文件在微信公众号素材库中的编号。

图片、音频、视频、图文文件统称为媒体文件。必须先将媒体文件上传到微信公众号后台的素材库中，成为微信公众号的素材，才能将其作为消息回复到用户的手机微信端。微信公众号的"素材管理"界面如图 3-3 所示。

图 3-3　微信公众号的"素材管理"界面

每一个媒体文件在微信公众号的素材库中都有唯一的 ID，这就是它们的 MediaId。但该 ID 并不直接公开，只能通过微信的多媒体文件接口来授权获得。

通过多媒体文件接口获得媒体文件 ID 的方法有如下两种。

（1）利用微信公众平台接口调试工具。如果回复的媒体文件是已知且固定的，则可以采用这种方法直接获取要回复的媒体文件的 ID，然后写入程序中。

（2）通过程序调用多媒体文件接口，获得微信授权，获取素材库中的素材列表，从而获得媒体文件的 ID。这种方法适用于比较复杂的需求。

本讲使用第（1）种方法回复图片消息。

3.3.3　回复图片消息

1．获取图片的 MediaId

（1）登录微信公众号后台，依次单击"开发"→"开发者工具"→"在线接口调试工具"，进入接口调试工具页。

（2）如图 3-4 所示，将"接口类型"设置为"基础支持"；将"接口列表"设置为"获取 access_token 接口/token"；"AppID"与"secret"（AppSecret）两项，填写测试号中的相应信息。最后，单击"检查问题"按钮。

图 3-4　接口调试工具页

（3）在"返回结果"中复制 access_token，进行备份，如图 3-5 所示。

图 3-5　备份"返回结果"中的 access_token

（4）重新将页面中的"接口列表"设置为"多媒体上传接口/media/upload"，将在步骤（3）中备份的 access_token 粘贴到参数列表中，将"type"设置为"image"，单击"media"后的"选择文件"按钮，选择要回复给用户的图片文件。最后，单击"检查问题"按钮，如图 3-6 所示。

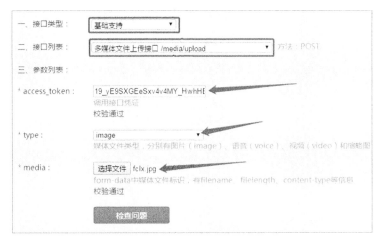

图 3-6　将图片上传至素材库并获取 MediaId

（5）在"返回结果"中复制 media_id 值，进行备份（见图 3-7），后面的程序将会用到该值。

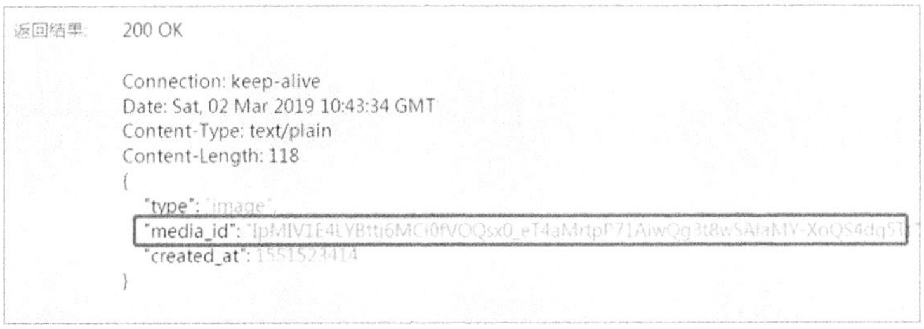

图 3-7　在"返回结果"页面中复制"media_id"的值

2. 实现程序

（1）新建一个 PHP 文件，编写程序，判断用户发送的消息的内容，如果包含"图片"两个字，则将上文获取的图片的 MediaId 作为消息内容，通过"回复图片消息"的数据包，将消息回复给用户；否则，回复一条文字消息，参考程序如下。

```php
<?php
/**
 * 回复图片消息
 */
define('TOKEN','hzcc');                          //通信私钥
$wxObj = new wxCallback();
if(isset($_GET['echostr']))                      //如果 echostr 存在，则为 Token 验证阶段
{
    $wxObj->checkSignature();
}
else{                                            //微信公众号只需验证一次 Token
    $wxObj->reciveMsg();
}
class wxCallback
{
    //接收微信发来的信息
    public function reciveMsg()
    {
```

```php
$postStr = $GLOBALS["HTTP_RAW_POST_DATA"];
if (!empty($postStr))
{
    /**
     *将接收到的 xml 数组转换成对象
     */
    $postObj = simplexml_load_string($postStr, 'SimpleXMLElement', LIBXML_NOCDATA);
    /**
     * 读取对象中各个成员的值
     */
    $fromUsername = $postObj->FromUserName;   //发信用户（关注者）
    $toUsername = $postObj->ToUserName;       //收信用户（微信公众号）
    $content= trim($postObj->Content);        //消息内容
    $time = time();
    $msgType="";                              //回复的消息类型
    /**
     * 回复的消息数据包
     * msgPackage_1 为文本消息
     * msgPackage_2 为图片消息
     */
    $msPackage_1= "<xml>
        <ToUserName><![CDATA[%s]]></ToUserName>
        <FromUserName><![CDATA[%s]]></FromUserName>
        <CreateTime>%s</CreateTime>
        <MsgType><![CDATA[%s]]></MsgType>
        <Content><![CDATA[%s]]></Content>
        </xml>";
    $msPackage_2= "<xml>
        <ToUserName><![CDATA[%s]]></ToUserName>
        <FromUserName><![CDATA[%s]]></FromUserName>
        <CreateTime>%s</CreateTime>
        <MsgType><![CDATA[%s]]></MsgType>
<Image>
        <MediaId><![CDATA[%s]]></MediaId>
</Image>
        </xml>";
    /**
     * 根据用户发送的消息的内容回复不同类型的消息
     */
    if(strpos($content,"图片")!==false)
    {
        $contentStr="IpMIV1E4LYBttj6MCi0fVOQsx0_eT4aMrtpP71AiwQg3t8wSAlaMY-XoQS4dq5Tt";
        $msgType = "image";
        $textTpl=$msPackage_2;
    }
    else{
        $contentStr='您好，欢迎光临福长岭下,这是一段文字回复';
        $msgType = "text";
        $textTpl=$msPackage_1;
    }
```

```
                    //回复消息到用户
                    $result= sprintf($textTpl,$fromUsername,$toUsername,$time,$msgType,$contentStr);
                    echo $result;
            }
        }
/**
 * 检查 signature 参数
 */
    public function checkSignature()
    {
        $echoStr=$_GET['echostr'];
        $signature = trim($_GET["signature"]);
        $timestamp = trim($_GET["timestamp"]);
        $nonce = trim($_GET["nonce"]);
        $token =TOKEN;
        $tmpArr = array($token,$timestamp,$nonce);
        sort($tmpArr,SORT_STRING);
        $tmpStr = implode($tmpArr);
        $tmpStr = sha1($tmpStr);    //sha1 加密
        if($tmpStr == $signature )
        {
                ob_clean();
            echo $echoStr;
            exit;
        }
        else
                return false;
        }
    }
?>
```

（2）将上面的程序保存为 picMessage.php 文件，并将文件上传到 Web 服务器。

（3）进入微信测试号的管理后台，设置"接口配置信息"，如图 3-8 所示。

图 3-8　设置测试号的"接口配置信息"

（4）配置"JS 接口安全域名"如图 3-9 所示。

（5）打开手机微信端，通过"扫一扫"工具扫描"测试号二维码"，关注测试号。

（6）打开测试号的会话窗口，给测试号发送两条不同的消息，这两条消息分别包含"文字"与"图片"两个词语，以测试程序效果。微信公众号回复图片消息的测试效果如图 3-10 所示。

图 3-9　配置"JS 接口安全域名"　　　　图 3-10　微信公众号回复图片
消息的测试效果

3.3.4　回复图文消息

回复图文消息的重点在于填写<Articles>与</Articles>间的各项的内容，如果<Articles>与</Articles>之间有 n 对<item></item>，则说明有 n 条图文消息需要回复。

1．回复单条图文消息

（1）参考如下程序，可以在 Dreamweaver 中新建一个 PHP 文件以编写程序，也可以直接在回复图片消息程序的基础上修改程序，以实现图文消息的回复。

```php
<?php
/**
 * 回复图文消息
 */
define('TOKEN','hzcc');              //通信私钥
$wxObj = new wxCallback();
if(isset($_GET['echostr']))          //如果 echostr 存在，则为 Token 验证阶段
{
    $wxObj->checkSignature();
}
else{                                //微信公众号只需验证一次 Token
    $wxObj->reciveMsg();
}
class wxCallback
{
    /**
     * 接收微信发来的信息
     */
    public function reciveMsg()
    {
        $postStr = $GLOBALS["HTTP_RAW_POST_DATA"];
        if (!empty($postStr))
    {
    //将接收到的 xml 数组转换成对象
    $postObj = simplexml_load_string($postStr, 'SimpleXMLElement', LIBXML_NOCDATA);
        //读取对象中各个成员的值
        $fromUsername = $postObj->FromUserName; //发信用户（关注者）
```

```
                $toUsername = $postObj->ToUserName;        //收信用户（微信公众号）
                $content= trim($postObj->Content);          //消息内容
                $time = time();
        $msgType="";                                        //回复的消息类型
        /**
         * 回复的消息数据包
         * msPackage_1 为文本格式
         * msPackage_3 为图文格式
         */
        $msPackage_1= "<xml>
                <ToUserName><![CDATA[%s]]></ToUserName>
                <FromUserName><![CDATA[%s]]></FromUserName>
                <CreateTime>%s</CreateTime>
                <MsgType><![CDATA[%s]]></MsgType>
                <Content><![CDATA[%s]]></Content>
                </xml>";
        $msPackage_3= "<xml>
        <ToUserName><![CDATA[%s]]></ToUserName>
        <FromUserName><![CDATA[%s]]></FromUserName>
        <CreateTime>%s</CreateTime>
        <MsgType><![CDATA[news]]></MsgType>
        <ArticleCount>1</ArticleCount>
        <Articles>
        <item>
        <Title><![CDATA[%s]]></Title>
        <Description><![CDATA[%s]]></Description>
        <PicUrl><![CDATA[%s]]></PicUrl>
        <Url><![CDATA[%s]]></Url>
        </item>
        </Articles>
        </xml>";
        /**
         *根据用户消息内容回复不同类型的消息
         */
          if(strpos($content,"图文")!==false)
          {
            $textTpl=$msPackage_3;
            $title1="微信公众号开发";
            $ds1="欢迎跟我学习微信公众号开发";
            $pic1='http://www.linshixin.com/wx/pics/hzcc.jpg';
            $link1='https://mp.weixin.qq.com/s/Z5AyJP-ETVNfDAKBzrO0qw';
            $result= sprintf($textTpl,$fromUsername,$toUsername,$time,
            $title1,$ds1,$pic1,$link1);
          }
          else{
            $contentStr='您好，欢迎光临福长岭下,这是一段文字回复';
            $msgType = "text";
            $textTpl=$msPackage_1;
            $result= sprintf($textTpl,$fromUsername,$toUsername,$time,$msgType,$contentStr);
          }
          echo $result;                                     //将消息回复给用户
          }
        }
```

```
/**
 *检查 signature 参数
 */
    public function checkSignature()
    {
        $echoStr=$_GET['echostr'];
    $signature = trim($_GET["signature"]);
        $timestamp = trim($_GET["timestamp"]);
        $nonce = trim($_GET["nonce"]);
        $token =TOKEN;
        $tmpArr = array($token,$timestamp,$nonce);
        sort($tmpArr,SORT_STRING);
        $tmpStr = implode($tmpArr);
        $tmpStr = sha1($tmpStr);     //sha1 加密
    if($tmpStr == $signature )
    {
            ob_clean();
      echo $echoStr;
      exit;
    }
    else
            return false;
    }
}
?>
```

（2）将程序保存为 newsMessage.php 文件，并将文件上传到 Web 服务器的对应目录中。

（3）进入微信测试号的管理后台，设置测试号的"接口配置信息"（见图 3-11）。

图 3-11　设置测试号的"接口配置信息"

（4）配置"JS 接口安全域名"如图 3-12 所示。

（5）打开手机微信端，通过"扫一扫"工具扫描"测试号二维码"，关注测试号。

（6）打开手机微信端中测试号的会话窗口，向测试号发送含有"图文"二字的消息，以测试程序效果。微信公众号回复图文消息的测试效果如图 3-13 所示。

图 3-12　配置"JS 接口安全域名"

图 3-13　微信公众号回复图文消息的测试效果

2．回复多条图文消息

（1）参考如下程序重新定义前面回复单条图文消息程序中的 reciveMsg()函数，即可实现多条图文消息的回复。reciveMsg()函数的参考程序如下。

```php
//接收发来的信息并回复
public function reciveMsg()
{
    $postStr = $GLOBALS["HTTP_RAW_POST_DATA"];
    if (!empty($postStr))
{
//将接收到的 xml 数组转换成对象
$postObj = simplexml_load_string($postStr, 'SimpleXMLElement', LIBXML_NOCDATA);
        //读取对象中各个成员的值
        $fromUsername = $postObj->FromUserName; //发信用户（关注者）
        $toUsername = $postObj->ToUserName;      //收信用户（微信公众号）
        $content= trim($postObj->Content);       //消息内容
        $time = time();
$msgType="";                                      //回复的消息类型
/**
 * 文本消息数据包
 */
$msPackage_1= "<xml>
        <ToUserName><![CDATA[%s]]></ToUserName>
        <FromUserName><![CDATA[%s]]></FromUserName>
        <CreateTime>%s</CreateTime>
        <MsgType><![CDATA[%s]]></MsgType>
        <Content><![CDATA[%s]]></Content>
        </xml>";
/**
 * 将回复的图文消息数据包分解为头、体、尾三部分
 * msPackage_head 为消息数据包的头
 * msPackage_body 为消息数据包的体
 * msPackage_foot 为消息数据包的尾
 */
$msPackage_head= "<xml>
<ToUserName><![CDATA[%s]]></ToUserName>
<FromUserName><![CDATA[%s]]></FromUserName>
<CreateTime>%s</CreateTime>
<MsgType><![CDATA[news]]></MsgType>
<ArticleCount><![CDATA[%s]]></ArticleCount>
<Articles>";
$msPackage_body="<item>
<Title><![CDATA[%s]]></Title>
<Description><![CDATA[%s]]></Description>
<PicUrl><![CDATA[%s]]></PicUrl>
<Url><![CDATA[%s]]></Url>
</item>";
$msPackage_foot="</Articles></xml>";
$articlecout=3;              //图文消息的数量
$arr_message[1]=array(
        "title"=>"校史延革",
```

```
                    "des"=>"惠州城市职业学院的起源与发展",
                    "pic"=>'http://www.linshixin.com/wx/pics/hzcc.jpg',
                    "url"=>'http://www.hzc.edu.cn/xxgk/xyjj.htm');
          $arr_message[2]=array(
                    "title"=>"校园风光",
                    "des"=>"惠州城市职业学院的美丽校园",
                    "pic"=>'http://www.linshixin.com/wx/pics/hzcc2.jpg',
                    "url"=>'http://www.hzc.edu.cn/xxgk/xyfm1.htm');
          $arr_message[3]=array(
                    "title"=>"机构设置",
                    "des"=>"了解我校的部门机构与系部设置",
                    "pic"=>'http://www.linshixin.com/wx/pics/hzcc3.jpg',
                    "url"=>'http://www.hzc.edu.cn/xxgk/jgsz.htm');
          /**
           *回复消息
           */
          if(strpos($content,"图文")!==false)
          {
            $msg_head=sprintf($msPackage_head,$fromUsername,$toUsername,$time,$articlecout);  //消息数据包的头
            $msg_body="";                                                                     //消息数据包内容变量
            foreach($arr_message as $key=>$value)                                             //遍历内容数组
               $msg_body.=sprintf($msPackage_body,$value['title'],$value['des'],$value['pic'],$value['url']);
            $result=$msg_head.$msg_body.$msPackage_foot;
          }
          else{
            $contentStr='您好，欢迎光临福长岭下,这是一段文字回复';
            $msgType = "text";
            $textTpl=$msPackage_1;
            $result= sprintf($textTpl,$fromUsername,$toUsername,$time,$msgType,$contentStr);
          }
          echo $result;                                                                       //将消息回复给用户
             }
          }
```

（2）保存文件，并将其上传到 Web 服务器相应的目录中，并在手机端微信按照回复单条图文消息中的步骤进行测试。

  注意：

由于微信规定当用户发送文本、图片、视频、图文、地理位置这 5 种类型的消息时，开发者只能回复一条图文消息，因此上面的程序在实际运行中，只有一条图文消息回复到用户的手机微信端。

上面的程序，为了简化程序结构，将图文消息的数据包<xml>…</xml>部分分解为头、体、尾三部分，使用数组存储数据体中各条图文消息的各项数据，然后遍历数组。

第4讲　微信公众号自定义菜单

微信公众号的自定义菜单能够帮助微信公众号丰富用户交互界面，使用户更好更快地操作微信公众号的各类扩展功能。微信公众平台为用户提供了多种不同的实现自定义菜单的方法。

本讲涉及的知识内容有：

（1）自定义菜单的实现方式；

（2）自定义菜单内容的数据包格式；

（3）自定义菜单的类型与要求；

（4）使用接口调试工具定义菜单；

（5）使用程序实现自定义菜单。

4.1　自定义菜单简介

4.1.1　自定义菜单的实现方法

实现微信公众号中的自定义菜单有三种途径。

（1）在微信公众号的管理后台，依次单击"功能"→"自定义菜单"，可以比较方便地实现微信公众号的菜单定义。但通过此方法设置的菜单在功能扩展方面有一定的制约，如无法跳转到外部链接。微信公众号管理后台的"自定义菜单"功能如图 4-1 所示。

图 4-1　微信公众号管理后台的"自定义菜单"功能

（2）通过微信公众号管理后台中的"接口调试工具"功能，输入自定义菜单的内容，生成自定义菜单，如图 4-2 所示。

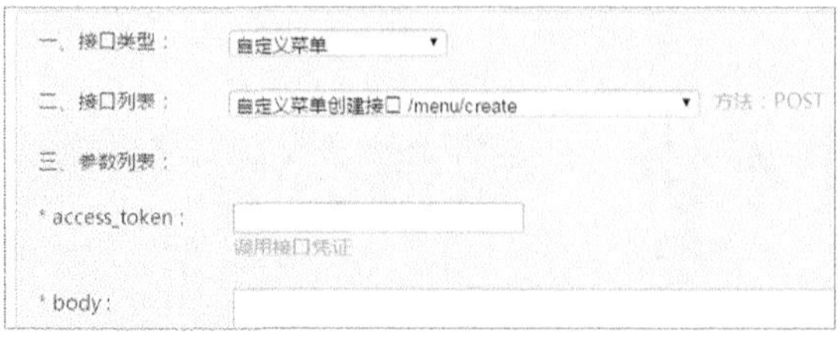

图 4-2　通过"接口调试工具"实现微信公众号的自定义菜单

（3）通过开发者编写的第三方程序调用微信公众号的菜单接口，生成自定义菜单。需要注意的是，本方法需要开启微信公众号的"服务器配置"，而且使用本方法实现自定义菜单，将导致使用第（1）种和第（2）种方法实现的菜单失效，只显示本方法定义的菜单。

本讲将使用测试号对第（2）种和第（3）种方法进行介绍。

4.1.2　自定义菜单的数据包格式

无论是通过接口测试工具实现微信公众号的自定义菜单，还是通过编写第三方程序实现微信公众号的自定义菜单，都需要提供菜单的内容数据。微信公众号要求这个数据用 JSON 格式编码提交，范例格式程序如下。

```
{
    "button":[
    {
        "type":"click",
        "name":"今日歌曲",
        "key":"V1001_TODAY_MUSIC"
    },
    {
        "name":"菜单",
        "sub_button":[
        {
            "type":"view",
            "name":"搜索",
            "url":"http://www.soso.com/"
        },
        {
            "type":"miniprogram",
            "name":"wxa",
            "url":"http://mp.weixin.qq.com",
            "appid":"wx286b93c14bbf93aa",
            "pagepath":"pages/lunar/index"
        },
        {
            "type":"click",
            "name":"赞一下我们",
            "key":"V1001_GOOD"
```

```
        }]
      }
    ]
  }
```

JSON 是一种用字符串来表示对象的数据格式，它的特征如下。

（1）用{}表示一个对象。

（2）每个对象及对象中的数据用"键名":"键值"的格式来表示，如"type":"click"，数据之间用逗号分隔。

（3)对象里面还可以有子对象,同级子对象之间用逗号分隔,如{{子对象 1},{子对象 2}}。

（4）支持数组，用"数组名":[元素 1,元素 2,…]的格式来表示一个数组，子对象作为父对象的数组成员存在，如{"button":[{"name":xxx},{"name":YYY}]}。

4.1.3　自定义菜单的类型与要求

微信公众号的自定义菜单类型是根据响应的动作类型来区分的，具体类型与操作含义如表 4-1 所示。

表 4-1　微信公众号的自定义菜单类型及操作含义

菜单类型	操作含义	说明
click	单击类型，微信服务器会通过消息接口向 Web 服务器推送消息类型为 event 的数据（参考微信开发者文档的消息接口指南），并且带上按钮中开发者填写的 key 值，开发者可以通过自定义的 key 值与用户进行交互	通用
view	网页类型，微信客户端将会打开开发者在按钮中填写的网页 URL	通用
miniprogram	小程序类型，单击菜单可以加载指定的小程序	通用
scancode_waitmsg	调出微信"扫一扫"工具，完成扫码操作，将扫码的结果传给 Web 服务器，同时关闭微信"扫一扫"工具，然后弹出"消息接收中"提示框，随后会收到开发者发送的消息	新增
scancode_push	调出微信"扫一扫"工具，完成扫码操作，并显示扫描结果（如果是 URL，则进入 URL），将扫描结果传送给 Web 服务器，Web 服务器可以根据扫描结果回复消息	新增
pic_sysphoto	调出系统相机，完成拍照操作后，将拍摄的相片发送给开发者，并推送事件给开发者，关闭系统相机，随后可能会收到开发者发送的消息	新增
pic_photo_or_album	弹出选择器供用户选择"拍照"或者"从手机相册选择"，再根据用户的选择执行相应的流程，参考 pic_sysphoto	新增
pic_weixin	调出微信相册，完成选择操作后，将选择的相片发送至 Web 服务器，并推送事件给 Web 服务器，同时收起相册，随后可能会收到开发者发送的消息	新增
location_select	调出地理位置选择工具，完成选择操作后，将选择的地理位置发送至 Web 服务器，同时收起位置选择工具，随后可能会收到开发者发送的消息	新增
media_id	微信服务器会将开发者填写的永久素材 ID 对应的素材下发给用户，永久素材类型为图片、音频、视频、图文消息	新增
view_limited	微信客户端将打开开发者在按钮中填写的永久素材 ID 对应的图文消息的 URL	新增

表 4-1 中说明为"新增"的菜单类型，需要 Android 5.4 以上版本或 iPhone 5.4.1 以上版本才能支持，否则用户操作将没反应。

微信公众号对自定义菜单有以下几点要求。

（1）最多可定义 3 个一级菜单，每个一级菜单最多包含 5 个二级菜单。

（2）每个一级菜单最多显示 4 个汉字，二级菜单最多显示 7 个汉字，更多的文字内容将以"…"代替。

（3）创建自定义菜单后，菜单的刷新策略是：在用户进入微信公众号会话界面或微信公众号 profile 界面时，如果上一次获取菜单的请求在 5min 以前，那么客户端的菜单就会被刷新。

在测试时，为了马上看到自定义菜单的效果，可以先取消关注微信公众号后再关注公众号。

4.2 使用接口调试工具定义菜单

本讲创建的微信公众号自定义菜单包含三个一级菜单，每个一级菜单下面包含若干个不同类型的二级菜单。自定义菜单内容表如表 4-2 所示。

表 4-2 自定义菜单内容表

一 级 菜 单	二 级 菜 单	类　　型
我的信息	登录注册	view
	我的积分	view
	我的账单	view
商品分类	家用电器	click
	图书音像	click
	服装首饰	click
物流快递	我的包裹	view
	快递下单	click
	网点查询	view

（1）登录微信公众号的管理后台，依次单击"开发"→"开发者工具"，如图 4-3 所示。

（2）单击"开发者工具"选项下的"在线接口调试工具"，打开"在线接口调试工具"界面，如图 4-4 所示。

图 4-3 "开发者工具"选项　　　　图 4-4 "在线接口调试工具"界面

（3）将"接口类型"设置为"基础支持"，"接口列表"设置为"获取 access_token 接口"，"AppID"与"secret"（AppSecret）两项复制自己的测试账号中的相应信息即可，如图 4-5 所示，然后单击"检查问题"按钮。

图 4-5　获取 access_token 的接口信息配置

（4）复制粘贴"返回结果"中的 access_token，如图 4-6 所示。

图 4-6　备份"返回结果"中的 access_token

（5）重新将"接口类型"设置为"自定义菜单"，"接口列表"设置为"自定义菜单创建接口/menu/create"。将上个步骤中备份的 access_token 粘贴在"access_token"文本框中，在"body"文本框中填写菜单的 JSON 数据（建议先在记事本中编辑好 JSON 数据再将其复制至"body"文本框中），如图 4.7 所示，然后单击"检查问题"按钮。

图 4-7　设置自定义菜单的接口配置

（6）菜单创建成功的"返回结果"如图 4-8 所示。

（7）重新关注微信公众号，可以看到自定义菜单的效果如图 4-9 所示。

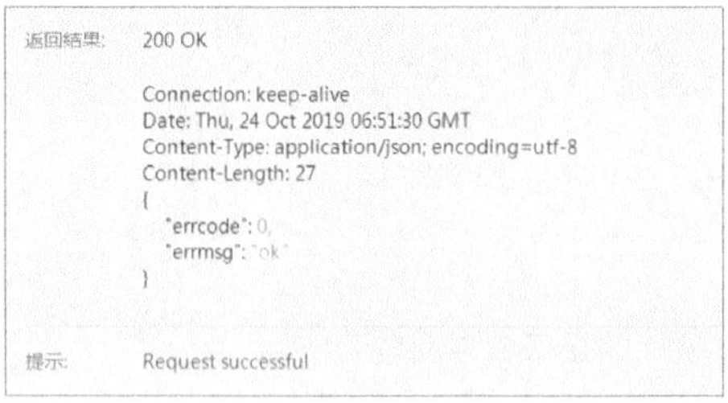

返回结果: 200 OK
Connection: keep-alive
Date: Thu, 24 Oct 2019 06:51:30 GMT
Content-Type: application/json; encoding=utf-8
Content-Length: 27
{
"errcode": 0,
"errmsg": "ok"
}
提示: Request successful

图 4-8　微信公众号菜单定义成功的“返回结果”

wxid_u770du1d1qo22的接口测试号
文字
您好，欢迎光临福长岭下,这是一段文字回复
图片
图文
公众号开发
家用电器
图书音像
服装首饰
我的信息
商品分类
物流快递

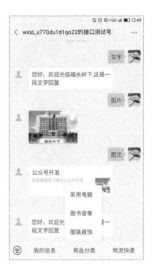

图 4-9　自定义菜单的效果

4.3　使用程序实现自定义菜单

本节我们通过编写服务器程序，调用微信公众平台的自定义菜单接口，实现如表 4-3 所示自定义菜单。

表 4-3　自定义菜单内容

一 级 菜 单	二 级 菜 单	类　　型
天气预报	广州天气	click
	惠州天气	click
用户操作	无感登录	view
	授权登录	view
火车班次	广州站	view
	广州南站	view

使用程序实现自定义菜单的步骤如下。

（1）使用微信公众号的 AppID 与 AppSecret 向微信服务器换取 access_token。获取 access_token 的接口 URL 如下：

```
https://api.weixin.qq.com/cgi-bin/token?grant_type=client_credential&appid=$appid&secret=$appsecret"
```

（2）使用获取的 access_token，将菜单内容的 JSON 数据包，通过自定义菜单接口用 POST 方式提交到微信服务器。自定义菜单接口的 URL 如下：

```
https://api.weixin.qq.com/cgi-bin/menu/addconditional?access_token=ACCESS_TOKEN
```

使用程序实现公众号自定义菜单的步骤如下。

（1）新建一个 PHP 文件，参考下面的程序，编写自定义菜单的实现程序。

```
<?php
/**
 * 自定义菜单的实现程序
 */
```

```php
$appid="wxec53d9xxxxx";                          //微信公众号 AppID
$appsecret="339cxx5xxxxb2e";                     //微信公众号 AppSecret
$url = "https://api.weixin.qq.com/cgi-bin/token?grant_type=client_credential&appid=$appid&secret=$appsecret";

$tokenJson=https_request($url);                  //获取 access_token 令牌数据包
$tokenArr=json_decode($tokenJson,true);          //将 access_token 数据解码成数组
$access_token=$tokenArr["access_token"];         //提取 access_token
/**
 * 菜单的 JSON 数据包
 */
$menu='{
  "button":[{
    "name":"天气预报",
    "sub_button":[
      {
        "type":"view",
        "name":"广州天气",
        "url":"http://linshixin.gz01.bdysite.com/tq_1"
      },
      {
        "type":"view",
        "name":"惠州天气",
        "url":"http://linshixin.gz01.bdysite.com/tq_2"
      }
      ]
  },
  {
    "name":"用户操作",
    "sub_button":[
      {
        "type":"view",
        "name":"无感登录",
        "url":"http://linshixin.gz01.bdysite.com/openid"
        },
      {
        "type":"view",
        "name":"授权登录",
        "url":"http://linshixin.gz01.bdysite.com/baseinfo"
        }
      ]
  },
  {
    "name":"火车班次",
    "sub_button":[
      {
        "type":"view",
        "name":"广州站",
        "url":"http://linshixin.gz01.bdysite.com/train_gz"
        },
      {
        "type":"view",
        "name":"广州南站",
        "url":"http://linshixin.gz01.bdysite.com/train_gzs"
        }
      ]
```

```
    }
   ]
};

/**
 * 调用创建菜单接口，提交菜单数据包，创建菜单
 */
$url="https://api.weixin.qq.com/cgi-bin/menu/create?access_token=".$access_token;
$result=https_request($url, $menu);
var_dump($result);

/**
 * http 请求函数，用 POST 方式提交
 */
function https_request($url,$data=null){
  $curl = curl_init();
  curl_setopt($curl, CURLOPT_URL, $url);
  curl_setopt($curl, CURLOPT_SSL_VERIFYPEER, FALSE);
  curl_setopt($curl, CURLOPT_SSL_VERIFYHOST, FALSE);
  if (!empty($data)){
    curl_setopt($curl, CURLOPT_POST, 1);
    curl_setopt($curl, CURLOPT_POSTFIELDS, $data);
  }
  curl_setopt($curl, CURLOPT_RETURNTRANSFER, 1);
  $output = curl_exec($curl);
  curl_close($curl);
  return $output;
}
?>
```

（2）将以上程序保存为 menu.php 文件，并将该文件上传到 Web 服务器的相应目录下。

（3）打开浏览器，访问 menu.php 文件的 URL，程序将直接向微信服务器提交菜单数据包，生成菜单。如果生成菜单成功，那么将在浏览器中看到如图 4-10 所示的反馈结果。

（4）打开手机微信端，重新关注微信公众号，微信公众号的自定义菜单效果如图 4-11 所示。

string(27) "{"errcode":0,"errmsg":"ok"}"

图 4-10　浏览器返回的微信公众号菜单生成结果　　图 4-11　微信公众号的自定义菜单效果

注意：

在微信公众平台开发的过程中，很多地方都需要使用全局访问令牌 access_token，由于这个令牌每天有 2000 次的限制，每一个令牌值的有效期是 2h。因此，经常需要使用令牌的业务应支持令牌值保存，在令牌值未失效之前，应当继续使用，不要频繁刷取新令牌值，以免超限。

第 5 讲　获取用户信息

OpenID 是微信用户针对微信公众号的唯一标识，在微信公众号开发中，获得了用户的 OpenID，就意味着获得了与该用户联系的"钥匙"，也意味着获得了微信用户的身份标识。

微信的用户信息包括 OpenID、昵称、性别、国家、省份、城市、头像及一些用户特权信息。在特定的业务场景中，获取用户的微信基本信息，有助于业务系统的数据完善与数据分析。

本讲涉及的主要内容有：

（1）OpenID 的原理；

（2）获取授权码 code；

（3）获取令牌 access_token；

（4）获取 OpenID；

（5）用户信息的获取与解码。

5.1　OpenID 原理分析

5.1.1　获取 OpenID 的基本流程

OpenID 不是微信号，微信号是由用户自定义的，是唯一的，为了保证用户的隐私与信息安全，在微信公众号的开发中是不允许直接获取微信号的。因此，微信公众平台为关注微信公众号的每个用户都配置了一个 OpenID，该 OpenID 允许第三方开发者通过授权获得。

OpenID 与微信号、微信公众号之间的关系是：在同一个微信号关注 N 个不同的微信公众号时，会产生 N 个不同的 OpenID，但每一个 OpenID 在同一个微信公众号的关注者列表中都是唯一的。因此，在同一个微信公众号的用户列表中，每一个用户的 OpenID 都是不同的。而同一个用户在不同微信公众号中的 OpenID 也是不同的。公众号、OpenID 与微信号的关系如图 5-1 所示。

公众平台的开发者获取其关注用户的 OpenID 的基本步骤如下：

（1）使用授权接口获取授权码 code；

（2）跳回业务页（也称回调页）。

（3）利用授权码换取令牌 access_token 与用户 OpenID。

（4）再次跳回回调页。

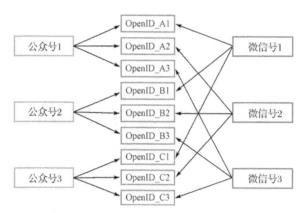

图 5-1 公众号、OpenID 与微信号的关系

获取用户微信的 OpenID 之前需要先使用微信公众平台的"网页授权接口"获得授权码 code，这个接口的 URL 为：

https://open.weixin.qq.com/connect/oauth2/authorize

在用授权码换取令牌与用户的 OpenID 时，使用的是另一个接口，该接口的 URL 为：

https://api.weixin.qq.com/sns/oauth2/access_token

5.1.2 获取 OpenID 的方式

需要微信的用户端授权，才能获取用户的 OpenID 或其他信息。授权有两种方式，即有感式与无感式，因此获取用户信息的方式也有两种。

1．有感式授权

有感式授权需要用户在微信弹出的授权页面中单击"确认登录"按钮后才能获得授权（见图 5-2），从而获取用户的 OpenID。该过程存在用户交互，因此称为有感式授权。

图 5-2 有感式授权需用户确认

有感式授权的授权域比较广，开发者不仅可以获得用户的 OpenID，还能获得用户的其他微信资料，如头像、昵称、所在地区、性别等，并且该授权方式不要求用户关注微信公众号。

2．无感式授权

无感式授权不需要用户进行任何操作，微信自动授权给第三方程序从而获得相应权限。用户对授权过程是没有感觉的，因此称为无感式授权或静默式授权。无感式授权要求用户先关注微信公众号，并且通过该方式授权的开发者只能获取用户的 OpenID，无法获取其他信息。

　　在通过无感式授权获取 OpenID 时，Web 服务器与微信服务器之间存在两次数据往来。第一次是 Web 服务器先向微信服务器的授权接口申请授权码 code，第二次是 Web 服务器使用这个授权码通过微信服务器的 API 接口获取全局访问令牌 access_token 与用户的 OpenID。

　　无感式授权获取 OpenID 的过程如图 5-3 所示。

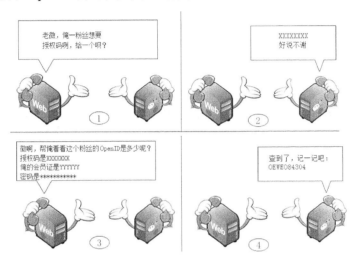

图 5-3　无感式授权获取 OpenID 的过程

图 5-3 中的会员证、密码分别代表微信公众号的 AppID 与 AppSecret。

5.2　获取用户的 OpenID

5.2.1　AppID 与 AppSecret

　　为保证数据安全，微信要求第三方程序每次通信时必须先提供一个合法的授权码 code（由微信服务器提供），但这个授权码并不是无条件提供的，它要求第三方程序必须先提供正确的微信公众号的 AppID 与 AppSecret（见图 5-3）。这两个数据，可以在微信公众号的后台管理系统中得到。

1．微信公众号的 AppID 与 AppSecret

（1）打开浏览器，以管理者的身份登录微信公众号的管理后台。

（2）依次单击"开发"→"基本配置"选项，如图 5-4 所示。

图 5-4　"基本配置"选项

（3）在"公众号开发信息"界面，单击"重置"链接，如图 5-5 所示。

图 5-5　"公众号开发信息"界面

（4）弹出如图 5-6 所示的提示框。

（5）单击"确定重置"按钮，使用公众号管理者手机端微信扫描二维码，确定身份，并在手机微信中设置开发者密钥。

（6）在"密码验证"界面中，输入微信公众号管理的"登录密码"与"验证码"，如图 5-7 所示。单击"下一步"按钮，即可得到微信公众号的 AppSecret，注意对该信息进行备份。

图 5-6　通过"确定重置"按钮获取 AppSecret

图 5-7　"密码验证"界面

默认 AppSecret 是不公开显示的，每次都需要经过上述操作才能显示，而频繁地重置 AppSecret，可能造成开发过程中不同模块的 AppSecret 不一致。因此，建议开发者在操作时，保存这个数据，以免多次重置，造成不必要的麻烦。

2．测试号的 AppID 与 AppSecret

（1）打开浏览器，登录测试号的管理后台。

（2）在测试号管理页面的"测试号信息"栏中即可看到测试账号的"AppID"与"AppSecret"，如图 5-8 所示。为方便以后操作，建议将这两个编码复制保存下来。

图 5-8　"测试号信息"栏

5.2.2　获取 OpenID 的实现

1．实现程序

（1）在 Dreamweaver 中新建一个 getopenID.php 文件，编写程序，定义一个用户信息类 UserInfo，并在该类中定义一个获取授权码的公有成员方法 getAuthorize()，参考程序如下。

```php
class UserInfo
{
  private $auth_result;                              //授权结果
  public $openID;                                    //OpenID
  private $appid;
  private $appsecret;
  function __construct()
  {
    $this->appid = 'wxec53d9539c4c7658';
    $this->appsecret = '339c6451775a89fc570a87b9078c0b2e';
  }
  /**
    *获取微信授权码
  */
  public function getAuthorize()
  {
    $redirect_url = urlencode('http://www.linshixin.com/wx/getopenID.php');       // 授权后回调地址
    $url = "https://open.weixin.qq.com/connect/oauth2/authorize?appid={$this->appid}&redirect_uri=
{$redirect_url}&response_type=code&scope=snsapi_base&state=123#wechat_redirect";
    header('location:'.$url);
  }
}
```

上述程序运行过程如下。

①　微信首先通过 URL 跳转到第三方服务器访问 getopenID.php 文件（跳转的方法可以是用户单击微信公众号中的某个链接或菜单，也可以是测试员直接在微信开发者工具的地址栏中输入 getopenID.php 的 URL）。

②　执行 getAuthorize()方法时，微信会携带着微信公众号的 AppID 与 AppSecret 跳转到 https://open.weixin.qq.com/connect/oauth2/authorize 接口。

③　微信服务器接口会产生一个授权码 code，然后附在$redirect_url 指定的回调地址后面（getopenID.php 后面），并让微信跳回该页面。

需要注意的是，执行完 getAuthorize()方法以后，微信会返回 getopenID.php 文件，但此时已经带回了一个 code。

获取授权码 code 的原理过程如图 5-9 所示。

图 5-9　获取授权码 code 的原理过程

在上述程序中，getAuthorize()方法带回了一个授权码 code，我们需要保存该 code。

由于这已经是微信服务器第二次访问 getopenID 页面了，并且这一次的目的是获取带回的 code（见图 5-9 中的第 3 步）。因此，程序必须能够区分是第几次访问 getopenID 页面。

两次访问 getopenID 页面之间的不同是，第二次访问时 URL 后面附有 code，可以利用这个区别来判断程序的分支走向。

（2）在 getopenID 页面中初始化一个 UserInfo 对象，并调用相应的方法判断是否成功获取到了 code，参考程序如下。

```
$c= new UserInfo;
  if(isset($_GET['code']))              //获取回调 URL 中的 code
    $c->getopenID($_GET['code']);      //获取 OpenID
  else
    $c->getAuthorize();                //获取 code
```

如果程序能获取 code，则说明是第二次访问 getopenID 页面，且已经成功获得了 code。可通过调用 getopenID()方法来获取用户的 OpenID。

（3）在 UserInfo 类中增加一个 getopenID()方法，使用前面的 code 来向微信服务器的相关接口换取 access_token 令牌与用户的 OpenID。getopenID()方法的参考程序如下。

```
/**
 *换取 access_token 并获取 OpenID
 */
public function getopenID($code)
{
    $url = "https://api.weixin.qq.com/sns/oauth2/access_token?appid={$this->appid}&secret={$this->appsecret}&code={$code}&grant_type=authorization_code";
    //获取用户的 OpenID
    //获取回调 URL 中的 JSON 数据，并转为数组
    $userinfo=json_decode(file_get_contents($url),true);
    if (isset($userinfo['errcode']))
    {
      $this->auth_result="微信授权失败";
      return $this->auth_result;
    }
    else
    {
      $this->openID=$userinfo['openid'];
      echo "<div class='openid'>你的微信 ID 是".$this->openID."</div>";
```

```
        }
    }
```

2．测试程序

（1）使用 FileZilla 软件将上述步骤的程序文件 getopenID.php 上传到 Web 服务器相应的目录下。

（2）登录测试账号的管理后台，将"JS 接口安全域名"修改为 Web 服务器的域名，如图 5-10 所示。

图 5-10　修改测试号的"JS 接口安全域名"

（3）在"体验接口权限表"列表中，依次单击"网页服务"→"网页授权获取用户基本信息"，如图 5-11 所示。

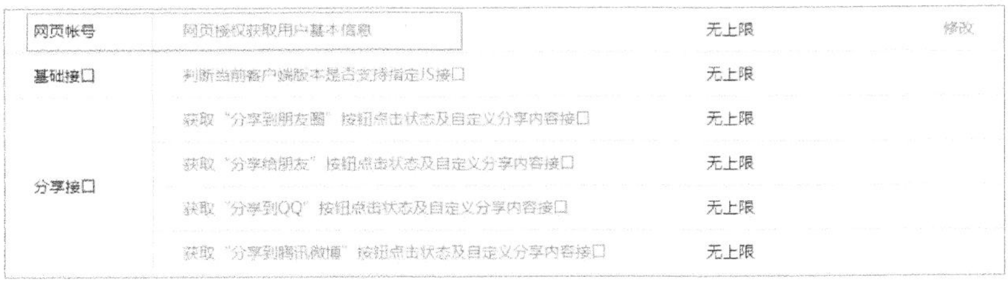

图 5-11　体验接口权限表

（4）单击"网页账号"对应的"修改"链接，在弹出的窗口中将授权回调页面的域名设置为 Web 服务器的域名（与 JS 接口安全域名相同），如图 5-12 所示。

图 5-12　设置授权回调页面域名

（5）用手机端微信的"扫一扫"工具扫描二维码，登录微信开发者工具，在地址栏中输入 getopenID.php 的 URL，如图 5-13 所示。

图 5-13　在微信开发者工具中测试 getopenID.php 的 URL

（6）用手机端微信的"扫一扫"工具扫描二维码，登录确认后，可以看到微信开发者工具中的虚拟器输出的内容，如图 5-14 所示。

图 5-14　用户 OpenID 返回效果

可以在微信公众号中添加一个菜单，通过该菜单可跳转到 getopenID.php 的 URL 中，这样就可以直接在手机端微信测试效果了。

如果用正式的微信公众号进行本讲的操作，那么微信公众号必须经过认证才能具有获取网页授权、获取用户 OpenID 的权限。

 ## 5.3　获取用户信息

5.3.1　获取用户信息的原理分析

获取用户信息与获取用户的 OpenID 略有不同，获取 OpenID 可以是无感式的，不需要经过用户授权，而获取用户信息必须经过用户授权确认，二者的实现过程也有所不同。

获取用户信息的过程可分为以下几个步骤实现：

（1）获取授权码 code；

（2）跳回回调页；

（3）利用授权码获取令牌 access_token 与用户 OpenID；

（4）再次跳回回调页；

（5）通过 access_token 与 OpenID 获取用户信息；

（6）将用户信息数据解码。

在上述过程中，会用到三个接口，接口名称与接口 URL 如下。

（1）获取授权码接口，用于提交 AppID 与 AppSecret 并向微信索取第三方用户继续操作的授权 code，接口 URL 为：

https://open.weixin.qq.com/connect/oauth2/authorize

（2）获取令牌 access_token 接口，用于通过 code 获取 access_token 与用户的 OpenID，接口的 URL 为：

https://api.weixin.qq.com/sns/oauth2/access_token

（3）用户信息获取接口，利用令牌 access_token 与用户 OpenID，通过该接口可以获取用户的信息，接口的 URL 为：

https://api.weixin.qq.com/sns/userinfo

获取用户信息过程示意图如图 5-15 所示。

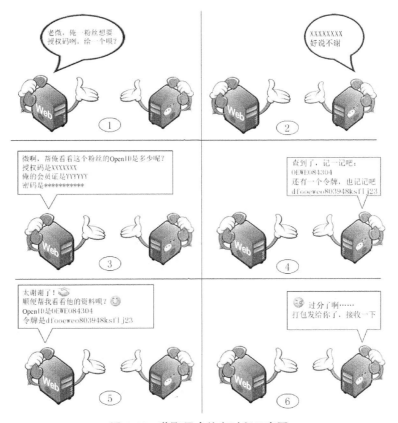

图 5-15　获取用户信息过程示意图

5.3.2　获取用户信息的实现

1．前期准备

（1）打开浏览器，登录公众测试号管理后台。

（2）在测试账号的"体验接口权限表"中单击"网页授权获取用户基本信息"，如图 5-16 所示。

网页帐号	网页授权获取用户基本信息	无上限	修改
基础接口	判断当前客户端版本是否支持指定JS接口	无上限	
分享接口	获取"分享到朋友圈"按钮点击状态及自定义分享内容接口	无上限	
	获取"分享给朋友"按钮点击状态及自定义分享内容接口	无上限	
	获取"分享到QQ"按钮点击状态及自定义分享内容接口	无上限	
	获取"分享到腾讯微博"按钮点击状态及自定义分享内容接口	无上限	

图 5-16　单击"网页授权获取用户基本信息"

（3）在弹出的对话框中，设置"授权回调页面域名"，如图 5-17 所示。

图 5-17　设置测试号的"授权回调页面域名"

2．程序实现

（1）新建一个 UserInfo.php 文件，在文件中定义用户信息类 UserInfo，在类中定义一个获取微信授权码的成员方法 getAuthorize()，参考程序如下。

```php
class UserInfo
{
    private $auth_result;                                          //授权结果
    public $openID;
    private $appid;
    private $appsecret;
    private $token;
    function __construct()
    {
        $this->appid = 'wxxxxxxxxx';                               //AppID
        $this->appsecret = '339xxxxx';                            //AppSecret
    }

    /**
     *获取微信授权码 code
     */
    public function getAuthorize()
    {
        $redirect_url = urlencode('http://www.linshixin.com/wx/getUserInfo.php');     // 授权后回调地址
        $url = "https://open.weixin.qq.com/connect/oauth2/authorize?appid={$this->appid}";
        $url.="&redirect_uri={$redirect_url}&response_type=code&scope=snsapi_userinfo&state=123#wechat_redirect";
        header('location:'.$url);
    }
}
```

上述程序的逻辑过程，请参阅 5.2.2 节。

（2）在 UserInfo 类中继续定义 getopenID()成员方法，通过上文获得的 code 向微信服务器的相关接口换取 access_token 与用户的 OpenID，参考程序如下。

```php
    /**
    *换取 access_token 并获取 OpenID 方法
    */
    public function getopenID($code)
```

```
 {
 $url = "https://api.weixin.qq.com/sns/oauth2/access_token?";
 $url.="appid={$this->appid}&secret={$this->appsecret}&code={$code}&grant_type=authorization_code";
 /**
  *获取用户 OpenID
 */
 //获取回调 URL 中的 JSON 数据，并将其转为数组
 $userID=json_decode(file_get_contents($url),true);
 if (isset($userID['errcode']))
 {
 $this->auth_result="微信授权失败";
 return $this->auth_result;
 }
 else   //通过 access_token 和 OpenID 查询用户信息
 {

 $this->openID=$userID['openid'];
 $this->token=$userID['access_token'];
 $getUserInfoUrl="https://api.weixin.qq.com/sns/userinfo?";
 $getUserInfoUrl.="access_token={$this->token}&openid={$this->openID}&lang=zh_CN";
 //获取回调 URL 中的 JSON 数据，并解码数组
 $userInfo = $this->getJson($getUserInfoUrl);
 echo "你的昵称：";
 print_r($userInfo);
 }
 }
```

上述程序中的 access_token 与微信的全局访问令牌 access_token 是不同的，二者的接口是有区别的。

上述程序中的 file_get_contents()函数可实现 GET 方式的数据提交。

（3）定义类的成员函数 getJson()，使用 POST 方法提交 access_token 与用户的 OpenID，获取用户信息的 JSON 数据包，参考程序如下。

```
/**
  *解码用户信息数据为数组
 */
 public function getJson($url){
   $ch = curl_init();
   curl_setopt($ch, CURLOPT_URL, $url);
   curl_setopt($ch, CURLOPT_SSL_VERIFYPEER, FALSE);
   curl_setopt($ch, CURLOPT_SSL_VERIFYHOST, FALSE);
   curl_setopt($ch, CURLOPT_RETURNTRANSFER, 1);
   $output = curl_exec($ch);
   curl_close($ch);
   return json_decode($output, true);        //以数组形式返回用户信息
 }
```

上述程序中的 curl_setopt()函数用于模拟用户 POST 方式提交表单数据并获得回调数据。

（4）初始化一个 UserInfo 对象，调用类中的成员方法，实现用户信息的获取，程序如下。

```
$c= new UserInfo;
 if(isset($_GET['code']))              //获取回调 URL 中的 code 信息
   $c->getopenID($_GET['code']);       //获取 OpenID
```

```
        else
            $c->getAuthorize();                              //获取 code
```

（5）如果上述程序能成功运行，那么微信最后返回到程序中的用户微信基本信息的 JSON
数据包格式如下。

```
{
    "openid":" OPENID",
    "nickname": "NICKNAME",
    "sex":"1",
    "province":"PROVINCE",
    "city":"CITY",
    "country":"COUNTRY",
    "headimgurl": "http://thirdwx.qlogo.cn/mmopen/......",
    "privilege":[ "PRIVILEGE1" "PRIVILEGE2"   ],
    "unionid": "o6_bmasdasdsad6_2sgVt7hMZOPfL"
}
```

用户信息 JSON 数据包的参数及其含义如表 5-1 所示。

表 5-1　用户信息 JSON 数据包的参数及含义

参　　数	含　　义
openid	用户的唯一标识
nickname	用户昵称
sex	用户的性别，值为 1 时是男性，值为 2 时是女性，值为 0 时是未知
province	用户个人资料填写的省份
city	普通用户个人资料填写的城市
country	国家
headimgurl	用户头像，最后一个数值代表正方形头像大小（有 0、46、64、96、132 数值可选，0 代表正方形头像大小为 640px×640px），用户没有头像时该项为空；若用户更换头像，那么原有头像的 URL 将失效
privilege	用户特权信息，JSON 数组，如微信沃卡用户为（chinaunicom）
unionid	只有在用户将微信公众号绑定到微信开放平台账号后，才会出现该字段

获取用户信息的逻辑过程如图 5-18 所示。

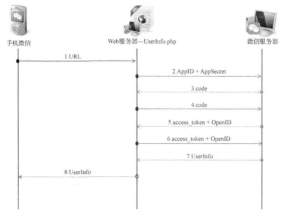

图 5-18　获取用户信息的逻辑过程

3．程序测试

（1）将上述步骤中的 UserInfo.php 文件上传到 Web 服务器。

（2）登录公众测试号的管理后台，将"JS 接口安全域名"修改为 Web 服务器的域名，如图 5-19 所示。

图 5-19　修改"JS 接口安全域名"

（3）在微信开发者工具界面中输入 UserInfo.php 的 URL 后按"Enter"键，如图 5-20 所示。

图 5-20　在"微信开发者工具"界面中测试程序文件的 URL

（4）在微信开发者工具的模拟器窗格中弹出微信授权请求框，如图 5-21 所示。

（5）单击"确认登录"按钮后，用户信息返回效果如图 5-22 所示。

图 5-21　微信授权请求框

图 5-22　用户信息返回效果

第6讲　事件回复消息

事件是指用户对微信公众号进行的操作，如单击菜单、扫描二维码、关注微信公众号、取消关注等。

在用户操作微信公众号的过程中，这些操作将被微信以"事件推送"的形式发送到开发者指定的 Web 服务器上，从而使开发者获取该信息，了解用户进行了哪些操作，然后做出回复。

在这些操作事件中，有些是允许开发者回复用户的，有些是不允许回复的。允许回复用户的事件如下：

（1）关注/取消事件；

（2）扫描带参数的二维码事件；

（3）上报地理位置事件；

（4）自定义菜单事件；

（5）单击菜单获取消息事件；

（6）单击菜单跳转链接事件。

本讲涉及的内容有：

（1）关注/取消事件数据包；

（2）关注事件回复消息的原理；

（3）获取用户地理位置的原理；

（4）微信发送的地理位置数据包；

（5）用户发送的地理位置数据包；

（6）用户地理位置的数据包解析。

6.1　关注/取消事件回复

6.1.1　原理分析

Web 服务器接收用户关注微信公众号事件或取消关注微信公众号事件的消息，并做出回复的过程有如下两步。

（1）验证第三方程序提供的 Token 与微信公众号设置的 Token 是否匹配。

（2）Token 匹配正确以后，微信服务器自动将事件消息转发给 Web 服务器，并将第三方程序回复的内容转发给进行关注/取消事件操作的用户。

关注/取消事件回复示意图如图 6-1 所示。

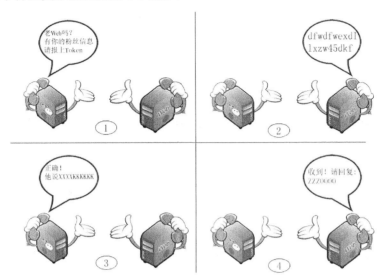

图 6-1　关注/取消事件回复示意图

用户关注微信公众号的事件发生以后，将产生一个关注事件数据包，这是一个 xml 数据包，其内容与格式如下。

```
<xml>
  <ToUserName><![CDATA[toUser]]></ToUserName>
  <FromUserName><![CDATA[FromUser]]></FromUserName>
  <CreateTime>123456789</CreateTime>
  <MsgType><![CDATA[event]]></MsgType>
  <Event><![CDATA[subscribe]]></Event>
</xml>
```

关注事件数据包中各项参数的含义如表 6-1 所示。

表 6-1　关注事件数据包中各项参数的含义

参　　数	含　　义
ToUserName	开发者微信号（微信公众号）
FromUserName	发送方账号（关注者的 OpenID）
CreateTime	消息创建时间（整型）
MsgType	消息类型，值为 event
Event	事件类型，subscribe（订阅）、unsubscribe（取消订阅）

不同类型的事件的 xml 数据包中包含的具体内容略有区别。关注微信公众号的事件与取消关注事件的数据包的区别只在于 Event 参数的值不同，关注事件的 Event 值是 subscribe，取消关注事件的 Event 值是 unsubscribe。

6.1.2　实现过程

1．实现程序

（1）在 Dreamweaver 中新建一个 PHP 文件，在该文件中定义一个 wxCallBack 类，并在该类中定义第一个成员方法 checkSignature()，通过该方法来验证微信公众号的 Token 值，参考程序如下。

```
class wxCallBack
{
/*    检查 signature 参数 */
    public function checkSignature()
    {
        $echoStr=$_GET['echostr'];
    $signature = trim($_GET["signature"]);
        $timestamp = trim($_GET["timestamp"]);
        $nonce = trim($_GET["nonce"]);
        $token =TOKEN;
        $tmpArr = array($token,$timestamp,$nonce);
        sort($tmpArr,SORT_STRING);
        $tmpStr = implode($tmpArr);
        $tmpStr = sha1($tmpStr);
    if($tmpStr == $signature )
    {
            ob_clean();
      echo $echoStr;
      exit;
    }
    else
            return false;
    }
}
?>
```

（2）在 wxCallBack 类中定义第二个成员方法 reciveMsg()，通过该方法接收微信服务器转发过来的 xml 数据包，并对数据包进行解析，判断消息的类型，如果消息属于事件类型，则继续判断消息的类型，并回复相应的内容；否则，回复"Hello World"，参考程序如下。

```
/*    接收微信发来的信息 */
    public function reciveMsg()
    {
        $postStr = $GLOBALS["HTTP_RAW_POST_DATA"];
        if (!empty($postStr))
    {
            $postObj = simplexml_load_string($postStr, 'SimpleXMLElement', LIBXML_NOCDATA);
            $fromUsername = $postObj->FromUserName;
            $toUsername = $postObj->ToUserName;
        $msgType=$postObj->MsgType;              //获取消息类型
        if($msgType=="event")                    //如果是事件类型
            $eventype=$postObj->Event;           //获取事件类型
        else
        $content= trim($postObj->Content);       //否则获取用户消息内容
            $time = time();
            //回复关注者的数据包
            $textTpl = "<xml>
            <ToUserName><![CDATA[%s]]></ToUserName>
            <FromUserName><![CDATA[%s]]></FromUserName>
            <CreateTime>%s</CreateTime>
            <MsgType><![CDATA[%s]]></MsgType>
```

```
                    <Content><![CDATA[%s]]></Content>
                    <FuncFlag>0<FuncFlag>
                    </xml>";
                    if($msgType!="event")              //非事件类型
                         $contentStr ="Hello World";
              else                                     //事件类型
              {
                         if($eventype=="subscribe")    //关注公众号
                    $contentStr ="我们来自五湖四海，为了关注一个共同的公众号，走到一起";
                  if($eventype=="unsubscribe")          //取消关注
                    $contentStr ="我送你离开，千里之外，你无声拜拜";
              }
              $msgType="text";
              $result= sprintf($textTpl, $fromUsername, $toUsername, $time, $msgType, $contentStr);
              echo $result;
                  }
          }
```

（3）初始化一个 wxCallBack 类的对象，先调用 checkSignature()方法验证 Token，再调用 reciveMsg()方法进行事件回复操作，参考程序如下。

```
define('TOKEN','hzcc');                            //通信私钥
$wxObj = new wxCallBack();
if(isset($_GET['echostr']))                        //如果 echostr 存在，则为 Token 验证阶段
    $wxObj->checkSignature();
else                                               //微信公众号只需验证一次 Token
    $wxObj->reciveMsg();
```

（4）将上述程序保存为 subscribeReback.php 文件，并将该文件上传到 Web 服务器对应的目录下。

2．程序测试

（1）登录测试号的管理后台，依次单击"基本配置"→"服务器配置"→"修改配置"选项，将"URL"修改为 subscribeReback.php 文件的 URL，如图 6-2 所示。

（2）打开客户端微信，用"扫一扫"工具扫描测试号的二维码，关注该测试号（如已关注，先取消关注），程序测试效果如图 6-3 所示。

图 6-2　修改测试号的"接口配置信息"

图 6-3　程序测试效果

注意：

事实上取消关注事件的回复是没有效果的，因为当一个用户取消关注时，Web 服务器虽然能够收到取消事件的消息，但回复的内容已无法发送到该用户的微信上。

6.2 获取用户地理位置

6.2.1 原理分析

微信公众号获取用户的地理位置有两个前提条件：

（1）微信公众号开通上报地理位置的接口；

（2）用户同意授权上报地理位置。

满足以上条件后，用户在进入微信公众号会话时，微信就会自动将用户当前时刻的地理位置数据以 xml 数据包的形式推送到微信服务器端，微信服务器再将该数据包转发到 Web 服务器中。Web 服务器收到上报的地理位置的信息后，只需要向微信服务器回复 success 表明已收到信息即可，不需要也不允许回复消息到用户的手机微信端。

微信服务器推送给 Web 服务器的用户地理位置数据包格式如下。

```xml
<xml>
    <ToUserName><![CDATA[toUser]]></ToUserName>
    <FromUserName><![CDATA[fromUser]]></FromUserName>
    <CreateTime>123456789</CreateTime>
    <MsgType><![CDATA[event]]></MsgType>
    <Event><![CDATA[LOCATION]]></Event>
    <Latitude>23.137466</Latitude>
    <Longitude>113.352425</Longitude>
    <Precision>119.385040</Precision>
</xml>
```

用户地理位置数据包中各项参数的含义如表 6-2 所示。

表 6-2 用户地理位置数据包中各项参数的含义

参 数	含 义
ToUserName	开发者的微信号
FromUserName	发送方账号（一个 OpenID）
CreateTime	消息创建时间（整型）
MsgType	消息类型，值为 event
Event	事件类型，LOCATION
Latitude	地理位置纬度
Longitude	地理位置经度
Precision	地理位置精度

Web 服务器获取用户地理位置数据包以后，解析数据包中的经度和纬度，然后就可以通过相关的地图接口将经度和纬度转化为地图上对应的具体坐标。

用户的地理位置发送，与关注/取消事件都属于微信的事件推送型消息，二者只是推送给 Web 服务器的数据包略有不同，用户地理位置数据包中的 Event 参数值是 LOCATION，并增加了经度、纬度等参数项。

6.2.2　实现程序

（1）新建一个 PHP 文件，在 6.1.2 节的关注回复程序的基础上，重新定义 reciveMsg()方法，判断消息类型为事件类型（msgType="event"）后，继续判断事件类型是否为位置（eventype="LOCTAION"），并做出相应的回复。reciveMsg()方法的程序如下。

```
/* 接收微信发来的信息 */
    public function reciveMsg()
    {
        $postStr = $GLOBALS["HTTP_RAW_POST_DATA"];
        if (!empty($postStr))
    {

            $postObj = simplexml_load_string($postStr, 'SimpleXMLElement', LIBXML_NOCDATA);
            $fromUsername = $postObj->FromUserName;
            $toUsername = $postObj->ToUserName;
        $msgType=$postObj->MsgType;                     //获取消息类型
        if($msgType=="event")                           //如果是事件类型
            $eventype=$postObj->Event;                  //获取事件类型
            $time = time();
            //回复关注者的数据包
            $textTpl = "<xml>
            <ToUserName><![CDATA[%s]]></ToUserName>
            <FromUserName><![CDATA[%s]]></FromUserName>
            <CreateTime>%s</CreateTime>
            <MsgType><![CDATA[%s]]></MsgType>
            <Content><![CDATA[%s]]></Content>
            <FuncFlag>0<FuncFlag>
            </xml>";
            if($msgType!="event")                       //非事件类型
                $contentStr ="获取你的地理位置失败";
        else                                            //事件类型
        {
                if($eventype=="LOCATION")               //位置事件
        {
            $jd=$postObj->Longitude;                    //经度
            $wd=$postObj->Latitude;                     //纬度
            $wzjd=$postObj->Precision;                  //精度
            $contentStr="你目前所在的位置是经度:".$jd.",纬度: ".$wd.", 精度: ".$wzjd;
        }
        }
        $msgType="text";
        $result= sprintf($textTpl, $fromUsername, $toUsername, $time, $msgType, $contentStr);
        echo $result;
        }
    }
```

（2）将上述程序保存为 getUserLocation.php 文件，上传到 Web 服务器对应的目录下。

（3）登录测试号的管理后台，依次单击"基本配置"→"服务器配置"→"修改配置"，将"URL"修改为 getUserLocation.php 的 URL，如图 6-4 所示。

图 6-4　修改测试号的"接口配置信息"

（4）在"体验接口权限表"中的"用户管理"中，单击"获取用户地理位置"右边的"开启"，如图 6-5 所示。

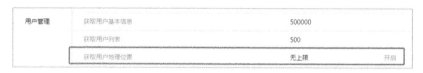

图 6-5　"开启"测试号的"获取用户地理位置"接口

（4）打开微信客户端，关注相应的测试号，并单击"允许使用"，弹出如图 6-6 所示的提示框。

（6）单击"确定"按钮后，将收到一条由测试号返回的位置信息，如图 6-7 所示。

图 6-6　允许使用用户位置提示框

图 6-7　测试号返回的用户位置信息

6.3　解析用户发送的位置消息

6.3.1　原理分析

在 6.2 节中，微信服务器自动向 Web 服务器发送用户每次进入微信公众号时的地理位置。用户在进入微信公众号后，如果其位置发生变化，那么微信服务器将无法再获取用户的最新位置信息。

在这种情况下，用户可以在微信公众号的对话窗口中，通过"位置"功能定位自己的位置，如图 6-8 所示。

图 6-8 "位置"功能

微信公众号（或测试号）接收到用户的位置消息后，即可解析出用户发送的位置。

用户在发送位置消息时虽然对话窗口中显示的是一张地图的画面，但发送到 Web 服务器的依然是一个 xml 数据包，因此其原理与前面学习的消息回复的原理并无本质区别，具体内容参阅第 2 讲、第 3 讲。

用户在地图中选择定位后，微信服务端发送的位置消息数据包内容程序如下。

```xml
<xml>
  <ToUserName><![CDATA[toUser]]></ToUserName>
  <FromUserName><![CDATA[fromUser]]></FromUserName>
  <CreateTime>1351776360</CreateTime>
  <MsgType><![CDATA[location]]></MsgType>
  <Location_X>23.134521</Location_X>
  <Location_Y>113.358803</Location_Y>
  <Scale>20</Scale>
  <Label><![CDATA[位置信息]]></Label>
  <MsgId>1234567890123456</MsgId>
</xml>
```

微信服务端发送的位置消息数据包中各项参数的含义如表 6-3 所示。

表 6-3 微信服务端发送的位置消息数据包中各项参数的含义

参　　　数	含　　　义
ToUserName	开发者微信号
FromUserName	发送方账号（一个 OpenID）
CreateTime	消息创建时间　（整型）
MsgType	消息类型，值为 location
Location_X	地理位置纬度
Location_Y	地理位置经度
Scale	地图缩放大小
Label	地图上的地址名称
MsgId	消息 ID，64 位整型

由表 6-3 可知，只要解析出数据包中的 Location_X 与 Location_Y，就可以获取用户位置的经度和纬度，此步的原理与授权获取地理位置的原理是一样的。

注意：

用户主动发送自己位置与用户授权微信自动发送地理位置的区别如下。

（1）前者需要用户主动进行位置的发送操作，因此用户可以在地图中调整自己的位置信息；后者不需用户进行发送操作，用户无法调整自己的位置信息。

（2）前者属于位置消息，MsgType 的值为 location；后者为微信公众号几种事件消息中的一种，MsgType 的值为 event。

（3）前者不需要微信公众号的后台开启"获取地理位置"服务。

6.3.2　实现程序

本节的重点是分析 Web 服务器在接收到用户的位置消息以后，如何解析出其中的地理位置数据。

（1）新建一个 PHP 文件，在 6.2.2 节的程序的基础上，重新定义 reciveMsg()方法，判断微信转发过来的数据包，如果 MsgType 的值为 location，那么就分析其中的位置信息。reciveMsg()的参考程序如下。

```php
/* 接收并解析微信发来的信息 */
public function reciveMsg()
{
    $postStr = $GLOBALS["HTTP_RAW_POST_DATA"];
    if (!empty($postStr))
{
//将接收到的 xml 数组转换成对象
$postObj = simplexml_load_string($postStr, 'SimpleXMLElement', LIBXML_NOCDATA);
    //读取对象中各个成员的值
    $fromUsername = $postObj->FromUserName;              //发信用户（关注者）
    $toUsername = $postObj->ToUserName;                  //收信用户（微信公众号）
    $content= trim($postObj->Content);                   //消息内容
$remsgType=$postObj->MsgType;                            //收到的消息类型
    $time = time();
$textTpl = "<xml>
    <ToUserName><![CDATA[%s]]></ToUserName>
    <FromUserName><![CDATA[%s]]></FromUserName>
    <CreateTime>%s</CreateTime>
    <MsgType><![CDATA[%s]]></MsgType>
    <Content><![CDATA[%s]]></Content>
    <FuncFlag>0<FuncFlag>
    </xml>";
    /*  解析数据包中的位置信息 */
    if($remsgType=='location')
    {
        $wd=$postObj->Location_X;                        //纬度
        $jd=$postObj->Location_Y;                        //经度
        $label=$postObj->Label;                          //地理标签
        $contentStr="您好！您现在的位置是{$label}，<br>经度：{$jd}，纬度：{$wd}";
    }
    /*  将位置结果回复给用户 */
```

```
            $msgType = "text";
            $result= sprintf($textTpl, $fromUsername, $toUsername, $time, $msgType, $contentStr);
            echo $result;
        }
    }
```

（2）将上述程序保存为 getUserLocation.php 文件，并上传到 Web 服务器。

（3）登录测试号的管理后台，修改"接口配置信息"，如图 6-9 所示。

接口配置信息 修改

请填写接口配置信息，此信息需要你有自己的服务器资源，填写的URL需要正确响应微信发送的Token验证

URL　　　http://linshixin.gz01.bdysite.com/getUserLocation.php

Token　　hzcc

图 6-9　修改测试号的"接口配置信息"

（4）打开手机端微信，进入测试号的对话框，通过地图定位，发送一条位置消息，测试号自动反馈位置消息中的地理坐标。

第7讲 发送客服消息

微信公众号自动回复与关键字回复两个功能所回复的内容都必须由公众号的关注用户先发送一条消息，程序才能做出回复反应，它们是被动式的，如果用户不主动发起对话，那么程序将无法主动向用户发送消息。

在业务交互比较复杂的系统中，有时需要由客服人员（系统管理员）主动向用户发送消息，这就是客服消息。

本讲案例是实现一个简易的微信公众号客服系统，该客服系统能够主动向微信公众号的每一个关注用户发送消息、接收消息，并将每一次会话内容记录在数据库中。

本讲涉及的内容包括：

（1）客服消息的规则；

（2）客服消息的类型；

（3）客服消息的数据包；

（4）客服消息的收发过程；

（5）客服消息的收发接口与调用。

7.1 客服消息的原理

7.1.1 客服消息的规则与收发过程

如果一个用户曾经与某个微信公众号发生过交互行为，那么在交互行为发生后的 48h 内，微信公众号就可以通过客服消息接口主动向该用户发送消息。一个微信公众号一天最多可以发送 50 万条客服消息。

用户与微信公众号之间的交互行为如下：

（1）用户发送信息到微信公众号；

（2）单击推送事件类型的菜单；

（3）关注微信公众号；

（4）扫描微信公众号的二维码；

（5）执行支付操作并支付成功；

（6）用户向微信公众号提出维权操作（如投诉）。

只要用户曾经对微信公众号有过以上六种行为之一，那么在交互行为发生后的 48h 内，微信公众号就可以给这个用户发送消息。

　　微信规定：只有经过认证的微信公众号才拥有使用客服账号回复客服消息的权限，未具备认证资质的微信公众号，开发者可以直接将微信公众号作为客服账号，二者回复客服消息的过程与原理完全相同，区别在于客服账号是指定的个人微信号，因此能够与其关注用户实时交流，关注用户可以看到客服账号的微信头像与昵称；而将微信公众号作为客服账号时，关注用户无法看到客服账号的微信头像与昵称，双方也无法进行实时交流。

　　发送客服消息的步骤如下。

　　（1）通过 AppID 与 AppSecret，获取全局访问令牌 access_token。access_token 接口的 URL 为：

```
https://api.weixin.qq.com/cgi-bin/token?grant_type=client_credential&appid={$xxx}&secret={$yyy}
```

　　（2）调用客服消息接口，利用 access_token，使用 POST 提交的方式，将消息内容发送给指定的关注用户。如果发送成功，那么客服消息接口将返回一个值为 0 的错误码。

　　客服消息接口的 URL 为：

```
https://api.weixin.qq.com/cgi-bin/message/custom/send?access_token={$accesstoken}
```

　　注意：

　　一个微信公众号每天只能获取 2000 个全局访问令牌 access_token，每个 access_token 的有效时间为 7200s，对于业务频繁的场景而言，这个资源是比较宝贵的。因此应当保存每个 access_token，在其未失效之前应当重复使用，以免频繁重新获取 access_token 导致当天的 access_token 用完而影响业务。

　　保存 access_token 时，至少预留 512 个字符的存储空间。

　　此外，由于一个微信公众号每天只能发送 50 万条客服消息，且必须在用户的交互行为发生后的 48h 内发送，因此对于客服消息业务量较大的微信公众号，可靠的做法是记录用户的每一次交互行为，避免向已经超时的用户回复消息。

　　客户消息的收发过程示意图，如图 7-1 所示。

图 7-1　客服消息的收发过程示意图

7.1.2　客服消息的类型

微信公众平台支持的客服消息共有 8 种类型，每种类型的消息都以 JSON 格式编码，不同类型消息的 JSON 数据包的内容略有不同。

1．文本消息

文本类型的客服消息的 JSON 数据包程序如下。

```
{
    "touser":"OPENID",
    "msgtype":"text",
    "text":
    {
        "content":"Hello World"
    }
}
```

文本类型的客服消息的 JSON 数据包中各项参数的含义如表 7-1 所示。

表 7-1　文本类型的客服消息的 JSON 数据包中各项参数的含义

参　　数	含　　义
touser	接收者（一个 OpenID）
msgtype	消息类型（text）
text	消息内容（object）

此外，在给用户回复文本类型的客服消息时，消息内容中可以插入跳转到小程序的文字链接，参考范例程序如下。

```
{
    "touser":"OPENID",
    "msgtype":"text",
    "text":
    {
        "content":"<a href='http://www.qq.com' data-miniprogram-appid='appid' data-miniprogram-path='pages/index/index'>单击跳转到小程序</a>"
    }
}
```

小程序的链接文字需注意以下几点。

（1）data-miniprogram-appid 项，如果填写的是小程序的 AppID，则表示该链接跳转到小程序。

（2）data-miniprogram-path 项，填写小程序内的页面路径，路径与小程序内 app.json 中的页面路径保持一致，可带参数。

（3）对于不支持 data-miniprogram-appid 项的客户端版本，如果有 href 项，则跳转到 href 中的网页链接。

（4）data-miniprogram-appid 对应的小程序必须与微信公众号有绑定关系。

2．图片消息

图片类型的客服消息的 JSON 数据包程序如下。

```
{
    "touser":"OPENID",
    "msgtype":"image",
    "image":
    {
        "media_id":"MEDIA_ID"
    }
}
```

图片类型的客服消息的 JSON 数据包各项参数的含义如表 7-2 所示。

表 7-2　图片类型的客服消息的 JSON 数据包各项参数的含义

参　　数	含　　义
touser	接收者（一个 OpenID）
msgtype	消息类型（image）
media_id	图片文件在素材库中的 ID，可通过多媒体接口获取获得

在图片类型的客服消息中，图片只能是素材库中存在的图片，是通过 media_id 来指定的，可以通过"获取素材"接口获取（获取过程参阅第 3 讲），如图 7-2 所示。

图 7-2　图片类型的客户消息回复效果

3．语音消息

语音类型的客服消息的 JSON 数据包程序如下。

```
{
    "touser":"OPENID",
    "msgtype":"voice",
    "voice":
    {
        "media_id":"MEDIA_ID"
    }
}
```

语音类型的客服消息的 JSON 数据包各项参数的含义如表 7-3 所示。

表 7-3　语音类型的客服消息的 JSON 数据包各项参数的含义

参　　数	含　　义
touser	接收者（一个 OpenID）
msgtype	消息类型（voice）
media_id	语音文件在素材库中的 ID，可通过多媒体接口获取获得

4．视频消息

视频类型的客服消息的 JSON 数据包程序如下。

```
{
    "touser":"OPENID",
    "msgtype":"video",
    "video":
    {
        "media_id":"MEDIA_ID",
        "thumb_media_id":"MEDIA_ID",
        "title":"这是视频消",
        "description":"您好，我是客服，请欣赏视频"
    }
}
```

视频类型的客服消息的 JSON 数据包各项参数的含义如表 7-4 所示。

表 7-4　视频类型的客服消息的 JSON 数据包各项参数的含义

参　　数	含　　义
touser	接收者（一个 OpenID）
msgtype	消息类型（video）
media_id	视频文件在素材库中的 ID，可通过多媒体接口获取获得
thumb_media_id	视频缩略图的 media_id
title	视频标题文字
description	视频简介文字

视频类型的客服消息回复效果如图 7-3 所示。

图 7-3　视频类型的客服消息回复效果

5．音乐消息

音乐类型的客服消息的 JSON 数据包程序如下。

```
{
    "touser":"OPENID",
    "msgtype":"music",
    "music":
    {
        "title":"沧海一声笑",
```

```
        "description":"豪情万丈，襟怀磊落，坦荡江湖，清风激扬",
        "musicurl":"http://www.hzclin.com/mp/media/music_1.mp3",
        "hqmusicurl":"http://www.hzclin.com/mp/media/music_1.mp3",
        "thumb_media_id":"THUMB_MEDIA_ID"
    }
}
```

音乐类型的客服消息的 JSON 数据包各项参数的含义如表 7-5 所示。

表 7-5　音乐类型的客服消息的 JSON 数据包各项参数的含义

参　　数	含　　义
touser	接收者（一个 OpenID）
msgtype	消息类型（music）
title	音乐标题文字
description	音乐简介文字
musicurl	音乐文件的 URL
hqmusicurl	高清版本音乐文件的 URL
thumb_media_id	音乐封面缩略图的 media_id

客服消息发送的音乐文件只支持网络服务器上的资源，因此音乐文件提供的是一个 URL。音乐类型的客服消息回复效果如图 7-4 所示。

图 7-4　音乐类型的客服消息回复效果

6．图文消息

图文消息如果是一个外链页面，那么其 JSON 数据包程序如下。

```
{
    "touser":"OPENID",
    "msgtype":"news",
    "news":{
        "articles": [
          {
              "title":"图文回复",
              "description":"这是客服回复你的一条图文消息",
              "url":"http://www.hzc.edu.cn/info/1010/2025.htm",
              "picurl":"PIC_URL"
          }
          ]
      }
}
```

外链页面的图文类型客服消息的 JSON 数据包各项参数的含义如表 7-6 所示。

表 7-6　外链页面的图文类型客服消息的 JSON 数据包各项参数的含义

参　数	含　义
touser	接收者（一个 OpenID）
msgtype	消息类型（news）
title	文章标题文字
description	文章摘要
url	外部链接的 URL
picurl	图片文件的 URL

如果图文消息不是一个外链接，而是微信公众号素材库中的一个图文素材，那么其 JSON 数据包程序如下。

```
{
    "touser":"OPENID",
    "msgtype":"mpnews",
    "mpnews":
    {
        "media_id":"MEDIA_ID"
    }
}
```

图文素材类型的客服消息的 JSON 数据包各项参数的含义如表 7-7 所示。

表 7-7　图文素材类型的客服消息的 JSON 数据包各项参数的含义

参　数	含　义
touser	接收者（一个 OpenID）
msgtype	消息类型（mpnews）
media_id	图文素材的 media_id

需要注意的是，无论图文消息的内容是外链接还是素材库中的素材，一次都只支持发送一条客服消息，如果超出这个限制，则将返回错误码 45008。

图文类型的客服消息回复效果如图 7-5 所示。

图 7-5　图文类型的客服消息回复效果

7．卡券消息

卡券功能是公众平台向有投放卡券需求的微信公众号提供的推广、经营分析的整套解决方案，是微信卡包的重要组成部分，是连接商户与消费者的新渠道。

目前公众平台支持的卡券类型有代金券、折扣券、礼品券、团购券、优惠券等。

卡券类型的客服消息的 JSON 数据包程序如下。

```
{
    "touser":"OPENID",
```

```
    "msgtype":"wxcard",
    "wxcard":
    {
      "card_id":"123dsdajkasd231jhksad"
    }
  }
```

卡券类型的客服消息的 JSON 数据包各项参数的含义如表 7-8 所示。

表 7-8　卡券类型的客服消息的 JSON 数据包各项参数的含义

参　　数	含　　义
touser	接收者（一个 OpenID）
msgtype	消息类型（msgmenu）
card_id	卡券号

　注意：

客服消息接口仅支持非自定义 code 码和导入 code 模式的卡券。

8．小程序卡片

如果微信公众号已经与小程序绑定，那么客服消息还可以把小程序卡片发送给关注用户。小程序卡片类型的客服消息的 JSON 数据包程序如下。

```
{
    "touser":"OPENID",
    "msgtype":"miniprogrampage",
    "miniprogrampage":
    {
        "title":"title",
        "appid":"appid",
        "pagepath":"pagepath",
        "thumb_media_id":"thumb_media_id"
    }
}
```

小程序卡片类型的客服消息的 JSON 数据包各项参数的含义如表 7-9 所示。

表 7-9　小程序卡片类型的客服消息的 JSON 数据包各项参数的含义

参　　数	含　　义
touser	接收者（一个 OpenID）
msgtype	消息类型（miniprogrampage）
title	小程序卡片标题
appid	小程序的 AppID（必须与微信公众号关联）
pagepath	小程序的页面路径
thumb_media_id	小程序卡片缩略图的 media_id

小程序卡片类型的客服消息回复效果如图 7-6 所示。

图 7-6 小程序卡片类型的客服消息回复效果

7.2 发送客服消息的实现

7.2.1 数据库建设

为了避免每次与用户进行客服会话都重新获取 access_token 导致 access_token 数量超出限制，需要将每个 access_token 保存 2h。此外，还需要保存每一条客服会话的消息内容。

因此，需要设计两张数据表，即 Token 表与 Action 表。Token 表用于保存每次获取的 access_token、获得时间等数据；Action 表用于保存每个用户的交互内容、交互时间等数据。

（1）Token 表的结构如图 7-7 所示。

#	名字	类型	排序规则	属性	空	默认	注释	额外
1	id	int(11)			否	无		AUTO_INCREMENT
2	token_value	varchar(600)	utf8_unicode_ci		否	无	access_token值	
3	getime	int(11)			否	无	获得时间	

图 7-7 Token 表的结构

（2）Action 表的结构如图 7-8 所示。

#	名字	类型	排序规则	属性	空	默认	注释	额外
1	id	int(11)			否	无		AUTO_INCREMENT
2	fromuser	varchar(200)	utf8_unicode_ci		否	无	来源用户	
3	touser	varchar(200)	utf8_unicode_ci		否	无	目标用户	
4	content	varchar(600)	utf8_unicode_ci		否	无	交互内容	
5	eventime	int(11)			否	无	交互时间	
6	status	int(1)			否	0	状态:1为已发送，0为接收	

图 7-8 Action 表的结构

7.2.2 后台管理模块

为了便于操作与管理，我们编写了一个简易的后台管理模块，并将其部署在 Web 服务器中。该模块包含以下四个页面。

（1）msgList.php，用于显示所有客服交互消息，并填写要回复的消息内容。

（2）rsMsg.php，用于接收用户消息、回复客服消息的控制文件，也是与微信公众号的客服消息接口通信的文件。

（3）recievMsg.php，用于接收、保存用户消息的类文件。

（4）customMsg.php，用于发送、保存客服回复消息的类文件。

msgList.php 是交互列表页文件，也是 Web 后台管理模块的首页，在该文件中编写程序，连接数据库，获取 Action 表中的数据，并在该页面中显示。msgList 页面 UI 效果如图 7-9 所示。

图 7-9　msgList 页面 UI 效果

rsMsg.php 是后台管理模块中与微信公众号的客服消息接口进行通信的文件，它包含了 customMsg.php 与 recievMsg.php 两个类文件，其实现程序如下。

```php
<?php
 /**
  *收发客服消息
 */
 include "customMsg.php";
 include "recievMsg.php";
 /**
  *   判断本程序的访问来源
  *   有两个访问来源
  *   一个是后台管理员通过 msgList.php 文件提交的回复内容
  *   另一个是微信服务器将关注者的消息转发到本页面
 */
```

```php
    if(isset($_POST['tj']))                              //管理员后台回复消息
    {
        $hf=new customMsg;                               //实例化消息回复对象
        $hf->sender=$_POST['fromuser'];
        $hf->reciever=$_POST['touser'];
        $hf->msgStr=$_POST['con_str'];
        $hf->sendMessage();                              //回复消息方法
        header("location:msgList.php");
    }
    else                                                 //关注者发送消息
    {
        $js=new recievMsg;                               //实例化消息接收对象
        if(isset($_GET['echostr']))
            $js->checkSignature();
        else
            $js->reciveMsg();
    }
?>
```

用户发送给微信公众号的消息通过 recievMsg.php 中的程序来接收并保存在数据库中，其实现程序如下。

```php
<?php
/**
*接收客户消息类
*/
class recievMsg
{
    public $sender;                                      //发送者
    public $msgcon;                                      //内容
    public $sendTime;                                    //发送时间
    public $reciver;                                     //接收者
    public $msgtype;                                     //消息类型
    /* 接收微信发来的信息  */
    public function reciveMsg()
    {
        $postStr = $GLOBALS["HTTP_RAW_POST_DATA"];       // 获取用户消息数据包
        if (!empty($postStr))
        {
            $postObj = simplexml_load_string($postStr, 'SimpleXMLElement', LIBXML_NOCDATA);
            $this->sender = $postObj->FromUserName;       //发信用户（关注者）
            $this->reciver = $postObj->ToUserName;        //收信用户（微信公众号）
            $this->msgcon= trim($postObj->Content);       //消息内容
            $this->msgtype=$postObj->MsgType;             //收到的消息类型
            $this->sendTime = $postObj->CreateTime;       //接收时间

            $this->saveToDatabase();                      //将以上数据保存到数据库中
            $this->autoReback();                          //先自动回复一条消息，该条信息不保存
        }
    }
    /* 先自动回复一个消息  */
```

```
private function autoReback()
{
    $textApi="<xml>
    <ToUserName><![CDATA[%s]]></ToUserName>
    <FromUserName><![CDATA[%s]]></FromUserName>
    <CreateTime>%s</CreateTime>
    <MsgType><![CDATA[%s]]></MsgType>
    <Content><![CDATA[%s]]></Content>
    <FuncFlag>0<FuncFlag>
    </xml>";
    $rebackStr="您好，客服可能暂时离开一会儿，稍后会回复您哦";
    $str=sprintf($textApi,$this->sender,$this->reciver,time(),"text",$rebackStr);
    echo $str;
}
/*  检查 signature 参数  */
public function checkSignature()
{
    define("TOKEN","hzcc");
    $echoStr=$_GET['echostr'];
    $signature = trim($_GET["signature"]);
    $timestamp = trim($_GET["timestamp"]);
    $nonce = trim($_GET["nonce"]);
    $token =TOKEN;
    $tmpArr = array($token,$timestamp,$nonce);
    sort($tmpArr,SORT_STRING);
    $tmpStr = implode($tmpArr);
    $tmpStr = sha1($tmpStr);
    if($tmpStr == $signature )
    {
        ob_clean();
        echo $echoStr;
        exit;
    }
    else
        return false;
}
/*  保存消息   */
private function saveToDatabase()
{
    $dbserver="xxxxx.com";          //数据库服务器
    $dbuser="xxxxx";                //数据库用户名
    $dbpw="xxx";                    //数据库密码
    $dbname="xxxxx";                //数据库名称
    $conn=mysqli_connect($dbserver,$dbuser,$dbpw);
    mysqli_select_db($conn,$dbname);
    $sqls="insert into action (fromuser,touser,content,eventime)values(
    '{$this->sender}','{$this->reciver}','{$this->msgcon}',{$this->sendTime})";
    $rs=mysqli_query($conn,$sqls);
}
}
?>
```

客服回复用户的消息通过 customMsg.php 实现发送并保存在数据库中，其实现程序如下。

```php
<?php
/* 回复客服消息类 */
class customMsg
{
    private $appid;                    //AppID
    private $appsecret;                //AppSecret
    private $dbserver;                 //数据库服务器
    private $dbuser;                   //数据库用户
    private $dbpw;                     //数据库密码
    private $dbname;                   //数据库名称
    private $conn;                     //数据库连接名
    public $msgStr;                    //回复字符串
    public $accessToken;               //access_token
    public $sender;                    //发送者 OpenID
    public $reciever;                  //接收者 OpenID
    public $sendTime;                  //回复时间
    /*   构造函数，初始化类属性 */
    function __construct()
    {
        $this->appid = "wxxxxxxxx8";
        $this->appsecret = "xxxxxxx0b2e";
        $this->dbserver = "xxxxx.com";
        $this->dbuser = "xxxx9x";
        $this->dbpw = "xxxxx";
        $this->dbname = "xxxx9x";
        $this->conn = mysqli_connect($this->dbserver, $this->dbuser, $this->dbpw);
        mysqli_select_db($this->conn, $this->dbname);
        if (!$this->conn) {
            echo "数据连接服务器失败，操作中止";
            exit;
        }
    }
    /*   消息发送方法 */
    public function sendMessage()
    {
        $msg = '{
        "touser":"' . $this->reciever . '",
        "msgtype":"text",
        "text":
            {
                "content":"' . $this->msgStr . '"
            }
        }';
        echo $msg . "<br>";
        $this->accessToken();              //保证 access_token 为有效状态
        $url = "https://api.weixin.qq.com/cgi-bin/message/custom/send?access_token=" . $this->accessToken;
```

```php
    $result = json_decode($this->post($url, $msg));
    $err = $result->errcode;
    if ($err == 0)                    //发送成功
    {
        $this->sendTime = time();
        $this->saveToDatabase(2);
        echo "发送成功";
    } else {
        echo "客服回复失败";
    }
}
/*  access_token 操作函数  */
public function accessToken()
{
    /* 先查询数据库中最新的 access_token 是否过期，如果过期，则重新获取，并写入数据库
     * 如果不过期，则返回给其他成员方法共享
     */
    $sql_token = "select token_value,getime from token order by getime desc limit 1";
    $rs = mysqli_query($this->conn, $sql_token);
    if ($rs && mysqli_num_rows($rs) > 0) {
        $arr = mysqli_fetch_array($rs);
        if (time() - $arr['getime'] < 7200) {
            $this->accessToken = $arr['token_value'];
        } else {
            $this->getAccessToken();
            $this->saveToDatabase(1);
        }
    } else {
        $this->getAccessToken();
        $this->saveToDatabase(1);
    }
}
/*  获取 access_token */
private function getAccessToken()
{
    $url = "https://api.weixin.qq.com/cgi-bin/token?grant_type=client_credential";
    $url .= "&appid={$this->appid}&secret={$this->appsecret}";
    $json = file_get_contents($url);
    $arr = json_decode($json, true);
    $this->accessToken = $arr['access_token'];
}
/*  POST 方式提交数据  */
public function post($url, $data = NULL)
{
    $curl = curl_init();
    curl_setopt($curl, CURLOPT_URL, $url);
    curl_setopt($curl, CURLOPT_SSL_VERIFYPEER, FALSE);
    curl_setopt($curl, CURLOPT_SSL_VERIFYHOST, FALSE);
    curl_setopt($curl, CURLOPT_POST, 1);
    curl_setopt($curl, CURLOPT_POSTFIELDS, $data);
```

```
    curl_setopt($curl, CURLOPT_RETURNTRANSFER, 1);
    $result = curl_exec($curl);
    if (curl_errno($curl))
        return 'Errno' . curl_error($curl);
    curl_close($curl);
    return $result;
}
/* 数据保存方法 */
public function saveToDatabase($flag)
{
    if ($flag == 1)          //保存 access_token
    {
        $time = time();
        $sqls = "insert into token(token_value,getime)values('{$this->accessToken}',{$time})";
        $rs = mysqli_query($this->conn, $sqls);
        if ($rs)
            echo "token    保存成功";
        else
            echo "token    保存失败";
    }
    if ($flag == 2)          //保存回复内容
    {
        $sqls = "insert into action(fromuser,touser,content,eventime,status)values(
        '{$this->sender}','{$this->reciever}','{$this->msgStr}',{$this->sendTime},1)";
        $rs = mysqli_query($this->conn, $sqls);
        if ($rs)
            echo "回复保存成功";
        else
            echo "回复保存失败";
    }
}
```

7.2.3 测试程序

（1）保存上文所有文件，并将其上传到 Web 服务器的相应目录下。

（2）打开浏览器，登录测试号的管理后台，设置"接口配置信息"，其中 URL 为与微信公众号的客服消息接口通信的 rsMsg.php 文件的路径，如图 7-10 所示。

图 7-10 设置测试号的"接口配置信息"

（3）配置"JS 接口安全域名"如图 7-11 所示。

图 7-11　配置"JS 接口安全域名"

（4）打开手机端微信，用"扫一扫"工具扫描测试号二维码，关注测试号，发送一条消息，测试号自动回复一条客服消息，手机微信端的客服消息自动回复效果如图 7-12 所示。

图 7-12　手机微信端的客服消息自动回复效果

（5）打开浏览器，输入 msgList.php 文件的 URL，即可看到第（4）步中发送的消息，其效果如图 7-13 所示。

图 7-13　msgList 页面中的消息列表

（6）单击"回复本条"按钮，并在图 7-14 的文本框中输入客服消息的内容，然后单击"提交回复"按钮。

图 7-14　在 msgList 页面中回复选定的用户消息

（7）手机微信端将收到第（6）步中回复的消息，手机微信端的客服消息回复效果如图 7-15 所示。

图 7-15　手机微信端的客服消息回复效果

第8讲　带参数的二维码

在微信公众号的业务中，用户可能需要在不同场合扫描微信公众号的二维码，开发者需要判别用户是在什么场合扫描的二维码，这就需要用到带参数的二维码。

带参数的二维码是指在生成微信公众号的二维码时，注入不同的参数。用户扫描二维码后产生的数据包中包含这个参数，通过识别参数值就能区分用户所扫描的是哪类二维码。

本讲涉及的内容包括：

（1）带参数的二维码的应用原理；

（2）生成二维码的基本步骤；

（3）带参数的二维码接口的调用；

（4）带参数的二维码的数据包；

（5）带参数的二维码的扫描与处理。

8.1　原理分析

1．应用原理

在微信公众号中应用带参数的二维码的应用原理如下。

（1）假设同一个微信公众号，生成了三个不同的二维码，这三个二维码分别注入了三个不同的场景参数（scene_id），分别是 110、111 与 112。其中，注入 110 的二维码发布在路边的广告牌上，注入 111 的二维码发布在电视广告中，注入 112 的二维码发布在宣传网站中。

（2）在解析用户扫描二维码事件的数据包时，如果得到 scene_id=110，则可以判断用户扫描的二维码是路边广告牌上的二维码。

微信为开发者提供了生成带参数二维码的接口，开发者可根据需要，使用这些接口生成相应的二维码。

带参数的二维码从二维码的有效期来看可以分为临时的二维码与永久的二维码。这两种二维码除有效时间不同外，其生成与应用的原理完全一样。

2．生成二维码的基本步骤

生成带参数的二维码可分为三步。

（1）使用微信公众号的 AppID 与 AppSecret 向 Token 接口换取全局访问令牌 access_token，该接口的 URL 为：

```
https://api.weixin.qq.com/cgi-bin/token?grant_type=client_credential&appid=APPID&secret=APPSECRET
```

（2）将全局访问令牌 access_token 及一个自定义的场景参数（scene_id）提交给二维码接口，获得一个二维码创建资格证（ticket），获取二维码 ticket 接口的 URL 为：

```
https://api.weixin.qq.com/cgi-bin/qrcode/create?access_token=TOKEN
```

（3）把二维码 ticket 提交给二维码显示接口，换取二维码图片，二维码显示接口的 URL 为：

```
https://mp.weixin.qq.com/cgi-bin/showqrcode?ticket=TICKET
```

生成二维码的过程如图 8-1 所示。

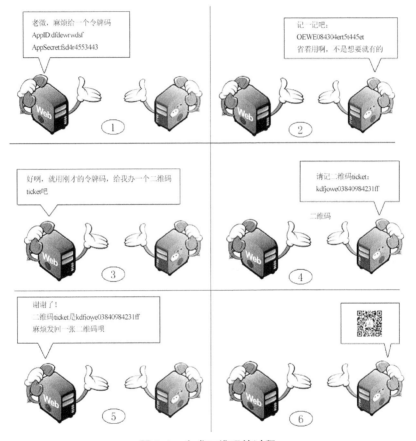

图 8-1　生成二维码的过程

8.2　生成二维码的实现过程

（1）在 Dreamweaver 中新建一个 PHP 文件，定义一个二维码生成类 qrCode，在类的构造函数中，初始化 scene_id、微信公众号的 AppID 与 AppSecret，并调用 getAccessToken()方法，获取全局访问令牌 access_token，具体程序如下。

```
class qrCode
{
    private $scene_id;
```

```
private $appid;
private $appsecret;
private $access_token;
private $ticket;
function __construct()
{
  $this->scene_id=123;
  $this->appid="wxec53d9539c4c7658";
  $this->appsecret="339c6451775a89fc570a87b9078c0b2e";
  $this->getAccessToken();    //调用 getAccessToken()方法
}
}
```

（2）在 qrCode 类中增加一个 getAccessToken()方法，通过 GET 方式提交 AppID 与 AppSecret，以换取 access_token，具体程序如下。

```
/* getAccessToken()方法 */
public function getAccessToken()
{
  $api_url="https://api.weixin.qq.com/cgi-bin/token?";
  $api_url.="grant_type=client_credential&appid={$this->appid}&secret={$this->appsecret}";
  $arr=json_decode(file_get_contents($api_url),true);
  if(isset($arr['errcode']))
  {
    echo "全局访问码无效，请重新获取";
    exit;
  }
  else
    $this->access_token=$arr['access_token'];
}
```

  注意：

微信每天给每个用户提供的 access_token 是有限的，最好另外编写复用 access_token 的程序（具体内容见第 7 讲），以免频繁获取 access_token。

（3）在 qrCode 类中再分别定义一个 getTicket()方法以及一个 postData()方法，getTicket()方法通过调用 postData()方法，将 scene_id 数据提交给二维码接口，以获取二维码 ticket，具体程序如下。

```
/* getTicket()方法 */
public function getTicket()
{
  $json='{
    "expire_seconds":604800,
    "action_name":"QR_SCENE",
    "action_info":{"scene":{"scene_id":110}}
    }';
  /**
   * 注意 JSON 数据包的单引号与双引号
   * 上面的 JSON 数据包中的 action_name 值可以换为下面的数据包，创建字符串形式的二维码参数
   * $json="{
```

```
 * 'expire_seconds': 604800,
 * 'action_name': 'QR_STR_SCENE',
 * 'action_info': {'scene': {'scene_str': 'test'}}}";
 * test 可改变自定义的字符串
 */
$api_url="https://api.weixin.qq.com/cgi-bin/qrcode/create?access_token={$this->access_token}";
$json=$this->postData($api_url,$json);      //提交 access_token，换取二维码 ticket
$arr=json_decode($json,true);               //将返回的二维码 ticket 申请数据包转为数组
if(isset($arr['ticket']))
    $this->ticket=$arr['ticket'];
else
{
    echo "二维码 ticket 错误";
    exit;
}
}
private function postData($url,$data=NULL)
{
  $curl = curl_init();
  curl_setopt($curl, CURLOPT_URL, $url);
  curl_setopt($curl, CURLOPT_SSL_VERIFYPEER, FALSE);
  curl_setopt($curl, CURLOPT_SSL_VERIFYHOST, FALSE);
  curl_setopt($curl, CURLOPT_POST, 1);
  curl_setopt($curl, CURLOPT_POSTFIELDS, $data);
  curl_setopt($curl, CURLOPT_RETURNTRANSFER, 1);
  $result = curl_exec($curl);
  if (curl_errno($curl))
      return 'Errno'.curl_error($curl);
  curl_close($curl);
  return $result;
}
```

二维码 ticket 申请数据包的参数及其含义如表 8-1 所示。

表 8-1　二维码 ticket 申请数据包的参数及其含义

参　　数	含　　义
expire_seconds	二维码有效时间，最大值为 2 592 000 s（30 天），如果未设置该值，则默认值为 30s。
action_name	二维码类型，QR_SCENE 为临时的整型参数值，QR_STR_SCENE 为临时的字符串参数值，QR_LIMIT_SCENE 为永久的整型参数值，QR_LIMIT_STR_SCENE 为永久的字符串参数值
action_info	二维码详细信息
scene_id	场景值 ID，当二维码是临时二维码时该值为 32 位非 0 整型，当二维码是永久二维码时该值的最大值为 100 000（目前参数只支持 1~100 000）
scene_str	场景值 ID（字符串形式的 ID），字符串类型，长度限制为 1 到 64 个字符

永久性的二维码不会失效，但每个账号只能生成 10 万个。临时性的二维码最长有效期是 30 天，没有具体的申请数量限制。

access_token 提交成功后，微信将会返回一个 JSON 数据包，该数据包的内容如下。

```
{
    "ticket":"gQH47joAAAAAAAAASxodHRwOi8vd2VpeGluLnFx==",
    "expire_seconds":60,
    "url":"http://weixin.qq.com/q/kZgfwMTm72WWPkovabbI"
}
```

二维码 ticket 数据包的参数及其含义如表 8-2 所示。

表 8-2　二维码 ticket 数据包的参数及其含义

参　　数	含　　义
ticket	获取的二维码 ticket，凭借此 ticket 可以在有效时间内换取二维码
expire_seconds	二维码的有效时间，最大值为 2 592 000 s（30 天）
url	二维码图片解析后的地址，开发者可根据该地址自行生成需要的二维码图片

（4）在 qrCode 类中定义一个 getCodePic()方法，对第（3）步中获得的二维码 ticket 进行
URL 编码后，利用 GET 方式提交给接口，换取二维码图片；然后根据需要将二维码图片保存
在 Web 服务器指定的目录下，并输出显示，参考程序如下。

```
/*  用 ticket 换取二维码图片  */
public function getCodePic()
{
    $ticket=urlencode($this->ticket);          // ticket 必须进行 URL 编码
    $api_url="https://mp.weixin.qq.com/cgi-bin/showqrcode?ticket={$ticket}";
    /**
     * 如果不需要保存二维码图片，直接输出，则可直接使用下面的语句
     * echo "<img src='".$api_url."' />";
     */

    //将二维码图片保存到 Web 服务器指定的目录下
    ob_start();                                //打开服务器的缓冲区
    $r=file_get_contents($api_url);            //读取二维码图片
    ob_get_contents();                         //关闭缓冲区
    $picname=time().".jpg";                    //二维码图片文件名
    $fp=fopen("qrcode/".$picname,"a");
    if(!fwrite($fp,$r))
    {
        echo "二维码图片保存失败";
        exit;
    }
    echo "<img src='qrcode/{$picname}'>";
}
```

（5）初始化一个 qrCode 实例，调用相关成员方法，生成二维码图片并显示，参考程序如下。

```
/*  生成二维码  */
$wx=new qrCode;
$wx->getTicket();                              //获取二维码 ticket
$wx->getCodePic();                             //换取、显示二维码图片
```

（6）将上面的程序保存为 qrCode.php 文件，并上传到 Web 服务器相应目录下。

（7）将第（3）步程序中的 scene_id 值修改为 111，将程序文件另存为 qrCode2.php 文件，
并将其上传到 Web 服务器相应目录下。

8.3　带参数的二维码的应用

8.3.1　应用原理

　　产生带参数的二维码以后，就可以将其二维码图片推广给潜在的用户群体了。通过解析用户扫描二维码事件的数据包，就可以分析用户关注微信公众号时所在的场景。

　　（1）还未关注微信公众号的用户扫描带参数的二维码以后会弹出关注提示框，此时，如果用户关注了微信公众号，那么微信服务器将会将带场景值的关注事件的数据包推送给 Web 服务器，该数据包的格式与内容如下。

```
<xml>
  <ToUserName><![CDATA[toUser]]></ToUserName>
  <FromUserName><![CDATA[FromUser]]></FromUserName>
  <CreateTime>123456789</CreateTime>
  <MsgType><![CDATA[event]]></MsgType>
  <Event><![CDATA[subscribe]]></Event>
  <EventKey><![CDATA[qrscene_123123]]></EventKey>
  <Ticket><![CDATA[TICKET]]></Ticket>
</xml>
```

　　带场景值的关注事件的数据包的参数及其含义如表 8-3 所示。

表 8-3　带场景值的关注事件的数据包的参数及其含义

参　　数	含　　义
ToUserName	开发者微信号
FromUserName	发送方账号（一个 OpenID）
CreateTime	消息创建时间（整型）
MsgType	消息类型，值为 event
Event	事件类型，值为 subscribe
EventKey	事件 key 值，qrscene_为前缀，其后为二维码的参数值
Ticket	二维码 ticket，可用来换取二维码图片

　　（2）已经关注微信公众号的用户扫描带参数的二维码后，将进入微信公众号的会话窗口，同时微信服务器会将带场景值扫描事件的数据包推送给 Web 服务器，数据包格式与内容程序如下。

```
<xml>
  <ToUserName><![CDATA[toUser]]></ToUserName>
  <FromUserName><![CDATA[FromUser]]></FromUserName>
  <CreateTime>123456789</CreateTime>
  <MsgType><![CDATA[event]]></MsgType>
  <Event><![CDATA[SCAN]]></Event>
  <EventKey><![CDATA[SCENE_VALUE]]></EventKey>
  <Ticket><![CDATA[TICKET]]></Ticket>
</xml>
```

　　二维码扫描事件数据包的参数及其含义如表 8-4 所示。

表 8-4　二维码扫描事件数据包的参数及其含义

参　　数	含　　义
ToUserName	开发者微信号
FromUserName	发送方账号（一个 OpenID）
CreateTime	消息创建时间（整型）
MsgType	消息类型，值为 event
Event	事件类型，值为 SCAN
EventKey	事件 key 值，即创建二维码时的 scene_id
Ticket	二维码 ticket，可用来换取二维码图片

通过分析以上述数据包就能解读出用户扫描二维码时的场景。

8.3.2　应用实现过程

（1）新建一个 PHP 文件，在第 6 讲的关注/取消事件的程序的基础上，修改 reciveMsg()方法，实现用户扫描二维码场景的分析，并将分析结果自动回复给用户，修改部分的程序如下。

```
/*  接收、解析、回复微信发来的信息 */
public function reciveMsg()
{
    $postStr = $GLOBALS["HTTP_RAW_POST_DATA"];
    if (!empty($postStr))
{
        $postObj = simplexml_load_string($postStr, 'SimpleXMLElement', LIBXML_NOCDATA);
        $fromUsername = $postObj->FromUserName;
        $toUsername = $postObj->ToUserName;
$msgType=$postObj->MsgType;                    //获取消息类型
if($msgType=="event")                          //如果是事件类型
    $eventtype=$postObj->Event;                //则获取事件类型
else
    $content= trim($postObj->Content);         //否则，获取用户消息内容
    $time = time();
//回复给关注者的数据格式包
    $textTpl = "<xml>
    <ToUserName><![CDATA[%s]]></ToUserName>
    <FromUserName><![CDATA[%s]]></FromUserName>
    <CreateTime>%s</CreateTime>
    <MsgType><![CDATA[%s]]></MsgType>
    <Content><![CDATA[%s]]></Content>
    <FuncFlag>0<FuncFlag>
    </xml>";
    if($msgType!="event")                      //非事件类型
    {
        $contentStr ="Hello World";
        $msgType="text";
        $result= sprintf($textTpl, $fromUsername, $toUsername, $time, $msgType, $contentStr);
        echo $result;
    }
    else                                       //事件类型
    {
        if($event=="subscribe")                //关注操作
```

```
                    {
                        if($postObj->EventKey)        //EventKey 存在，说明用户是通过扫描二维码关注的公众号
                        {

//去掉 qrscene_前缀
$scene_id=substr($postObj->EventKey,8,strlen($postObj->EventKey)-8);
                            switch($scene_id)
                            {
                                case 110:
                                    $contentStr="您好，很高兴您在学校里认识我";
                                    break;
                                case 111:
                                    $contentStr="您好，很高兴您在马路边也能找到我，请注意安全";
                                    break;
                                case 112:
                                    $contentStr="您好，感谢您在欣赏电视节目的同时还关注我，祝您生活愉快";
                            }
                        }
                        else
                            $contentStr="我是 C17F3800 林世鑫，谢谢您关注我的微信公众号，希望我们能做得更好！";
                        $hf_msgType = "text";
                        $result= sprintf($textTpl, $fromUsername, $toUsername, $time, $hf_msgType, $contentStr);
                    }
                    elseif($event=="LOCATION")
                    {
                        $contentStr="我是 C17F3800 林世鑫，我监测到您现在的位置是纬度：{$wd}，经度：{$jd}！";
                        $hf_msgType = "text";
                        $result= sprintf($textTpl, $fromUsername, $toUsername, $time, $hf_msgType, $contentStr);
                    }
                    elseif($event=="SCAN")        //扫描二维码进入对话框
                    {
                        $scene_id=$postObj->EventKey;
                        switch($scene_id)
                        {
                            case 110:
                                $contentStr="您好，请问学习上有什么困难吗？";                    //110 为学校场景
                                break;
                            case 111:
                                $contentStr="在马路上聊天不安全，请您注意安全";                    //111 为马路场景
                                break;
                            case 112:
                                $contentStr="您好，如果您对我们的电视广告有什么好建议，欢迎留言";    //112 为电视场景
                        }
                        $hf_msgType = "text";
                        $result= sprintf($textTpl, $fromUsername, $toUsername, $time, $hf_msgType, $contentStr);
                    }
                    echo $result;
                }
            }
        }
```

（2）将程序保存为 subscribe.php 文件，并上传到 Web 服务器相应目录下。

（3）登录测试号的管理后台，修改"接口配置信息"，如图 8-2 所示。

图 8-2　修改测试号的"接口配置信息"

8.3.3　测试程序

（1）打开两个浏览器窗口，分别在地址栏中输入 qrCode.php 文件的 URL 与 qrCode2.php 文件的 URL，生成两张带参数的二维码图片，如图 8-3 和图 8-4 所示。

图 8-3　scene_id=110 的二维码生成效果

图 8-4　scene_id=111 的二维码生成效果

（2）打开微信"扫一扫"工具，扫描 scene_id=110 的二维码图片，如果用户还未关注微信公众号，那么将弹出如图 8-5 所示的界面。

（3）单击"关注公众号"按钮，收到自动回复内容，如图 8-6 所示。

图 8-5　未关注微信公众号的用户扫描
scene_id=110 的二维码弹出的界面

图 8-6　扫描 scene_id=110 的二维码后关注
微信公众号收到的回复

（4）已经关注了该微信公众号的用户在扫描二维码后将进入微信公众号的对话界面，并收到一条如图 8-7 所示的自动回复。

（5）打开微信"扫一扫"工具，扫描 scene_id=111 的二维码图片，如果用户还未关注微信公众号，那么将弹出如图 8-8 所示的界面。

图 8-7　已关注微信公众号的用户扫描 scene_id=110
的二维码后收到的自动回复效果

图 8-8　未关注微信公众号的用户扫描
scene_id=111 的二维码弹出的界面

（6）单击"关注微信公众号"按钮，收到如图 8-9 所示的自动回复内容。

（7）如果用户已经关注该微信公众号，那么扫描 scene_id=111 的二维码后将进入微信公众号的对话界面，并收到一条如图 8-10 所示的自动回复内容。

图 8-9　扫描 scene_id=111 的二维码后
关注微信公众号收到的回复

图 8-10　已关注微信公众号的用户扫描
scene_id=111 的二维码后收到的回复

第 9 讲　发送模板消息

在一般消息接口中，微信公众号只能由用户主动发起会话，进而被动地回复消息。在使用客服消息接口的情况下，微信公众号可以主动向用户发出消息，但其要求用户曾在过去的 48h 内主动发起过会话。但在使用模板消息接口的情况下，微信公众号可以不受以上规则的制约，能够在任何时刻主动向任何一个关注微信公众号的用户发送消息。

在发送模板消息时，需要通过 OpenID 指定接收用户，因此需要获取微信公众号关注用户列表。使用微信公众平台提供的专有接口，可以获取微信公众号关注用户列表。

本讲涉及的内容包括：

（1）模板消息的使用规则；

（2）发送模板消息的原理；

（3）获取用户列表的原理；

（4）设置微信公众号的消息模板；

（5）设置测试号的消息模板；

（6）获取用户列表接口；

（7）发送模板消息接口。

9.1　实验知识概述

9.1.1　模板消息的使用规则

模板消息就是按照一定的模板套用不同内容的消息。微信公众号可通过这类消息向用户发送内容模板一样的服务通知（类似于应用文），如信用卡刷卡通知、商品消费成功通知等。

由于模板消息主要用于微信公众号向用户发送服务通知，且可以由微信公众号主动发出，为避免给用户造成不必要的信息骚扰，微信对模板消息有以下几条使用规则。

（1）只有经过认证的公众号才可以申请模板消息的使用权限，但开发者可以使用测试号进行模板消息的开发测试。

（2）需要选择微信公众号的主营行业和副营行业，每月可更改一次主营行业。

（3）开发者可以在所选行业的模板库中选择调用已有的模板，也可以自定义模板。

（4）每个公众号可以同时使用 25 个模板。

（5）每个公众号的模板消息的日调用上限为 10 万次，当账号粉丝数超过 10 万/100 万/1 000 万时，模板消息的日调用上限将相应提升。

9.1.2　模板消息的原理分析

模板消息的内容与格式受限于消息的模板，微信为不同行业的公众号提供了不同的消息模板，同时也允许开发者根据需要自定义消息模板。

下面通过一款自定义的消息模板来说明模板的相关内容。

```
{{first.DATA}}
姓名：{{custom.DATA}}
时间：{{paytime.DATA}}
您本次一共消费{{amout.DATA}}元，感谢惠顾
{{remark.DATA}}
```

（1）{{}}是消息模板的保留符号，其参数用于指明消息的可变内容。

（2）可变内容的参数必须以“.DATA”结尾（区分大小写）。

微信公众号向用户发送模板消息的过程分为如下两步。

（1）调用 Token 接口，通过 AppID 与 AppSecret 换取全局访问令牌 access_token，Token 接口的 URL 为：

```
https://api.weixin.qq.com/cgi-bin/token?grant_type=client_credential&appid=APPID&secret=APPSECRET
```

（2）调用模板消息接口，利用 POST 方式，提交 access_token 与消息内容的 JSON 数据包，并将该数据包发送到指定的 OpenID 的微信用户端，模板消息接口的 URL 为：

```
https://api.weixin.qq.com/cgi-bin/message/template/send?access_token=ACCESS_TOKEN
```

使用不同的消息模板发送消息，消息的 JSON 数据包的内容也有所不同。以上面的消息模板为例，发送给用户的消息 JSON 数据包的内容如下。

```json
{
  "touser":"oxcEr09xBOSBvNH9urPV8yDT0h2k",
  "template_id":"tFMtn7cvTcVcZ_UDlUmpIUcnA_FImf1ZNR0ruPaLP5c",
  "data":{
    "first": {
      "value":"恭喜你购买成功！",
      "color":"#173177"
    },
    "custom":{
      "value":"林世鑫",
      "color":"#173177"
    },
    "paytime": {
      "value":"33.50",
      "color":"#173177"
    },
    "amount": {
      "value":"302.50",
      "color":"#173177"
    },
```

```
        "remark":{
            "value":"欢迎再次购买！",
            "color":"#173177"
        }
    }
}
```

模板消息 JOSN 数据包的各参数及其含义如表 9-1 所示。

表 9-1　模板消息 JSON 数据包的各参数及其含义

参　　数	含　　义
touser	接收用户的 OpenID
template_id	消息模板的编号
data	消息模板中的参数及参数值列表，每个参数在 data 中是一个对象

表 9-1 中的 data 包含消息模板中的所有 {{}} 内的参数及相应的值，每个参数又包含 value
（参数值）与 color（颜色）两个属性项。其中，color 项可以不填写。如果不填写 color 项，那
么在微信端收到的模板消息中，该项的颜色为黑色。

9.1.3　获取用户列表原理分析

获取微信公众号的关注者的用户列表的基本步骤有两步。

（1）调用 Token 接口，获取全局访问令牌 access_token，Token 接口的 URL 参阅 9.1.2 节
相关内容。

（2）向用户列表接口提交 access_token，并用 GET 方式获得用户列表。用户列表接口的
URL 为：

```
https://api.weixin.qq.com/cgi-bin/user/get?access_token=ACCESS_TOKEN&next_openid=NEXT_OPENID
```

其中，next_openid 可以根据下面的情况决定是否需要省略。

（1）如果从第 1 个用户开始获取用户列表，那么该参数可以省略。

（2）微信允许每次获取 10 000 个关注者的 OpenID，如果需要获取更多 OpenID，就需要
进行多次获取。在每次获取时，需要通过 next_openid 参数来指定当次开始获取的 OpenID。

如果用户列表获取成功，则微信服务器发送到 Web 服务器的 JSON 数据包的内容与格
式如下。

```
{
    "total":2,
    "count":2,
    "data":{
        "openid":["OPENID1","OPENID2"]
    },
    "next_openid":"NEXT_OPENID"
}
```

关注用户列表 JSON 数据包的参数及其含义如表 9-2 所示。

表 9-2　关注用户列表 JSON 数据包的参数及其含义

参　　数	含　　义
total	关注该微信公众号的用户的总数
count	本次获取的 OpenID 个数，最大值为 10 000
data	列表数据，OpenID 列表
next_openid	获取用户列表中的最后一个用户的 OpenID（下一次获取的开始点）

如果用户列表获取失败，微信服务器发送到 Web 服务器的 JSON 数据包内容如下。

```
{
    "errcode":40013,
    "errmsg":"invalid appid"
}
```

9.2　消息模板的准备

9.2.1　设置微信公众号的消息模板

（1）登录微信公众号管理后台，依次单击"功能"→"添加功能插件"，如图 9-1 所示。

图 9-1　"添加功能插件"选项

（2）在"插件库"中，单击"模板消息"，如图 9-2 所示。

图 9-2　选择"模板消息"

（3）在打开的如图 9-3 所示的界面中，单击"申请"按钮，进入开通模板消息的申请页。

图 9-3　"添加功能插件"界面

（4）在申请页中，选择微信公众号的主营行业和副营行业，并填写申请理由，如图 9-4 所示。

图 9-4　填写开通模板消息的申请页的内容

微信公众平台允许添加的消息模板是根据主营行业来匹配的，所以要根据实际情况选择主营行业，微信公众平台允许每个月修改一次主营行业。

（5）提交申请内容后，有 2～3 个工作日审核期，模板消息审核通过，效果如图 9-5 所示。

● 模版消息申请已经通过审核	02月19日	▾
● 微信支付申请资料审核不通过	02月18日	▾
● 同主体公众号快速注册小程序通知	02月18日	▾
● 微信认证-名称认证成功	02月18日	▾
● 微信认证-资质认证成功	02月18日	▾
● 微信认证-已派单	02月18日	▾
● 微信认证-请修改资料	02月18日	▾
● 法定代表人验证结果通知	02月16日	▾

图 9-5　模板消息申请审核通过效果

（6）模板消息申请通过审核后，就可以选择自己需要的消息模板了。在"我的模板"中单击"从模板库中添加"按钮，如图 9-6 所示。

图 9-6　单击"从模板库中添加"按钮

（7）系统将根据之前设定的微信公众号的主营行业，提供"行业模板"列表，如图 9-7 所示。

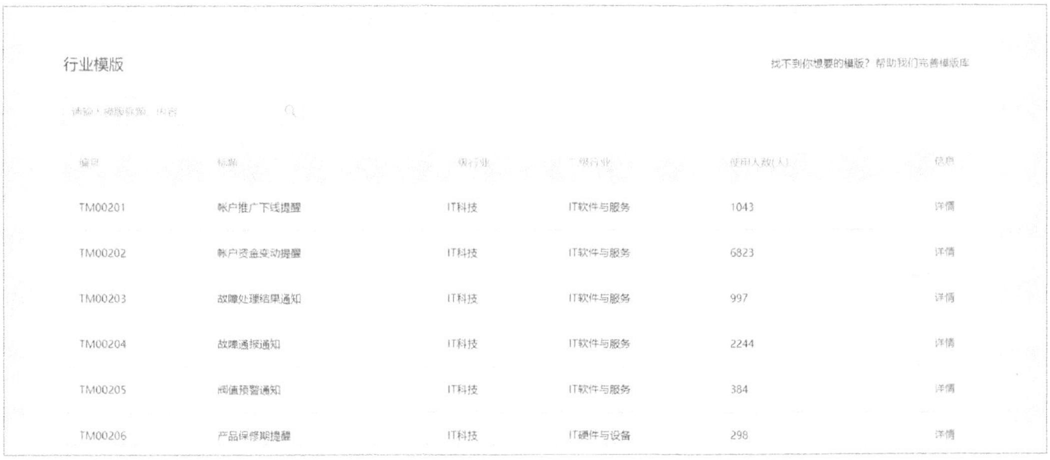

编号	标题	所行业	二级行业	使用人数(人)	信息
TM00201	帐户推广下线提醒	IT科技	IT软件与服务	1043	详情
TM00202	帐户资金变动提醒	IT科技	IT软件与服务	6823	详情
TM00203	故障处理结单通知	IT科技	IT软件与服务	997	详情
TM00204	故障通报通知	IT科技	IT软件与服务	2244	详情
TM00205	阈值预警通知	IT科技	IT软件与服务	384	详情
TM00206	产品保修期提醒	IT科技	IT硬件与设备	298	详情

图 9-7　消息模板列表

（8）单击每个模板右边的"详情"链接，即可查看其"模板详情"（见图 9-8），单击"添加"按钮即可完成消息模板的准备。

图 9-8　模板详情页面

每个微信公众号允许添加 10 个消息模板，在实际发送模板消息时，可通过模板 ID 号来指定要使用的消息模板。

9.2.2　自定义微信公众号的消息模板

如果微信公众平台提供的消息模板中没有完全符合业务需要的模板，那么将用户自定义的模板提交至微信公众平台，审核通过以后，即可使用。

（1）在微信公众号管理后台"模板消息"界面的"模板库"中，依次单击"行业模板"→"帮助我们完善模板库"，如图 9-9 所示。

图 9-9　单击"帮助我们完善模板库"

（2）认真阅读弹出的"模板消息申请添加前必读指引"，以了解自定义消息模板的添加规则与审核标准。阅读完成后，单击"同意"按钮。

（3）在模板定义界面中，定义消息模板。

（4）完成模板定义以后，单击"下一步"按钮，进入模板样例填写页，根据第（3）步定义的模板内容，填写一个模板案例，供同行业者参考，如图 9-10 所示。

图 9-10　制作模板案例

（5）填写完相应内容后，单击"提交"按钮，等待系统审核即可。

9.2.3　设置测试号的消息模板

测试号没有消息模板的选择功能，只能自定义消息模板，且不需要审核，比较适合学习者使用。

（1）登录测试号的管理后台，依次单击"模板消息接口"→"新增测试模板"，如图 9-11 所示。

（2）在"新增测试模板"对话框（见图 9-12）中自定义一个消息模板。

图 9-11　"新增测试模板"按钮

图 9-12　"新增测试模板"对话框

（3）单击"提交"按钮，即可看到如图 9-13 所示的"模板消息接口"栏。

图 9-13　"模板消息接口"栏

9.3　发送模板消息的实现

本实例使用测试号的消息模板来示范发送模板消息的实现过程，包括四个文件。

（1）UserList.php，主要完成用户列表的获取。

（2）mouldMsg.php，主要完成模板消息的发送操作。

（3）showUserList.php，用于完成用户列表的显示。

（4）dataOpt.php，主要用于完成数据库操作、获取 access_token 等公共的全局性操作。

9.3.1　全局数据操作类程序

全局数据操作类 dataOpt 的程序逻辑流程如图 9-14 所示。

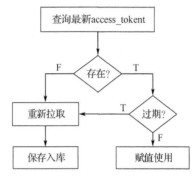

图 9-14　全局数据操作类 dataOpt 的程序逻辑流程

（1）新建 dataOpt.php 文件，定义 dataOpt 类，定义好类的属性，并通过构造函数初始化类的相关属性，参考程序如下。

```php
/*  全局数据操作类 dataOpt */
class dataOpt{
    private $dbserver;        //数据库服务器
    private $dbuser;          //数据库用户
    private $dbpw;            //数据库密码
    private $dbname;          //数据库名称
    private $conn;            //数据库连接名
    public $appid;            //AppID
    public $appsecret;        //AppSecret
    public $accessToken;      //access_token


/*  构造函数，初始化类属性  */
function __construct()
{
    $this->appid = "wxec53d9539c4c7658";
    $this->appsecret = "339xxxxxxxxxx";
    $this->dbserver = "xxxxx.baidubce.com";
    $this->dbuser = "xxxxxx";
    $this->dbpw = "xxxxxx";
    $this->dbname = "xxxxxx";
    $this->conn = mysqli_connect($this->dbserver, $this->dbuser, $this->dbpw);
    mysqli_select_db($this->conn, $this->dbname);
    if (!$this->conn) {
        echo "数据连服务器连接失败，操作中止";
        exit;
    }
    }
}
```

（2）定义 dataOpt 类的 accessToken()方法，获取最新的 access_token，为后面获取用户列表、发送模板消息提供令牌准备，参考程序如下。

```php
/*  accessToken()方法 */
public function accessToken()
```

```
{
    /* 先查询数据库中最新的 access_token 是否过期，过期则重新获取，并写入数据库
     * 不过期则返回给其他成员方法共享
     */
    $sql_token = "select token_value,getime from token order by getime desc limit 1";
    $rs = mysqli_query($this->conn, $sql_token);
    if ($rs && mysqli_num_rows($rs) > 0) {
        $arr = mysqli_fetch_array($rs);
        if (time() - $arr['getime'] < 7200) {
            $this->accessToken = $arr['token_value'];
        } else {
            $this->getAccessToken();        //重新获取 access_token
            $this->saveToDatabase();
        }
    } else {
        $this->getAccessToken();
        $this->saveToDatabase();
    }
}
```

（3）定义上面的 accessToken()方法中调用的成员方法 getAccessToken()与 saveToDatabase()，参考程序如下。

```
/*  获取 access_token */
private function getAccessToken()
{
    $url = "https://api.weixin.qq.com/cgi-bin/token?grant_type=client_credential";
    $url .= "&appid={$this->appid}&secret={$this->appsecret}";
    $json = file_get_contents($url);
    $arr = json_decode($json, true);
    $this->accessToken = $arr['access_token'];
}
/*  保存 access_token 方法  */
public function saveToDatabase()
{
    $time = time();
    $sqls = "insert into token(token_value,getime)values('{$this->accessToken}',{$time})";
    $rs = mysqli_query($this->conn, $sqls);
    if ($rs)
        echo "token 保存成功";
    else
        echo "token 保存失败";
}
```

9.3.2　获取用户列表程序

在获取用户列表时，获取最新的 access_token，然后提交 access_token，调用相关用户列表接口，获取微信公众号关注用户列表，并将其显示出来，为之后发送模板消息提供用户数据。

（1）新建 UserList.php 文件，编写程序，引用 dataOpt.php 文件，再创建一个用户列表生成类 UserList，定义好类的属性列表，并在构造函数中初始化一个 dataOpt 对象，通过 dataOpt 对象获取最新的 access_token，调用 UserList 类的 getUserList()方法获取用户列表，参考程序如下。

```
/*  用户列表生成类  */
include_once("dataOpt.php");
class UserList
{
  public $openIDList;
  private $dataopt;

  /*  构造函数  */
  function __construct()
  {
    $this->dataopt=new dataOpt;
    $this->dataopt->accessToken();
    $this->getUserList();
  }
}
```

（2）在 UserList 类中继续定义 getUserList()方法，通过 GET 方式提交 access_token，换取用户列表，并将其存储在类的$openIDList 属性中，参考程序如下。

```
/*  获取用户列表  */
private function getUserList()
{
  /**
   * 第一次从第一个用户开始获取用户列表，所以省略了 next_openid 参数
   * 如果需要多次获取，则在上面的 API 后面增加 next_openid 参数，其值是 JSON 数据包中的 next_openid 项的值
   * 根据 JSON 数据包中的 count 项的值可以判断是否已获取全部的关注用户的 OpenID
   */
  $api="https://api.weixin.qq.com/cgi-bin/user/get?access_token={$this->dataopt->accessToken}";
  $json=file_get_contents($api);
  $arr=json_decode($json,true);
  if(isset($arr['errcode']))
  {
    echo "用户列表获取失败";
    exit;
  }
  else
  {
    echo "一共有".$arr['total']."个用户关注了您的微信公众号<br>";
    echo "本次获取".$arr['count']."个用户</br>";
    $this->openIDList=$arr['data']['openid'];
  }
}
```

将获取的用户列表 JSON 数据包转化成数组$arr，$arr 是一个三维数组。用户列表包含在$arr['data']['openid']中，而$arr['data']['openid']也是一个数组，数组的元素获取的是全部用户的OpenID。

（3）编写程序，包含引用 UserList.php 文件，将用户列表显示出来，并为每一个用户提供一个"发送模板消息"的操作链接，参考程序如下。

```
/*  用户列表显示  */
  define("TOKEN","hzcc");
  include_once("UserList.php");
  $dataopt=new dataOpt;
  if(isset($_GET['echostr']))
      $dataopt->checkSignature();
```

```
$userlist=new UserList;
$rows=sizeof($userlist);
echo "<table width=500px border=1 align=center cellspacing=0>";
foreach($userlist->openIDList as $openid)
{
    echo "<tr><td>".$openid."</td>";
    echo "<td><a href=mouldMsg.php?openid=".$openid.">发送模板消息</a>";
    echo "</td></tr>";
}
$tabletail="</table>";
```

9.3.3　模板消息发送程序

（1）新建 mouldMsg.php 文件，引用 dataOpt.php 文件，然后定义一个模板消息类 mouldMsg，利用构造函数初始化类的相关属性，参考程序如下。

```
include_once("dataOpt.php");
/*  模板消息类*/
class mouldMsg
{
    private $touser;        //接收用户
    private $dataopt;       //数据操作对象

    public function __construct($touser)
    {
        $this->touser=$touser;
        $this->dataopt=new dataOpt;
    }
}
```

（2）定义 mouldMsg 类的消息发送方法 sendMsg()，通过调用 dataOpt 对象的 accessToken() 方法获取最新的 access_token，并调用模板消息发送接口，使用 dataOpt 对象的 postData()方法提交模板消息的 JSON 数据包，参考程序如下。

```
/*  发送模板消息  */
public function sendMsg()
{
    $paytime=date('Y-m-d h:i:s',time());
    $accesstoken=$this->dataopt->accessToken();
    $api_url='https://api.weixin.qq.com/cgi-bin/message/template/send?access_token='.$accesstoken;
    $msgdata='{
        "touser":"'.$this->touser.'",
        "template_id":"tFMtn7cvTcVcZ_UDlUmpIUcnA_FImf1ZNR0ruPaLP5c",
        "data":{
            "first": {
                "value":"恭喜你购买成功！ ",
                "color":"#006600"
            },
            "custom":{
                "value":"林世鑫",
                "color":""
            },
            "paytime": {
```

```
                "value":"'.$paytime.'",
                "color":"#0000FF"
            },
            "amout": {
                "value":"302.50",
                "color":"#FF0000"
            },
            "remark":{
                "value":"感谢惠顾，欢迎再次购买！",
                "color":"#006600"
            }
        }
    }';
    $json=$this->dataopt->postData($api_url,$msgdata);
    $res=json_decode($json);
    if($res->errcode==0)
        echo '发送成功';
    else
        echo '发送失败';
    echo "<a href='showUserList.php'>返回</a>";
    echo $json;
}
```

（3）由于在 mouldMsg 类中接收模板消息的用户是通过 OpenID 指定的，而 OpenID 是从 showUserList.php 文件中通过 URL 传递过来的链接。因此需要接收该 URL，然后初始化一个 mouldMsg 对象，通过这个对象调用相应的成员方法，将模板消息发送给该参数值指定的 OpenID，参考程序如下。

```
if(isset($_GET['openid']))
{
    $touser=$_GET['openid'];
    $mouldmsg=new mouldMsg($touser);
    $mouldmsg->sendMsg();
}else{
    echo "用户数据为 null";
    exit;
}
```

9.3.4 测试程序

（1）在 Web 服务器的根目录下，新建一个 mouldmsg 目录（或自定义一个目录名），将本案例所有的文件，上传到该目录中。

（2）登录微信测试号的管理后台，将"接口配置信息"中的 URL 设置为 showUserList.php 文件的 URL，如图 9-15 所示。

图 9-15 设置"接口配置信息"中的 URL

116

注意：

showUserList.php 是整个实验的入口文件，也是 Token 的验证程序所在的文件，因此将该文件的 URL 配置为测试号的接口 URL。

（3）在浏览器中，访问 showUserList.php 文件的 URL，获取用户列表，效果如图 9-16 所示。

（4）单击用户列表中的"发送模板消息"，如"oxcEr09xBOSBvNH9urPV8yDT 0h2k"后面的"发送模板消息"，就可以看到"发送成功"的提示内容。

（5）打开第（4）步单击的 OpenID 对应的用户的手机端微信，其接收到的模板消息效果如图 9-17 所示。

图 9-16　获取用户列表的效果

图 9-17　手机端微信收到的模板消息效果

第 10 讲　JS-SDK 的应用

JS-SDK 是微信公众平台提供的面向网页开发者的基于微信内核的网页开发工具包。通过使用 JS-SDK，开发者可以直接调用微信的内置功能组件，高效地使用拍照、选图、语音、位置等手机系统的功能，还可以直接使用微信分享、扫一扫、卡券、支付等微信特有的功能，为微信用户提供更优质的体验。

本讲涉及的内容包括：

（1）JS-SDK 的调用与域名绑定；

（2）JS-SDK 的签名与验证；

（3）wx.config 注册接口；

（4）wx.ready 接口；

（5）选择图像接口；

（6）获取地理位置接口；

（7）查看地理位置接口；

（8）微信扫一扫接口。

10.1　JS-SDK 调用原理分析

10.1.1　JS-SDK 的调用流程

在页面中调用 JS-SDK 的操作可分为以下几个步骤。

（1）登录微信公众号的管理后台，依次单击"微信公众号设置"→"功能设置"，配置"JS接口安全域名"。

（2）在需要调用 JS-SDK 接口的页面中引入 JS 文件，文件的链接地址为：http://res.wx.qq.com/open/js/jweixin-1.4.0.js。

（3）采用 GET 方式通过全局访问令牌 access_token 获得一个 jsapi_ticket。

（4）以 jsapi_ticket、随机字符串 nonceStr、签名时间戳 timestamp 及当前页面的 URL 为计算因子，调用签名算法，生成一个签名字符串 signature。

（5）使用 wx.config 接口对所用到的 SDK 接口列表进行注册，注册信息中要求包含签名字符串 signature、签名时间戳 timestamp、随机字符串 nonceStr 及微信公众号的 AppID。

（6）在 wx.ready 接口中调用注册列表中的接口，或在页面指定的函数（Function）中调用注册列表中的接口。

JS-SDK 的调用流程如图 10-1 所示。

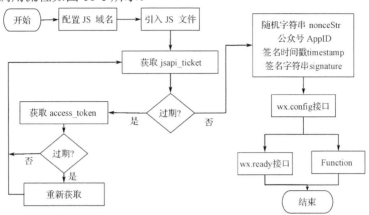

图 10-1 JS-SDK 的调用流程

如果在不同页面中调用 JS-SDK 中的接口，那么每一个页面中都必须使用 wx.config 接口进行注册操作，每一个页面中都将生成相应的签名字符串 signature，因此正确计算生成签名字符串 signature 是 JS-SDK 接口能否正确调用的关键。

生成签名字符串 signature 的算法流程如下所示。

（1）Web 服务器获取合法的 jsapi_ticket，使用 jsapi_ticket= value 的形式记录。

（2）自定义一个随机字符串，使用 nonceStr=string_value 的形式记录。

（3）使用 timestamp=time_value 的形式记录当前时间戳。

（4）使用 url=url_string 的形式记录当前页面的 URL。

（5）把以上四项内容按字典排序，并以字符串拼接的形式拼接成新字符串。

（7）对新字符串用 sha1 进行加密，即可得到签名字符串 signature。

生成签名字符串 signature 的算法流程如图 10-2 所示。

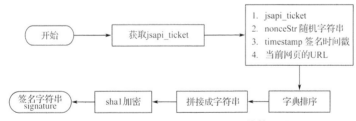

图 10-2   生成签名字符串 signature 的算法流程

jsapi_ticket 是微信公众号用于调用 JS-SDK 接口的临时票据。根据微信的规定，正常情况下，jsapi_ticket 的有效期为 7200s，每个 AppID 号获取 jsapi_ticket 的 API 调用次数是非常有限的，因此开发者应当备份好每个 jsapi_ticket，以尽其用。

jsapi_ticket、nonceStr 随机字符串、timestamp 签名时间戳、当前网页的 URL 四项内容必须先严格按字典排序，然后进行 sha1 加密，才能得到正确的签名字符串 signature，否则将会出错。

此外，生成签名用的 nonceStr、timestamp 和 URL 必须与 wx.config 接口中的 nonceStr、timestamp 和 URL 完全相同。

出于安全考虑，微信规定开发者必须在微信服务器端实现签名的计算生成。

10.1.2 JS-SDK 的接口列表

1. 接口列表与功能说明

JS-SDK 中提供的接口共有 14 类 36 个，具体每类接口的接口名与功能说明如表 10-1 所示。

表 10-1　JS-SDK 中每类接口的接口名与功能说明

类　　别	接　口　名	功　能　说　明
基础接口	wx.checkJsApi	判断当前客户端版本是否支持指定 JS 接口
分享接口	wx.updateAppMessageShareData	自定义"分享给朋友"及"分享到 QQ"按钮的分享内容接口
	wx.updateTimelineShareData	自定义"分享到朋友圈"及"分享到 QQ 空间"按钮的分享内容接口
	wx.onMenuShareWeibo	获取"分享到腾讯微博"按钮单击状态及自定义分享内容接口
图像接口	wx.chooseImage	拍照或从手机相册中选择图像接口
	wx.previewImage	预览图片接口
	wx.uploadImage	上传图片接口
	wx.downloadImage	下载图片接口
音频接口	wx.startRecord	开始录音接口
	wx.stopRecord	停止录音接口
	wx.onVoiceRecordEnd	监听录音自动停止接口
	wx.playVoice	播放语音接口
	wx.pauseVoice	暂停播放接口
	wx.stopVoice	停止播放接口
	wx.onVoicePlayEnd	监听语音播放是否完毕接口
	wx.uploadVoice	上传语音接口
	wx.downloadVoice	下载语音接口
智能接口	wx.translateVoice	识别音频并返回识别结果接口
设备信息	wx.getNetworkType	获取网络状态接口
地理位置	wx.getLocation	获取地理位置接口
	wx.openLocation	使用微信内置地图查看地理位置接口
摇一摇	wx.startSearchBeacons	开启查找周边 ibeacon 设备接口
	wx.stopSearchBeacons	关闭查找周边 ibeacon 设备接口
	wx.onSearchBeacons	监听周边 ibeacon 设备接口
界面操作	wx.closeWindow	关闭当前网页窗口接口
	wx.hideMenuItems	批量隐藏功能按钮接口
	wx.showMenuItems	批量显示功能按钮接口
	wx.hideAllNonBaseMenuItem	隐藏所有非基础按钮接口
	wx.showAllNonBaseMenuItem	显示所有功能按钮接口
微信扫一扫	wx.scanQRCode	调出微信扫一扫接口
微信小店	wx.openProductSpecificView	跳转微信商品页接口

续表

类　别	接　口　名	功　能　说　明
微信卡券	wx.chooseCard	获取适用卡券列表并获取用户选择信息接口
	wx.addCard	批量添加卡券接口
	wx.openCard	查看微信卡包中的卡券接口
微信支付	wx.chooseWXPay	发起一个微信支付请求接口
快速输入	wx.openAddress	共享收货地址接口

所有 JS-SDK 接口都通过微信对象来调用，如调用基础接口 wx.checkJsApi 的语法格式如下。

```
wx.checkJsApi({
    jsApiList: ['chooseImage'],          // 需要检测的 JS 接口列表
    success: function(res) {
    // 接口调用成功的程序语句
    }
});
```

不同接口的参数列表有所不同，但所有参数都是一个对象，除了每个接口本身特有的参数，还有以下几个通用的参数。

（1）success：接口调用成功时执行的回调函数。

（2）fail：接口调用失败时执行的回调函数。

（3）complete：接口调用完成时执行的回调函数，无论调用成功还是失败都会执行。

（4）cancel：用户单击取消时的回调函数，仅有部分用户取消操作的接口才会用到该参数。

（5）trigger：监听 menu 中的按钮单击时触发的方法，该方法仅支持 menu 中的相关接口。

2．实验接口简介

本实验需要使用到的 JS-SDK 接口共有六个，分别是注册接口 wx.config、准备就绪接口 wx.ready、选择图像接口 wx.chooseImage、获取地理位置接口 wx.getLocation、查看地理位置接口 wx.openLocation 及微信扫一扫接口 wx.scanQRCode。这六个接口的具体参数格式与说明如下。

（1）注册接口 wx.config，程序如下。

```
wx.config({
    debug: true,
    appId: '',
    timestamp: ,
    nonceStr: '',
    signature: '',
    jsApiList: []
});
```

wx.config 接口的参数格式与说明如表 10-2 所示。

表 10-2　wx.config 接口的参数格式与说明

参　　数	类　　型	默　认　值	说　　明
debug	布尔	true	必填，开启调试模式，产品真正发布时，应设为 false
AppID	字符串		必填，微信公众号的 AppID
timestamp	整型		必填，生成签名时间戳
nonceStr	字符串		必填，生成签名的随机字符串
signature	字符串		必填，签名字符串

参　　数	类　　型	默　认　值	说　　明
jsApiList	数组		必填，需要使用的 JS 接口列表

（2）准备就绪接口 wx.ready，程序如下。

```
wx.ready(function(){
    // 准备就绪接口
});
```

wx.config 接口中的信息被验证后，JS-SDK 接口会自动执行 wx.ready()方法。

微信规定所有 JS-SDK 接口的都必须在 wx.config 接口获得结果之后才可以被调用，因此如果需要在页面加载时就调用相关接口，则需要把相关接口放在 wx.ready()方法中以确保正确执行。

如果需要通过用户的操作来触发调用的接口，则不需要将其放在 wx.ready()方法中，可另外定义操作函数进行调用。

（3）图像选择接口 wx.chooseImage，程序如下。

```
wx.chooseImage({
    count: 1,
    sizeType: ['original', 'compressed'],
    sourceType: ['album', 'camera'],
    success: function (res) {
    var localIds = res.localIds;
    }
});
```

图像选择接口 wx.chooseImage 的参数含义与说明如表 10-3 所示。

表 10-3　图像选择接口 wx.chooseImage 的参数与说明

参　　数	类　　型	默　认　值	说　　明
count	整型	9	必填，允许选择的图片数量，默认值为 9
sizeType	数组	['original', 'compressed']	必填，指定是原图还是压缩图，默认二者都有
sourceType	数组	['album', 'camera']	必填，指定来源是相册还是相机，默认二者都有
success	函数		接口调用成功返回的函数。返回选定照片的本地 ID 列表，localId 可以作为 img 标签的 src 属性显示图片

（4）获取地理位置接口 wx.getLocation，程序如下。

```
wx.getLocation({
    type: 'wgs84',
    success: function (res) {
    var latitude = res.latitude;
    var longitude = res.longitude;
    var speed = res.speed;
    var accuracy = res.accuracy;
    }
});
```

获取地理位置接口 wx.getLocation 的参数与说明如表 10-4 所示。

表 10-4　获取地理位置接口 wx.getLocation 的参数与说明

参　　数	类　　型	默　认　值	说　　明
type	字符串	wgs84	必填，默认值为 wgs84 的 GPS 坐标，如果要直接返回 openLocation 用的火星坐标，可传入'gcj02'
success	函数		接口调用成功返回的函数

在接口调用成功时返回的 success 函数带回的结果中的各参数及其说明如表 10-5 所示。

表 10-5　success 函数返回参数及其说明

参　　数	类　　型	说　　明
latitude	浮点	纬度，范围为 90～-90
longitude	浮点	经度，范围为 180～-180
speed	整型	速度，以 m/s 计
accuracy	浮点	位置精度

（5）查看地理位置接口 wx.openLocation，程序如下。

```
wx.openLocation({
    latitude: 0,
    longitude: 0,
    name: '',
    address: '',
    scale: 1,
    infoUrl: ''
})
```

查看地理位置接口 wx.openLocation 的参数与说明如表 10-6 所示。

表 10-6　查看地理位置接口 wx.openLocation 的参数与说明

参　　数	类　　型	默　认　值	说　　明
latitude	浮点数		必填，纬度，浮点数，范围为 90～-90
longitude	浮点数		必填，经度，浮点数，范围为 180～-180
name	字符串		位置名称
address	字符串		地址详情说明
scale	整型	1	必填，地图缩放级别，整型值，范围为 1～28
infoUrl	字符串		在查看位置界面底部显示的链接，可单击跳转

（6）微信扫一扫接口 wx.scanQRCode，程序如下。

```
wx.scanQRCode({
    needResult: 0,
    scanType: ["qrCode","barCode"],
    success: function (res) {
    var result = res.resultStr;
    }
})
```

微信扫一扫接口 wx.scanQRCode 的参数与说明如表 10-7 所示。

表 10-7　微信扫一扫接口 wx.scanQRCode 的参数与说明

参　　数	类　　型	默　认　值	说　　明
needResult	整型	0	必填，扫描结果由微信处理，其值为 1 则直接返回扫描结果
scanType	数组	["qrCode","barCode"]	必填，指定扫描二维码还是条形码，默认二者都有
success	函数		接口调用成功返回的函数。当 needResult 值为 1 时，resultStr 为扫码返回的结果

10.2　调用 JS-SDK 接口的实现

本案例使用微信公众平台测试号进行开发操作，要实现的效果如下。

（1）在微信公众号中通过菜单进入 JS-SDK 页面。

（2）进入 JS-SDK 页面后，自动获取用户当前地理位置坐标，并以提示框的形式显示坐标值。

（3）单击 JS-SDK 页面中的"查看我的位置"按钮，打开微信的内置地图，并自动定位到第（2）步获得的坐标。

（4）单击 JS-SDK 页面中的"选择图片"按钮，调出手机本地相册进行图片选择，并在页面中显示选择的图片。

（5）单击 JS-SDK 页面中的"扫一扫"按钮，调出微信的扫描框，扫描二维码或条形码后，以提示框的形式返回扫描的结果。

10.2.1　数据库与文件准备

（1）在 Web 服务器的 MySQL 数据库中，新建一个用于保存全局访问令牌 access_token 信息的 Token 数据表，其结构如图 10-3 所示。

#	名字	类型	排序规则	属性	空	默认	注释	额外
1	id	int(11)			否	无		AUTO_INCREMENT
2	token_value	varchar(600)	utf8_unicode_ci		否	无	access_token	
3	getime	int(11)			否	无	获得时间	

图 10-3　Token 数据表结构

（2）在 Web 服务器的 MySQL 数据库中，新建一个用于保存 jsapi_ticket 信息的 ticket 数据表，其结构如图 10-4 所示。

#	名字	类型	排序规则	属性	空	默认	注释	额外
1	id	int(11)			否	无		AUTO_INCREMENT
2	ticket_value	varchar(128)	utf8_general_ci		否	无	jsapi_ticket	
3	gettime	int(11)			否	无	获取签名时间戳	

图 10-4　ticket 数据表结构

（3）在 Dreamweaver 中新建一个 JS-SDK 站点项目，并在项目的根目录下新建四个 PHP 文件，文件的目录结构如图 10-5 所示。

图 10-5　JS-SDK 站点文件的目录结构

（4）登录测试号的管理后台，将"JS 接口安全域名"修改为 Web 服务器的域名，如图 10-6 所示。

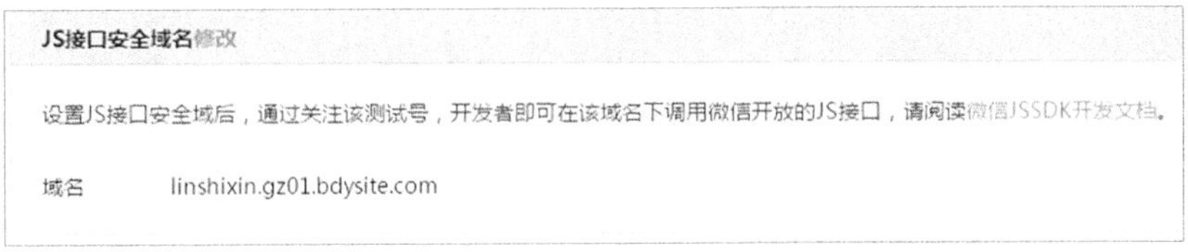

JS接口安全域名修改

设置JS接口安全域后，通过关注该测试号，开发者即可在该域名下调用微信开放的JS接口，请阅读微信JSSDK开发文档。

域名　　linshixin.gz01.bdysite.com

图 10-6　修改"JS 接口安全域名"

10.2.2　实现程序

1. 数据库操作程序

打开 DataBase.php 文件，定义数据库操作类，具体程序如下。

```php
<?php
/* 数据库操作类*/
class DataBase{
    private $serverName;
    private $dbUser;
    private $dbPing;
    private $dbName;
    public $conn;

    /* 构造函数 */
    function __construct()
    {
        $this->serverName='b-xxxx.com';        //数据库服务器地址
        $this->dbUser='xxxx9x';                 //数据库用户名
        $this->dbPing='xxxxxxx';                //数据库用户口令
        $this->dbName='bxxxxxx';                //数据库名称
        $this->conn=mysqli_connect($this->serverName,$this->dbUser,$this->dbPing);
        mysqli_select_db($this->conn,$this->dbName);
    }
}
?>
```

2. access_token 操作程序

（1）打开 AccessToken.php 文件，定义全局访问令牌的操作类 AccessToken，AccessToken 类有四个成员属性，在构造函数中分别对这些成员属性进行初始化，并调用类的成员方法

resAccessToken()，参考程序如下。

```
/* access_token 操作类 */
class AccessToken
{
  private $appid;          //微信公众号的 AppID
  private $appsecret;      //微信公众号的 AppSecret
  private $conn;           //数据库连接符
  public  $accessToken;    //全局访问令牌

  //构造函数
  function __construct()
  {
    $this->appid="xxxxxx";
    $this->appsecret="eeeeeeee";
    $database=new DataBase;
    $this->conn=$database->conn;
    $this->resAccessToken();
  }
}
```

（2）定义 AccessToken 类的成员方法 resAccessToken()，实现对有效 access_token 的获取，其基本思路是先在数据库中查询最新的 access_token，如果该值未过，则返回该值；如果该值已失效，则重新调用相关接口，获取最新的 access_token，并将其写入数据库中。resAccessToken() 方法的参考程序如下。

```
/* access_token 操作函数 */
public function resAccessToken()
{
  /*
   * 先查询数据库中最新的 access_token 是否过期，如果过期，则重新获取 access_token，并将其写入数据库中
   * 如果不过期，则将其返回给其他成员方法共享
   */
  $sql_token = "select token_value,getime from token order by getime desc limit 1";
  $rs = mysqli_query($this->conn, $sql_token);
  if ($rs && mysqli_num_rows($rs) > 0) {
    $arr = mysqli_fetch_array($rs);
    if (time() - $arr['getime'] < 7200) {
      $this->accessToken = $arr['token_value'];
    } else {
      $this->getAccessToken();
      $this->saveToDatabase();
    }
  } else {
    $this->getAccessToken();
    $this->saveToDatabase();
  }
}
```

（3）定义获取最新的 access_token 的成员方法 getAccessToken()，程序如下。

```
/* 获取最新 access_token */
private function getAccessToken()
```

```
{
    $url = "https://api.weixin.qq.com/cgi-bin/token?grant_type=client_credential";
    $url .= "&appid={$this->appid}&secret={$this->appsecret}";
    $json = file_get_contents($url);
    $arr = json_decode($json, true);
    $this->accessToken = $arr['access_token'];
}
```

（4）定义数据保存方法 saveToDatabase()，将最新的 access_token 保存到 Token 数据表中，记录 access_token 与签名时间戳，参考程序如下。

```
/*  数据保存方法  */
public function saveToDatabase()
{
    $time = time();
    $sqls = "insert into token(token_value,getime)values('{$this->accessToken}',{$time})";
    $rs = mysqli_query($this->conn, $sqls);
    if (!$rs){
        echo "token 保存失败<br>";
        exit;
    }
}
```

3．jsapi_ticket 操作程序

（1）打开 JsAPITicket.php 文件，定义用于实现 jsapi_ticket 的相关操作的 JSTicket 操作类。由于生成 jsapi_ticket 需要用到 access_token 及签名时间戳，而且生成的 jsapi_ticket 需要保存到数据库中，在未失效之前要反复使用，因此，JSTicket 类的成员属性需要有四个，在类的构造函数中对这些成员属性进行初始化，参考程序如下。

```
/*  JSTicket 操作类  */
class JSTicket
{
    private $accessToken;
    private $conn;
    public $jsApi_Ticket;
    public  $timestamp;

    /*  构造函数  */
    function __construct()
    {
        $db=new DataBase;
        $this->conn=$db->conn;
        $at=new AccessToken;
        $this->timestamp = time();
        $this->accessToken=$at->accessToken;
        $this->JsTicket();
    }
}
```

（2）定义 JSTicket 类的成员方法 JsTicket()，该方法用于从数据库中获取最新的 ticket 值，如果该值已经失效，则调用 jsapi_ticket 计算接口，重新生成最新的 jsapi_ticket 并将其保存到

数据库中；如果该值未失效，则将其直接返回给其他成员方法共享。

　　JsTicket()方法的参考程序如下。

```
/*  JSTicket 操作函数 */
public function JsTicket()
{
    /* 先查询数据库中最新的 jsapi_ticket 是否过期，如果过期，则重新获取，并写入数据库中
     * 如果未过期，则将其返回给其他成员方法共享
     */
    $sql_ticket = "select ticket_value,gettime from jsapi_ticket order by gettime desc limit 1";
    $rs = mysqli_query($this->conn, $sql_ticket);
    if ($rs && mysqli_num_rows($rs) > 0) {
        $arr = mysqli_fetch_array($rs);
        if (time() - $arr['gettime'] < 7200) {
            $this->jsApi_Ticket = $arr['ticket_value'];
        } else {
            $this->getJsTicket();
            $this->saveToDatabase();
        }
    } else {
        $this->getJsTicket();
        $this->saveToDatabase();
    }
}
```

　　（3）生成最新 jsapi_ticket 的方法是把有效的 access_token 提交给相关接口换取，该操作由类的成员方法 getJsTicket()完成，参考程序如下。

```
/*  获取最新 jsapi_ticket */
private function getJsTicket()
{
    $url = "https://api.weixin.qq.com/cgi-bin/ticket/getticket?access_token={$this->accessToken}&type=jsapi";
    $json = file_get_contents($url);
    $arr = json_decode($json, true);
    if(isset($arr['errcode']) && $arr['errcode']==0)
        $this->jsApi_Ticket = $arr['ticket'];
    else{
        var_dump($arr);
        exit;
    }
}
```

　　（4）定义 JSTicket 类的数据保存方法 saveToDatabase()，将最新 jsapi_ticket 保存到数据库的 ticket 数据表中。

```
/*  数据保存方法 */
public function saveToDatabase()
{
    $sqls = "insert into jsapi_ticket(ticket_value,gettime)values('{$this->jsApi_Ticket}',{$this->timestamp})";
    $rs = mysqli_query($this->conn, $sqls);
    if (!$rs){
        echo "jsApi_Ticket 保存失败<br>";
```

```
        exit;
    }
}
```

4．JS-SDK 调用程序

（1）打开 index.php 文件，使用 html 标签，定义一个 ID 为 "pic" 的 div，用来显示用户选择的图片；另外再定义一个 div，用来放置三个按钮。然后，参考如图 10-7 所示的 index 页面的外观效果，使用 CSS 定义按钮的外观。

图 10-7　index 页面的外观效果

参考程序如下。

```html
<html>
<meta http-equiv="Content-Type" content="text/html; charset=utf-8" />
<style type="text/css">
.button{
    width:80%;
    height:8%;
    background-color:#090;
    border-radius:10px;
    color:#FFF;
    font-size:3em;
    margin:20px auto;
}
#pic{
    width:70%;
    margin:0 auto;
    font-size:2.3em;
    text-align:center;
}
.div-buttons{
    width:90%;
    margin:0 auto;
    text-align:center;
}
img{
    width:100%;
    margin:10px auto;
}
</style>
<body>
<div id="pic"></div>
<div class="div-buttons">
    <button class="button" type='button' onClick="choosePic()">选择图片</button>
```

```
    <button class="button" type='button' onClick="openMap()">查看我的位置</button>
    <button class="button" type='button' onClick="scanCode()">扫一扫</button>
</div>
</body>
</html>
```

（2）在 body 标签前，定义一段 PHP 脚本程序，引入 DataBase.php 文件、AccessToken.php 文件、JsAPITicket.php 文件，参考 10.1.1 节中的生成签名的算法，生成一个签名字符串 signature，参考程序如下。

```
<?php
include_once("AccessToken.php");
include_once("DataBase.php");
include_once("JsAPITicket.php");
/* JS-SDK 签名生成 */
$ticketObj=new JSTicket;
$timestamp=$ticketObj->timestamp;
$jsapi_ticket=$ticketObj->jsApi_Ticket;
$randomize="abcdefghijklmnopqrstuvwxyz0123456789";
$url = "http://linshixin.gz01.bdysite.com/jssdk/index.php";
$nonce='';
for($i=0;$i<4;$i++){
    $nonce.=$randomize[rand(0,35)];
}
$tmpStr="jsapi_ticket=".$jsapi_ticket."&nonceStr=".$nonce."&timestamp=".$timestamp."&URL=".$url;
$signature = sha1($tmpStr);          //sha1 加密
?>
```

上述程序中的变量$url 的值必须与 index.php 文件在 Web 服务器上的 URL 一致，否则生成的签名字符串 signature 将不正确。

生成签名字符串 signature 的拼接字符串$tmpStr 中的四个拼接参量的名称必须使用官方文档提供的命名，分别是 jsapi_ticket、nonceStr、timestamp 与 URL，且这四个参量的值必须与后面 wx.config 接口中对应参数的值一致。

微信提供了 JS 接口签名的在线校验工具，如果无法确保程序生成的 signature 值正确，可以使用在线校验工具生成 signature 值。然后将该值与程序生成的值进行比较，则可判断正误。JS 接口签名在线校验的 URL 为：

```
https://mp.weixin.qq.com/debug/cgi-bin/sandbox?t=jsapisign
```

（3）在 PHP 脚本程序段后面，引入 JS-SDK 文件，程序如下。

```
<script src="http://res.wx.qq.com/open/js/jweixin-1.4.0.js"></script>
```

（4）继续增加一对<script></script>标签，编写 JS 脚本程序，调用 JS-SDK 接口中的 wx.config 接口，对所有需要调用的接口先进行注册，参考程序如下。

```
<script language="javascript">
    var latitude ;                          // 纬度，浮点数
    var longitude;                          // 经度，浮点数

    /* 注册需要使用的 JS-SDK 接口 */
    wx.config({
        debug: false,                       // 关闭调试模式，以免在微信端弹出提示框
        appId: 'wxec53d9539c4c7658',        // 必填，微信公众号的唯一标识
```

```
        timestamp: '<?php echo $timestamp;?>',        // 必填，生成签名的时间戳
        nonceStr: '<?php echo $nonce;?>',             // 必填，生成签名的随机字符串
        signature: '<?php echo $signature;?>',        // 必填，签名
        jsApiList: ['chooseImage',                    // 必填，需要使用的 JS 接口列表
                    'getLocation',
                    'openLocation',
                    'scanQRCode']
    });
</script>
```

latitude 与 longitude 为公有变量，用于保存后面接口返回的用户地理坐标值。

（5）在 wx.ready 接口中，调用 wx.getLocation 接口，以实现在用户进入该页面后，程序自动获取用户的位置，并弹出提示框，参考程序如下。

```
/* 在 wx.ready 接口中调用 wx.getLocation 接口，实现自动获取用户位置*/
wx.ready(function(){
  wx.getLocation({
      type: 'gcj02',                            // 返回的火星坐标可以直接传送给 wx.openLocation 接口
      success: function (res) {
      latitude = res.latitude;                  // 纬度，浮点数，范围为 90 ~ -90
      longitude = res.longitude;                // 经度，浮点数，范围为 180 ~ -180。
      var speed = res.speed;                    // 速度，以 m/s 计
      var accuracy = res.accuracy;              // 位置精度
      var locationStr='您的位置坐标是：\n 纬度：'+latitude+'\n 经度：'+longitude;
      window.alert(locationStr);
      }
   });
   }
);
```

（6）定义"选择图片"按钮的单击事件绑定函数 choosePic()，在函数中调用 wx.chooseImage 接口，实现在用户单击该按钮时，从手机相册或相机中选取图片，参考程序如下。

```
/* 选择图片函数，使用图像选择接口 wx.chooseImage   */
function choosePic(){
  wx.chooseImage({
      count: 3,                                 // 默认值为 9
      sizeType: ['original', 'compressed'],     // 指定是原图或压缩图，默认二者都有
      sourceType: ['album', 'camera'],          // 指定来源是相册还是相机，默认二者都有
      success: function (res) {
      for(var i=0;i<res.localIds.length;i++)    // localId 可以作为 img 标签的 src 属性
      {
        var img=document.createElement("img");
        img.setAttribute('src',res.localIds[i]);
        document.getElementById("pic").appendChild(img);
      }
      }
   });
}
```

（7）定义"查看我的位置"按钮的单击事件绑定函数 openMap()，在函数中调用 wx.openLocation 接口，实现在用户单击该按钮时，打开微信内置地图，并自动定位到全局变

量 latitude 与 longitude 所指定的坐标，参考程序如下。

```
/* 打开内置地图，使用 wx.openLocation 接口打开坐标查看定位 */
function openMap(){
  wx.openLocation({
    latitude: latitude,                    // 使用全局纬度变量值
    longitude: longitude,                  // 使用全局经度变量值
    name: '',                              // 位置名
    address: '',                           // 地址详情说明
    scale:16,                              // 地图缩放级别，整型，范围为1~28，默认值为最大值
    infoUrl: ''                            // 查看位置界面底部显示的链接，可实现单击跳转
  });
}
```

（8）定义"扫一扫"按钮的单击事件绑定函数 scanCode()，在函数中调用 wx.scanQRCode 接口，实现在用户单击该按钮时，调出微信扫描框，并以提示框的形式显示扫描的结果，参考程序如下。

```
/* 微信扫一扫 */
function scanCode(){
  wx.scanQRCode({
    needResult: 1,                         // 默认值为 0，扫描结果由微信处理，如果其值为 1，则直接返回扫描结果
    scanType: ["qrCode","barCode"],        // 可以指定扫描二维码还是条形码，默认二者都有
    success: function (res) {
      var result = res.resultStr;          // 当 needResult 值为 1 时，返回扫码结果
      result="扫描结果：\n"+result;
      window.alert(result);
    }
  });
}
```

10.3 程序测试

（1）将全部的程序文件上传到 Web 服务器根目录下面的 JS-SDK 目录下。

（2）为微信公众号定义一个 view 类型的"JS-SDK"菜单，单击该菜单，跳转到 index 页面。菜单的 JSON 数据包如下，具体实现菜单的操作可参阅第 4 讲微信公众号自定义菜单。

```
//菜单的 JSON 数据包
$menu='{
  "button":[{
    "name":"接口调试",
    "sub_button":[
    {
      "type":"view",
      "name":"JS-SDK",
      "url":"http://linshixin.gz01.bdysite.com/jssdk/index.php"
    }]
  }]
};
```

微信公众号自定义菜单效果如图 10-8 所示。

（3）单击"JS-SDK"菜单，进入 index 页面后，并自动弹出用户当前位置坐标的提示框，效果如图 10-9 所示。

（4）单击"查看我的位置"按钮，打开内置地图，并自动定位到第（3）步中显示的坐标相应的位置。

（5）单击"选择图片"按钮，调出微信的手机相册，选择几张图片，选择图片后的页面效果如图 10-10 所示。

（6）单击"扫一扫"按钮，调出微信扫描框，扫描一个条形码，弹出来扫描结果，如图 10-11 所示。

图 10-8　微信公众号自定义菜单效果　　　图 10-9　显示用户当前位置坐标的提示框

图 10-10　选择图片后的页面效果　　　　图 10-11　扫描结果提示框

第11讲　小程序开发准备

11.1　小程序的体系架构

　　小程序是一种运行在微信公众平台上的"轻应用"。所谓"轻",是指它不需要用户在手机上安装,也不需要用户通过浏览器装载,在微信手机端就可以运行。因此,小程序非常适合一些交互相对简单、功能需求不高、对操作系统的底层支持需求不高且开发资金相对紧张的软件项目。

　　一个小程序的正常运行,通常包含两个技术端。一个技术端是运行在微信公众平台上,为用户提供操作交互的部分,这部分称为"小程序端"或者"前端"。小程序端的程序由开发者对源码进行编译后,上传发布在腾讯公司的微信服务器上。另一个技术端是运行在开发者自己搭建的服务器上,为小程序端提供数据的读写支持(包括数据读写程序与数据库)的部分,这部分称为"服务器端"或者"后端"。服务器端的程序与数据必须由开发者自行准备服务器(Web服务器)来支持。关于Web服务器的准备,请参阅第1讲内容。

　　小程序的技术体系架构如图11-1所示。

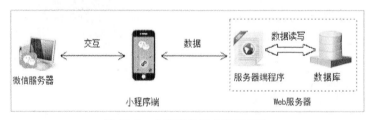

图 11-1　小程序的技术体系架构

　　注意:

　　根据微信的安全要求,Web服务器的域名必须使用HTTPS协议访问,因此,Web服务器的域名必须申请并配置SSL证书。关于SSL证书具体的申请与配置方法,请读者自行查阅相关资料。

11.2　小程序开发工具的准备

要进行小程序的开发学习，一般需要准备以下几个软件工具。

（1）微信开发者工具：这是进行小程序端开发最重要的工具软件，用来进行小程序端的编码、编译、测试与上传发布。

（2）服务器端程序与文件管理工具：这类工具很多，可根据个人的喜好选择。本书选用的工具是 FileZilla，通过 FTP 管理 Web 服务器上的服务器端程序与相关文件。

（3）程序语言：小程序端开发使用的 UI 设计语言是腾讯的 WXML 与 WXSS，交互控制语言是 JS 或 TypeScript。因此，学习小程序开发的读者，必须先具备这几种语言的基础。

小程序的服务器端开发，可根据自己的情况使用 PHP、Java、Python 等语言，数据库也可根据实际情况自由选择。本书介绍的服务器端开发是以 PHP+MySQL 为例的，服务器端的编码工具选择的是 Dreamweaver。

小程序开发的工具准备如图 11-2 所示。

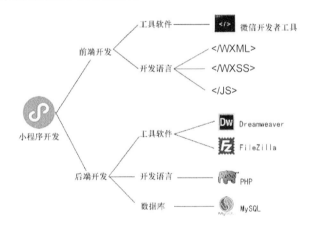

图 11-2　小程序开发的工具准备

11.3　注册小程序的 AppID

开发小程序前，需要先对小程序管理者的身份进行验证，并注册一个小程序 ID（其作用等同于微信公众号的 AppID），这样开发完成后的小程序，才能正常发布上线。

目前，个人、企业、政府、媒体及其他合法的组织机构，都可以注册小程序账号。

注册小程序账号的步骤如下。

（1）打开微信开发者工具，用微信"扫一扫"工具扫描二维码登录。

（2）在微信开发者工具"小程序项目"的窗格中，选择"小程序"选项，如图 11-3 所示。

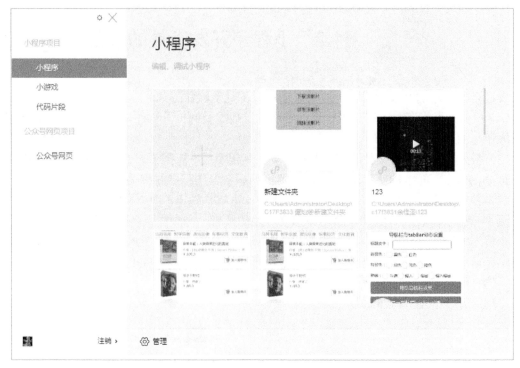

图 11-3　在"小程序项目"窗格中选择"小程序"选项

（3）单击"小程序"窗格中的"+"，新建一个小程序项目，如图 11-4 所示。

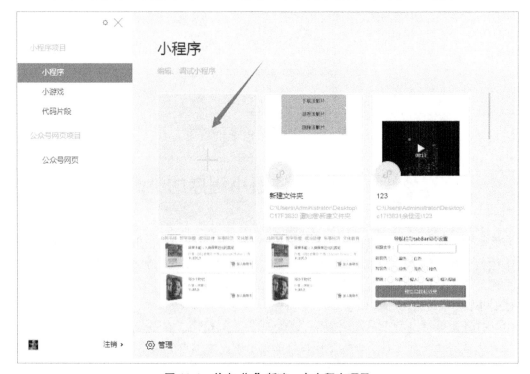

图 11-4　单击"+"新建一个小程序项目

（4）在弹出的窗口上单击"新建项目"，然后填写"项目名称"文本框，单击"目录"下拉列表选择小程序文件的保存路径，如图 11-5 所示。

图 11-5　填写"新建项目"的属性信息

（5）单击"AppID"下面的"注册"链接，跳转至微信"小程序注册"界面。根据实际情况，按要求填写"账号信息"，如图 11-6 所示。

图 11-6　填写"账号信息"

　注意：

在图 11-6 中填写的邮箱是小程序管理者的邮箱，该邮箱必须是从未在微信公众平台（包括小程序、微信公众号及其他微信公众平台）上注册过任何账号的邮箱。

（6）单击"注册"按钮，小程序平台将发送一份激活邮件到第（5）步中填写的邮箱。登录该邮箱，打开小程序的激活邮件，单击邮件中的链接（见图 11-7），即可激活小程序账号。

（7）在浏览器的"用户信息登记"页面中，继续完善个人注册信息。全部信息填写完成后，单击"提交"按钮，将跳转至"小程序发布流程"界面，如图 11-8 所示，至此就完成了小程序的注册。

图 11-7　激活小程序账号的链接

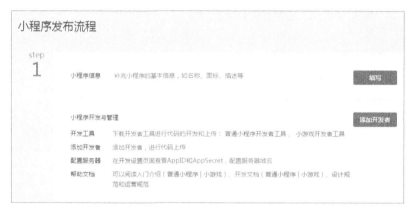

图 11-8　"小程序发布流程"界面

　注意：

如果已经将小程序所有资料都准备好了，可以单击图 11-8 中的"填写"按钮，继续填写小程序的相关信息，也可以之后再完善。

（8）单击"微信公众平台｜小程序"窗口左窗格中的"开发"选项，如图 11-9 所示，进入小程序的开发管理页面。

图 11-9　单击"开发"链接进入小程序的开发管理页面

（9）单击"开发设置"选项卡，可以看到小程序的"开发者 ID""服务器域名""消息推送""扫普通链接二维码打开小程序"等选区，如图 11-10 所示。

图 11-10　"开发设置"选项卡

（10）将"开发者 ID"选区中"AppID"对应的字符串粘贴到图 11-5 中的"AppID"文本框中，其他信息保持默认值即可，单击"新建项目"界面中的"新建"按钮即可完成一个小程序账号的注册与项目的新建，如图 11-11 所示。

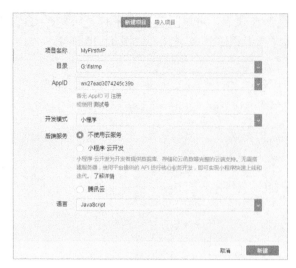

图 11-11　"新建项目"界面

（11）完成新建项目的微信开发者工具窗口如图 11-12 所示。

图 11-12　完成新建项目的微信开发者工具窗口

　　如果只是练习开发，不需要正式发布上线的小程序，则可以不注册正式的 AppID，直接使用测试号即可。

　　使用测试号的方法是，在微信开发者工具的"新建项目"界面中，单击"AppID"下的"测试号"，微信开发者工具将自动为当前的小程序分配一个测试 AppID，如图 11-13 所示。

　　测试号的 AppID 在各类权限上与正式的微信公众号 AppID 并无区别，只是不能正式上线。

图 11-13　测试 AppID

 # 11.4　微信开发者工具简介

微信开发者工具是腾讯公司为开发微信公众平台专门推出的一款开发工具，它集编码、编译、测试与发布等功能于一体，是进行小程序开发必不可少的一款工具。

微信开发者工具的主界面如图 11-14 所示。

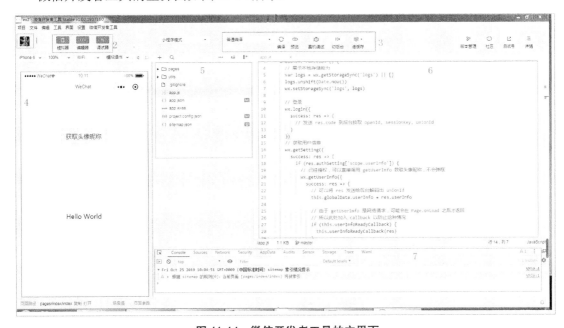

图 11-14　微信开发者工具的主界面

图 11-14 中的序号对应的区域的说明如下。

　　1 为个人中心，2 为窗口区开关按钮，3 为程序调试按钮区，4 为模拟器窗口区，5 为文件目录窗格，6 为程序区，7 为调试区。

　　（1）个人中心：单击该按钮，将弹出如图 11-15 所示的面板，通过该面板可查看微信开发者工具社区中的最新消息。

　　（2）窗口区开关按钮：单击其中任何一个按钮，即可关闭微信开发者工具主界面中的相应的内容区。

　　（3）程序调试按钮区：

　　① 单击"普通编译"下拉列表，即可选择或添加需要编译、预览的小程序页面，如图 11-16所示。

图 11-15　个人中心面板

图 11-16　"普通编译"下拉列表

　　如果小程序有多个不同的页面，单击图 11-16 中的"添加编译模式"选项即可打开如图 11-7所示的"自定义编译条件"面板，在该面板中进行相应设置后即可为小程序添加启动页面。

图 11-17　"自定义编译条件"面板

　　② 单击"编译"按钮 ○，将在模拟器中显示编译页面的最新效果。

　　③ 单击"预览"按钮 ◎，将弹出"预览"对话框，供用户选择预览小程序的模式，预览模式包括"扫描二维码预览"与"自动预览"两种，如图 11-18 所示。

　　④ 单击"真机调试"按钮，将弹出"真机调试"对话框，并生成一个二维码，用户通

过微信"扫一扫"工具扫描该二维码，即可在手机的微信端连接电脑端微信开发者工具的调试面板，进行小程序调试。

⑤　小程序在本地机器上的一些缓存数据可能会影响最新编译的运行效果，这时可以单击缓存清理按钮，根据需要，选择要清除的内容来消除影响。缓存清理列表框如图 11-19 所示。

图 11-18　小程序预览模式面板　　　　　　图 11-19　缓存清理列表框

（4）模拟器窗口区：这里是一个手机模拟器，小程序的大部分功能都可以在这个模拟器中演示操作。用户也可以根据需要，选择不同型号的手机的模拟器进行操作。

（5）文件目录窗格：通过这个窗格，可以方便地浏览、打开整个小程序的文件目录与结构，文件目标结构区也是打开各个程序文件的窗口。

（6）程序区：该区用来进行程序的编辑操作。

（7）调试面板区：该区共有 10 个菜单项（见图 11-20），这 10 个菜单项分别对应 10 个不同的调试面板。

图 11-20　调试面板区的菜单项

①　"Console"（控制台）面板：该面板会显示程序运行时的错误信息及程序中通过 console.log 语句输出的内容。可在"Console"面板中输入程序，实时调试程序中的某些内容，如图 11-21 所示。

图 11-21　"Console"面板

②　"Sources"（源程序）面板：该面板显示的是当前运行的脚本程序，如图 11-22 所示。需要注意的是，这里显示的是经过小程序框架编译处理后的脚本程序；源程序被包含在 define 函数中。

③　"Network"（网络）面板：在这个面板中，可以看到当前程序运行过程中各类数据的大小与请求时间，如图 11-23 所示。

④　"Security"（安全）面板：通过该面板，开发者可以调试当前页面的安全和认证等问题，

并确保是否已经在小程序所需的 Web 服务器上正确地部署了 SSL 证书（使用 HTTPS 协议）。

图 11-22　"Sources" 面板

图 11-23　"Network" 面板

⑤ "AppData"（应用数据）面板：该面板中显示的是当前运行的页面中涉及的数据，如图 11-24 所示，用户可以在该面板中实时修改这些数据，并通过模拟器观察相应的运行结果。

图 11-24　"AppData" 面板

⑥ "Audits"（体验评分）面板：开发者单击"开始检查"按钮后，微信开发者工具能够在小程序运行过程中进行实时检查，并分析出一些可能导致用户体验不佳的地方，定位出问题的位置，给开发者提出一些优化建议，如图 11-25 所示。

图 11-25　"Audits" 面板

注意：

以上功能需要基础库切换到 2.2.0 以上版本才能正常使用，否则会出现如图 11-26 所示的提示框。

图 11-26　提示框

切换基础库的步骤如下。

- 单击"工具"菜单下面的"项目详情"，打开详情面板；
- 在详情面板中单击"本地设置"，再单击"调试基础库"右边的下拉列表框，即可选择不同的基础库，如图 11-27 所示。

图 11-27　切换基础库

⑦ "Sensor"（传感器）面板：该面板有两个功能，一个是通过设置经度和纬度的值，改变模拟器对应的地理位置（Geolocation），另一个是通过鼠标指针的拖曳来改变面板中手机的摆放位置（Orientation），改变 X、Y、Z 三个坐标轴的值，让模拟器以此为依据模拟重力感应，如图 11-28 所示。

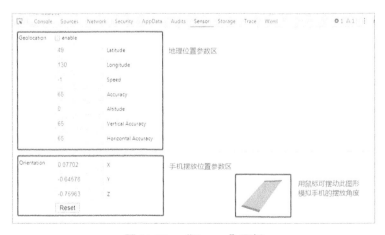

图 11-28　"Sensor"面板

⑧ "Storage"（存储）面板：如果当前项目通过 wx.setStorage 或 wx.setStorageSync 进行数据存储操作，那么"Storage"面板中将显示出所存储的数据列表。

如图 11-29 所示的小程序的程序使用 wx.setStorageSync 方法将用户登录的时间戳存储在 logs 数组中。

```
app.js                    ×
1    //app.js
2    App({
3      onLaunch: function () {
4        // 展示本地存储能力
5        var logs = wx.getStorageSync('logs') || []
6        logs.unshift(Date.now())
7        wx.setStorageSync('logs', logs)
8
9        // 登录
10       wx.login({
11         success: res => {
12           // 发送 res.code 到后台换取 openId, sessionKey, unionId
13         }
14       })
```

图 11-29　使用 wx.setStorageSync 方法进行数据存储操作

编译运行图 11-29 中的程序后，在"Storage"面板中将看到如图 11-30 所示的内容。

Console	Sources	Network	Security	AppData	Audits	Sensor	Storage	Trace	Wxml	△ 2

Current Size : 263.00 B

Key	Value	Type
logs	▼ Array (12)	Array
	0: 1571971812361	
	1: 1571971745184	
	2: 1571971738191	
	3: 1571971498939	
	4: 1571971241191	
	5: 1571971201186	
	6: 1571971126432	
	7: 1571971096500	
	8: 1571971080048	
	9: 1571971075426	
	10: 1571969091513	
	11: 1568710108696	
	length: 12	

图 11-30　"Storage"面板

⑨ "Wxml"（标签）面板：该面板中显示的是当前页面运行时生成的全部 WXML 标签结构以及相应的 WXSS 属性，如图 11-31 所示。开发者可以在该面板中实时修改 WXSS 属性，并在模拟器中实时观察效果。还可以使用面板左上角的选择器按钮，通过选择模拟器中的组件，快速地找到对应的 WXML 程序。

图 11-31　"Wxml"面板

第 12 讲　小程序 Hello World

本讲的内容主要是通过实现一个简单的小程序项目来初步熟悉小程序的框架体系。

本讲涉及的主要内容有：

（1）小程序的文件管理；

（2）数据的本地存储与读取；

（3）WXML 中的组件与数据的绑定；

（4）WXML 与 WXSS 的绑定；

（5）WXML 与 JS 的绑定；

（6）小程序的运行过程；

（7）小程序的测试方法。

 ## 12.1　新建小程序项目

（1）打开微信开发者工具，使用手机端微信的"扫一扫"工具，扫描微信开发者工具的登录二维码（见图 12-1）。

图 12-1　微信开发者工具的登录二维码

（2）单击"小程序"窗格中的"+"，如图 12-2 所示，新建一个小程序项目。

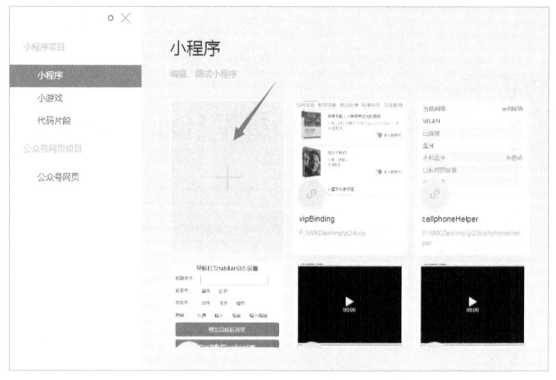

图 12-2　单击"小程序"窗格中的"+"

（3）单击"新建项目"，在"项目名称"文本框中输入"HelloWorld"，单击"目录"下拉
列表按钮选择项目的存储路径，单击"AppID"文本框下的"测试号"，系统自动生成相应内
容，如图 12-3 所示。

图 12-3　填写"新建项目"下的信息

（4）单击图 12-3 中的"新建"按钮，完成 Hello World 小程序项目的新建工作。Hello World
小程序项目的工作窗口如图 12-4 所示。

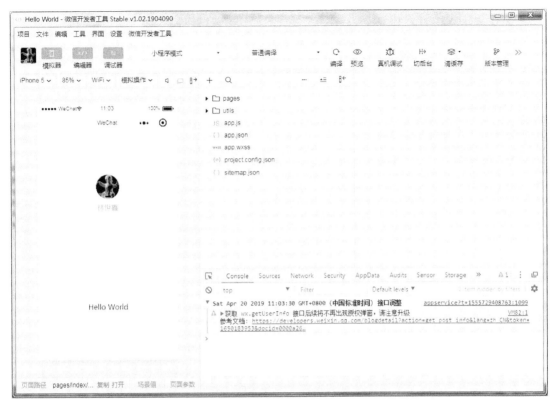

图 12-4　Hello World 小程序项目的工作窗口

　　微信开发者工具会自动为每一个新建的项目搭建一个基础的框架。微信开发者工具在这个基础框架里，会自动获取用户微信的基础信息、记录用户每次登录小程序的时间，并在用户信息下端显示"Hello World"。

　　在模拟器中单击用户头像，就可以看到用户历次登录小程序的时间，如图 12-5 所示。

图 12-5　用户登录小程序的时间列表

12.2　程序运行的过程分析

　　Hello World 小程序项目包含两个页面，一个是首页（index），即小程序默认首先显示的页面；另一个是登录日志页（logs）。

　　首页用于显示当前登录的微信开发者工具用户的头像、昵称，并显示"Hello World"。用户单击头像，即可进入登录日志页，登录日志页用来显示用户历次登录软件的时间。

12.2.1 Hello World 小程序的文件目录结构

（1）展开微信开发者工具中的文件目录后，可以看到"Hello World"小程序项目的文件目录结构，如图 12-6 所示。

图 12-6 Hello World 小程序项目的文件目录结构

由图 12-6 可知，"pages"目录包含两个目录，即"index"目录与"logs"目录，这两个目录分别是小程序的首页与登录日志页对应的目录，与两个页面相关的文件全部被归类到相应的目录中。

除上述目录外，还有几个独立存在的文件 app.js、app.json 与 app.wxss，这些文件是整个小程序项目的全局性文件。

每个页面的目录下都包含四个不同类型的文件，即.js、.json、.wxml 与.wxss，它们的内容与作用如表 12-1 所示。

表 12-1 JS、JSON、WXML 与 WXSS 文件的内容与作用

文 件 名	是否必需	内容与作用
Page.js	是	程序文件，页面的全部功能程序均在这个文件中编写、保存
Page.json	否	配置数据文件，关于页面定义的数据用 JSON 格式保存在这里
Page.wxml	是	结构文件，保存了页面显示的内容对应的 WXML 程序
Page.wxss	否	样式文件，保存了页面各个 WXML 组件使用的 WXSS 样式表

app.js、app.json、app.wxss 文件的内容与作用如表 12-2 所示。

表 12-2 app.js、app.json、app.wxss 文件的内容与作用

文 件 名	是否必需	内容与作用
app.js	是	小程序的全局性功能程序均在这个文件中编写、保存
app.json	是	配置数据文件，保存全局性的设置数据
app.wxss	否	结构文件，保存小程序全局性的外观样式

除此之外，开发者还可以根据具体需要增加一些目录及必需的文件。例如，图 12-6 中的"utils"目录及其下面的"utils.js"并不是小程序页面的组成文件，但它的程序是公共的，其他

页面的 JS 文件都可以复用其中的程序。

（2）小程序从 app.js 文件开始运行，该文件的程序如下。

```
//app.js
App({
  onLaunch: function () {
    // 展示本地存储能力
    var logs = wx.getStorageSync('logs') || []
    logs.unshift(Date.now())
    wx.setStorageSync('logs', logs)

    // 登录
    wx.login({
      success: res => {
        // 登录成功的程序语句
      }
    })
    // 获取用户信息
    wx.getSetting({
      success: res => {
        if (res.authSetting['scope.userInfo']) {
          // 已经授权，可以直接调用 wx.getUserInfo 接口获取头像昵称
          wx.getUserInfo({
            success: res => {
              // 可以将 res 发送给后台，解码出 unionId
              this.globalData.userInfo = res.userInfo

              // 由于 getUserInfo 是网络请求，可能在 Page.onLoad 返回之后才返回
              // 所以此处加入 callback 来防止这种情况的发生
              if (this.userInfoReadyCallback) {
                this.userInfoReadyCallback(res)
              }
            }
          })
        }
      }
    })
  },
  globalData: {
    userInfo: null
  }
})
```

app.js 文件通过一个 App 主体函数来控制整个小程序的逻辑流程，这个主体函数中包含整个小程序的生命周期函数及开发者自定义的函数。例如，Hello World 小程序项目的 app.js 文件中就包含一个小程序的生命周期函数 onLaunch()，这是一个在小程序初始化完成时执行的函数，而且只执行一次。

小程序的其他生命周期函数的功能及执行时机如表 12-3 所示。

表 12-3　小程序的其他生命周期函数的功能及执行时机

函　数　名	功　　能	执　行　时　机
onLaunch	监听小程序的初始化	在小程序初始化完成时执行，只执行一次
onShow	用于监听小程序的显示	当小程序开始启动或者从后台运行转为前台运行时，就会执行这个函数中的语句
onHide	用于监听小程序的隐藏	当小程序从前台运行转向后台运行时，就会触发这个函数
onError	错误监听函数	当小程序出错时，就会触发该函数中的语句

app.js 文件中还有一个全局数据项 globalData，globalData 中只有一个 userInfo 数据项用来存储用户的信息，其默认值为 null。

（3）app.json 文件中保存的是关于小程序的全局性配置数据，其 JSON 数据包的内容如下。

```json
{
  "pages": [
    "pages/index/index",
    "pages/logs/logs"
  ],
  "window": {
    "backgroundTextStyle": "light",
    "navigationBarBackgroundColor": "#fff",
    "navigationBarTitleText": "WeChat",
    "navigationBarTextStyle": "black"
  },
  "sitemapLocation": "sitemap.json"
}
```

由上述程序可知，app.json 文件包含三个字段，其名称与作用如下。

pages：数组，声明了小程序所有页面对应文件的路径。凡是后面开发时增加的页面，都必须在这个数组中加入相应的路径，否则将导致页面无法被识别，从而出错。

window：对象，声明了小程序窗口的各项属性。

sitemapLocation：数据项，用于配置小程序及其页面是否允许被微信索引。

app.json 文件中还配置了一些关于小程序项目的界面属性，如 tabBar 菜单。

（3）app.wxss 文件中保存的是小程序的外观样式程序，这与 CSS 的作用是相同的，语法上也与 CSS 非常相似。

12.2.2　Hello World 小程序项目的运行分析

（1）单击微信开发者工具的"普通编译"下拉列表，在下拉列表中单击"添加编译模式"选项，如图 12-7 所示。

在弹出的"自定义编译条件"对话框（见图 12-8）中，可以看到小程序默认从 index 页面开始启动。开发者可以通过这个对话框修改启动页面。

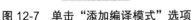

图 12-7　单击"添加编译模式"选项　　　　图 12-8　"自定义编译条件"对话框

如果小程序的页面较多，在进行单个页面的效果测试时，可以通过图 12-8 中的对话框为需要测试的页面增加一个单独的编译模式，从而实现小程序在该模式下直接打开测试页，而不必每次都从 index 页面开始启动。

（2）当 Hello World 小程序打开时，先运行 app.js 文件中的程序，将当前的日期时间写入本地存储的 logs 数组中。然后获取用户的微信信息，并把这些信息写入 JSON 数据的 userInfo 字段。

然后装载启动 index 页面，运行 index.js 文件中的程序。这个文件中的程序由以下几部分组成。

① 数据对象部分，程序如下。

```
data: {
  motto: 'Hello World',
  userInfo: {},
  hasUserInfo: false,
  canIUse: wx.canIUse('button.open-type.getUserInfo')
},
```

data 数据中包含 motto（格言）字段、userInfo（用户信息）字段、hasUserInfo（是否准备好用户信息）字段、canIUse（是否可用）字段。

② 页面跳转函数 bindViewTap()，通过该函数使页面跳转到 logs 目录下的 logs 页面，程序如下。

```
//事件处理函数
bindViewTap: function() {
  wx.navigateTo({
    url: '../logs/logs'
  })
},
```

③ 装载监听函数 onload()，该函数有三个条件分支，简单分析如下。

首先判断小程序的全局文件 app.js 文件中的程序中的 globalData 对象中的 userInfo 字段是否有数据，如果有数据，则说明用户信息已成功返回，将这些数据发送到 index.js 文件下的程序中的 data 对象中的 userInfo 字段中，并把 hasUserInfo 字段的值设置为 true，程序如下。

```
onLoad: function () {
  if (app.globalData.userInfo) {
    this.setData({
      userInfo: app.globalData.userInfo,
      hasUserInfo: true
    })
  }
```

如果上述分支条件不成立，则说明用户信息未成功返回，则执行第二个条件分支，即定义一个 userInfoReadyCallback 函数，将用户信息保存到 app.globalData.userInfo 中，并将用户数据赋给 Index 页面 data 对象中的 userInfo 和 hasUserInfo，程序如下。

```
else if (this.data.canIUse){
    // 由于 getUserInfo 是网络请求，可能会在 Page.onLoad 之后才返回
    // 所以此处加入 Callback，以防止发生这种情况
    app.userInfoReadyCallback = res => {
        this.setData({
            userInfo: res.userInfo,
            hasUserInfo: true
        })
    }
}
```

如果以上两个分支的条件都不成立，则说明还未获取用户的微信信息，所以没有数据返回。这时调用 wx.getUserInfo 接口，获取用户信息，并对相关数据进行赋值、保存的操作，程序如下。

```
else {
    // 没有 open-type=getUserInfo 版本的兼容处理
    wx.getUserInfo({
        success: res => {
            app.globalData.userInfo = res.userInfo
            this.setData({
                userInfo: res.userInfo,
                hasUserInfo: true
            })
        }
    })
},
```

app.js 文件与 inde.js 文件之间的逻辑流程如图 12-9 所示。

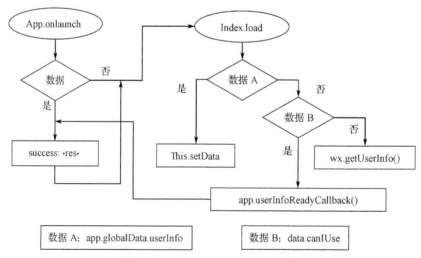

图 12-9 app.js 与 inde.js 之间的逻辑流程

④　运行完 Index.js 文件下的程序后，data 中的数据将被显示在 index 页面的相关组件中。

如果（1）中的 hasUserInfo 值为 false，canIUse 值为 true，则说明用户信息还没获取成功，显示一个"获取头像昵称"的<button>按钮组件；否则，用一个<image>图像组件显示用户头像，用一个<text>文本组件显示用户的昵称，相应的 index.wxml 文件下的程序如下。

```
<button wx:if="{{!hasUserInfo && canIUse}}" open-type="getUserInfo" bindgetuserinfo="getUserInfo"> 获取头像昵称
</button>
      <block wx:else>
        <image bindtap="bindViewTap" class="userinfo-avatar" src="{{userInfo.avatarUrl}}" mode="cover">
</image>
        <text class="userinfo-nickname">{{userInfo.nickName}}</text>
      </block>
```

从上述程序中可以看出，如果需要在某个组件中显示 JS 文件中的 page 对象和 data 对象的某个字段数据，则是在组件的标签中使用{{}}嵌入字段名，格式如下。

```
<标签名>{{字段名}}</标签名>
```

例如：

```
<text class="userinfo-nickname">{{userInfo.nickName}}</text>
```

这里的 userInfo 是 index.js 中的 data 对象中的一个字段。这个字段中保存的是一组关于用户信息的数据，nickName 是其中的"昵称"项。

标签中有四个属性（bindtap、class、src、mode）的含义与作用如下所述。

- bindtap：事件绑定，用来给组件绑定一个函数，当用户操作这个组件时，会触发该函数。该函数写在 index.js 文件中。
- class：外观样式表，指定该组件使用的 WXSS 样式类名，该类的定义程序保存在页面的 WXSS 文件中。例如，userinfo-avatar 定义的程序：

```
.userinfo-avatar {
    width: 128rpx;
    height: 128rpx;
    margin: 20rpx;
    border-radius: 50%;
}
```

- src：图像的路径，这是<image>图像组件必不可少的属性，此处因为用户头像的路径保存在 userInfo 中，所以用{{userInfo.avatarUrl}}嵌入指定。
- mode：模式，用来指定图像显示时的剪裁、缩放模式。

index.wxml 文件中还使用了一个<text>文本组件，以显示 motto 字段的内容，程序如下。

```
<view class="usermotto">
  <text class="user-motto">{{motto}}</text>
</view>
```

　注意：

<view>是视图容器组件，允许包含多个其他组件；<text> 是文本组件，用来显示文本内容。

⑤　logs.js 文件中包含一个数据对象 data，data 的内容是本地存储中的 logs 数组；还包含一个 onLoad()函数，程序如下。

```
Page({
  data: {
    logs: []
  },
  onLoad: function () {
    this.setData({
      logs: (wx.getStorageSync('logs') || []).map(log => {
        return util.formatTime(new Date(log))
      })
    })
  }
})
```

上述程序的功能是将本地存储的 logs 值赋给 data 对象中的 logs 数组，然后将这个数组中的每个数据元素格式化为 formatTime()函数定义的格式，并存放在 log 对象中。

⑥ logs.wxml 文件中的程序如下。

```
<!--logs.wxml-->
<view class="container log-list">
  <block wx:for="{{logs}}" wx:for-item="log">
    <text class="log-item">{{index + 1}}. {{log}}</text>
  </block>
</view>
```

<block>标签通过 wx:for 属性绑定了 logs 数组，使<block>变成一个可以根据数组元素的多少而重复显示的组件。它的效果相当于程序设计中的遍历循环。

```
Foreach(logs as $index=>$log)
{
  <text> $index+1.$log</text>
}
```

在 Hello World 小程序项目中，每个数组的下标名默认是 index，数组当前元素的变量名默认为 item。

logs 页面内容如图 12-10 所示。

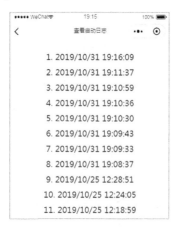

图 12-10　logs 页面内容

12.3 显示当前日期时间

本节通过一个案例，来体验一下小程序的开发。

案例的内容是在 index 页面中增加一个"显示日期时间"按钮，当用户单击该按钮时，跳转到 datetime 页面，并在该页面显示系统当前的日期时间。

（1）在微信开发者工具中打开 index.wxml 文件，完成以下操作。

① 在 Hello World 视图容器前面添加一个<view>视图容器组件，<view>视图容器组件应用的 WXSS 样式名为"datetime"。

② 在<view>视图容器组件中添加一个 button 按钮，按钮上的文字为"显示日期时间"，并绑定一个 showTime 事件函数，具体程序如下。

```
<!--以下为新增程序-->
  <view class='datetime'>
    <button bindtap='showTime'>显示日期时间</button>
  </view>
  <!--hello world 视图容器-->
  <view class="usermotto">
    <text class="user-motto">{{motto}}</text>
  </view>
```

（2）打开 index.wxss 文件，增加一个新的 WXSS 样式表 datetime，程序如下。

```
datetime{
    margin-top: 30px;
}
```

（3）打开 index.js 文件，在页面生命周期函数 onload()之前新增一个事件处理函数 showTime，程序如下。

```
//事件处理函数（跳转显示日期时间)
showTime:function(){
    wx.navigateTo({
        url: '../datetime/showTime',
    })
},
```

 注意：

wx.navigateTo 是小程序的一个接口，它的作用是从当前页面跳转到接口的 URL 参数指定的页面。

完成以上步骤后，将所有的程序文件保存。可以看到在模拟器中 index 页面效果如图 12-11 所示。

（4）在微信开发者工具的文件目录窗格中，右击"pages"，在弹出的快捷菜单中选择"新建目录"命令，然后将新目录命名为"datetime"，如图 12-12 所示。

（5）右击"datetime"目录，在弹出的快捷菜单中分别选择"新建 JS""新建 WXML""新建 WXSS"，建立三个新文件，将三个新建的文件分别命名为 showTime.js、showTime.wxml 与

showTime.wxss，如图 12-13 所示。

图 12-11 在模拟器中 index 的页面效果 图 12-12 新建目录"datetime" 图 12-13 datetime 目录结构

（6）打开 app.json 文件，在 pages 对象中，增加 showtime 页面的注册路径，程序如下。

```
"pages": [
    "pages/index/index",
    "pages/logs/logs",
    "pages/datetime/showTime",
  ],
```

（7）打开 showTime.js 文件，编写显示当前日期时间的程序，程序如下。

```
//日期时间显示页
//包含日期格式化函数
const util = require('../../utils/util.js')
Page({

  /* 页面的初始数据  */
  data: {
    now:null
  },
  //在载入时，设置页面的初始化数据，now 为当前的日期时间
  onLoad: function () {
    this.setData(
      {
        now:util.formatTime(new Date)
      }
    )
  },
})
```

（8）打开 showTime.wxml 文件，添加一个<view>视图容器组件，应用的 WXSS 样式为 showtime，在<view>视图容器组件中添加一个<text>文本组件，显示数据 now，程序如下。

```
<!-->showTime.wxml-->
<view class='showtime'>
  <text>现在是：{{now}}</text>
</view>
```

（9）打开 showTime.wxss 文件，添加一个样式表 showtime，程序如下。

```
/**showTime.wxss**/
.showtime
{
    margin-top: 20px;
    margin-left:20%;
    font-size: 14pt;
    color:chocolate;
}
```

（10）保存并编译程序，单击模拟器中的"显示日期时间"按钮，showTime 页面效果如图 12-14 所示。

图 12-14　showTime 页面效果

 ## 12.4　改变小程序的外观

小程序的外观，是指小程序在运行时整个小程序窗口的视觉效果。小程序的外观可以通过全局级的配置数据（window）来设置，这些数据保存在 app.json 文件中。通过修改 app.json 文件配置的窗口外观对全部页面有效。

可以为每个页面配置各自不同的窗口外观，配置程序保存在各个页面的 JSON 文件中。

当各个页面的配置项与 app.json 文件中的 window 配置项重复时，页面的配置会覆盖 window 中相同的配置项。

（1）打开 app.json 文件，可以看到 window 对象中已经有四个属性配置项了，程序如下所示。

```
"window": {
    "backgroundTextStyle": "light",
    "navigationBarBackgroundColor": "#fff",
    "navigationBarTitleText": "WeChat",
    "navigationBarTextStyle": "black"
},
```

window 配置项的含义如表 12-4 所示。

表 12-4　window 配置项的含义

属 性 名	类 型	含 义 描 述
navigationBarTextStyle	字符串	导航栏标题颜色，值为 black / white
navigationBarBackgroundColor	十六进制颜色值	导航栏背景颜色
navigationBarTitleText	字符串	导航栏标题文字内容
backgroundTextStyle	字符串	下拉刷新页面时的文字样式，值为 dark/ light

（2）修改 window 的各个配置项的值，使导航栏的背景变为蓝色，导航栏的标题文字为"世界您好"，标题文字的颜色为白色，修改后的程序如下所示。

```
"window": {
    "backgroundTextStyle": "dark",
    "navigationBarBackgroundColor": "#00f",
    "navigationBarTitleText": "世界您好",
    "navigationBarTextStyle": "white"
},
```

window 配置修改前与修改后的界面外观分别如图 12-15 和图 12-16 所示。

图 12-15　window 配置修改前的界面外观

图 12-16　window 配置修改后的界面外观

（3）打开 showTime.json 文件，修改程序，将页面的导航标题栏背景设为黄色（#FF0），标题文字设为"时间页面"，窗口的背景颜色设为浅黄色（#FFFFBF），标题文字的颜色为黑色，具体程序如下。

```
{
    "navigationBarBackgroundColor":"#FF0",
    "navigationBarTitleText": "时间页面",
    "backgroundColor":"#FFFFBF",
    "navigationBarTextStyle":"black"
}
```

保存编译上述文件后，showTime 页面的外观如图 12-17 所示。

图 12-17　编译后 showTime 页面的外观

12.5　小程序的测试

无论是开发过程中，还是开发完成后，对小程序进行测试都是必不可少的。

测试小程序有四种方案：模拟器、手机预览、真机调试与多账号调试。

1．方案一：模拟器

微信开发者工具中的手机模拟器是测试小程序最常用的工具，它可以模拟小程序在手机端真实的逻辑表现，能展示大部分 API 的状态。

2．方案二：手机预览

如果需要在微信的手机端测试小程序，可以使用微信开发者工具中的"预览"功能，具体方法有如下两种。

（1）按下预览快捷键（默认是"Shift"＋"Ctrl"＋"P"），这时如果微信开发者工具的登录者的手机微信处于运行状态，那么小程序将自动编译上传，手机端的微信将自动唤出小程序或刷新小程序。

如果预览成功，那么工具栏上的 ◉ 图标将会变成为 ◉；如果预览出错，那么会显示为 ◉（择优使用），单击该图标可查看详情。

（2）单击"预览"按钮，弹出"预览"对话框，小程序上传完成后，将产生一个二维码，如图 12-18 所示。

用手机端微信的"扫一扫"工具扫描二维码，即可在手机中测试小程序，也可以单击图 12-19 中的"自动预览"选项卡，然后单击"自动预览"对话框中的"编译并预览"。此时，如果登录者的手机微信处于运行状态，那么将自动唤出小程序或刷新小程序。

图 12-18　小程序的预览二维码

图 12-19　小程序自动预览操作面板

3．方案三：真机调试

真机调试的功能也是使小程序在手机上测试运行，但与手机预览不同的是，真机调试能够通过网络与微信开发者工具连接，把小程序运行过程中的各种数据与状态反馈到微信开发者工具的调试面板上。

单击微信开发者工具上的"真机调试"按钮，弹出"真机调试"对话框，小程序将自动编译上传，并产生一个二维码，此时使用手机端微信的"扫一扫"工具扫描该二维码后，将唤出小程序。手机端的真机调试效果如图 12-20 示。

图 12-20　手机端的真机调试效果

此时微信开发者工具弹出"真机调试"窗口，如图 12-21 所示。

图 12-21　"真机调试"窗口

在"真机调试"窗口的"Console"面板中可以输入调试程序，并输出调试结果。"真机调试"窗口右侧的信息窗格主要用于显示当前的手机与网络连接的信息，其包括以下几栏内容。

手机信息栏：用于展示手机的型号、系统、微信版本等信息，以及信息的往返耗时，耗时越短，表示微信开发者工具与手机通信越流畅，如图 12-22 示。

"连接信息"栏：用于显示微信开发者工具与微信服务器的连接信息，当连接状态为"已结束"时，表明调试已被终止，断开微信开发者工具与手机端的连接。"连接信息"栏如图 12-23 示。

"警告和错误"栏：用于显示最近发生的错误和警告信息，如果没有错误与警告信息，则不显示本栏。"警告和错误"栏如图 12-24 示。

图 12-22　手机信息栏

图 12-23　"连接信息"栏

图 12-24　"警告和错误"栏

单击"真机调试"窗口右下角的"结束调试"按钮，真机调试将结束，手机端的小程序退出运行。

4．方案四：多账号调试

由于微信开发者工具是需要用微信登录的，登录的账号在微信开发者工具中作为主账号，主账号创建的小程序项目只有主账号对应的微信用户才能测试与调试，其他微信账号即使在同一个微信开发者工具登录，也无法对小程序进行调试。

如果一个项目需要多个账号共同完成或调试，那么就需要给小程序添加多个开发者，具体步骤如下。

（1）打开浏览器，登录微信公众平台，小程序后台管理首页如图 12-25 示。

图 12-25　小程序后台管理首页

（2）单击"添加开发者"按钮，进入"成员管理"页面，如图 12-26 示。

图 12-26　"成员管理"页面

（3）单击图 12-27 中的"项目成员"右边的"编辑"按钮，弹出"添加成员"面板，如图 12-27 示。

图 12-27　"添加成员"面板

（4）单击"添加成员"，跳转到"添加用户"页面，如图 12-28 所示，在"添加用户"页面中填写合作开发者的微信号，根据分工需要，勾选其权限。

图 12-28　"添加用户"页面

（5）单击页面下方的"确认添加"按钮，弹出二维码，使用小程序的管理员的微信扫描二维码。添加完成后，小程序的"项目成员"列表中将出现新添的合作者的微信头像、昵称与权限信息，如图 12-29 所示。

图 12-29　"项目成员"列表

完成以上操作后，新添的合作用户就具备了小程序的开发、调试权限。

第13讲　获取用户的微信信息

本讲将在前面的基础上继续学习小程序开发，使读者深入熟悉小程序体系框架中逻辑层（C）、数据层（M）、视图层（V）之间的联系与应用，并初步接触小程序端与服务器端之间的数据交互。

本讲的案例是在 Hello World 小程序的基础上增加一个"我的信息"按钮，单击该按钮，可以获取用户的微信信息，并在"我的信息"页面上显示。

本讲涉及的主要内容有：

1. wx.getUserInfo 接口；
2. wx.request 接口；
3. wx.login 接口；
4. 用户信息的中英文显示切换；
5. AppID 与 AppSecret 的获取；
6. 小程序端与服务器端的数据交互。

13.1　用户信息的数据格式

Hello World 小程序通过 wx.getUserInfo 接口可以获取用户的微信信息，并且显示用户的微信头像与昵称。实际上，用户的微信信息还包括 OpenID、性别、所在地区等，这些信息用 JSON 数据包保存并通过各类接口进行传输。

（1）打开小程序开发文档，相应的 URL 如下：

https://developers.weixin.qq.com/miniprogram/dev/index.html

（2）单击小程序开发文档二级分类导航栏中的"API"，如图 13-1 所示。

指南	框架	组件	API	服务端	工具	云开发	扩展能力	更新日志

图 13-1　小程序开发文档导航栏

（3）单击"API"页面的左窗格将显示 API 的分类树，其中共有 16 个接口分类，分别是基础、路由、界面、网络、数据缓存、媒体、位置、转发、画布、文件、开放接口、设备、worker、第三方平台、WXML、广告，每一类接口下面又有若干小分类。

单击"开放接口"下拉列表，从"用户信息"选项中可以看到有两个选项，即"wx.getUserInfo"

与"UserInfo",如图 13-2 所示。

图 13-2 "开放接口"下拉列表

(3)单击"wx.getUserInfo"选项,进入 wx.getUserInfo 接口介绍页可以看到关于该接口的用法的详细介绍,其中包含用户信息的 JSON 数据包的程序如下。

```
{
    "openId": "OPENID",
    "nickName": "NICKNAME",
    "gender": GENDER,
    "city": "CITY",
    "province": "PROVINCE",
    "country": "COUNTRY",
    "avatarUrl": "AVATARURL",
    "unionId": "UNIONID",
    "watermark": {
        "appid": "APPID",
        "timestamp": TIMESTAMP
    }
}
```

JSON 数据包中各字段的含义与说明如表 13-1 所示。

表 13-1 JSON 数据包中各字段的含义与说明

字 段 名	含 义	说 明
openId	用户的 OpenID	每个用户的 OpenID 对于每个小程序是唯一的,可作为身份的凭证
nickName	昵称	
avatarUrl	用户头像图片的 URL	URL 的最后一个数值代表正方形头像的大小(可选数值有 0、46、64、96、132,默认值为 132)
gender	用户性别	0 为未知值,1 为男,2 为女
country	国家	
province	省份	
city	城市	

13.2　用户信息数据的显示

13.2.1　打开项目

（1）打开微信开发者工具，使用小程序的管理者的微信扫描二维码，登录成功以后，在窗口的"小程序"项目列表中选择第 12 讲建立的 Hello World 小程序项目，如图 13-3 所示。

图 13-3　"小程序"项目列表

（2）单击"小程序"窗口右下角的"打开"按钮，打开 Hello World 小程序项目，如图 13-4 所示。

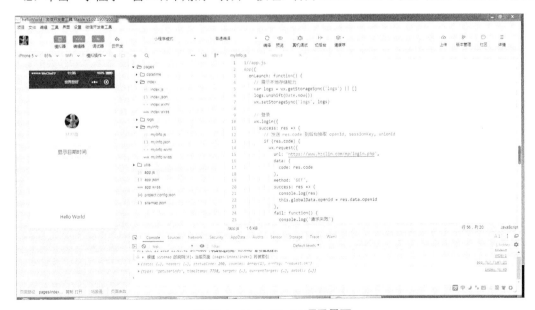

图 13-4　Hello World 项目界面

13.2.2 新页面与数据准备

（1）在文件目录区窗格中右击"pages"目录，在弹出的快捷菜单中单击"新建目录"选项，将新建的目录命名为"myInfo"，如图 13-5 所示。

（2）确保"myInfo"目录的图标处于打开状态，如果处于关闭状态，单击该目录即可。

右击"myInfo"目录，在弹出的快捷菜单中单击"新建 page"选项，将新建的文件命名为"myInfo"，微信开发者工具将在"myInfo"目录下自动补齐"myInfo.js""myInfo.json""myInfo.wxml""myInfo.wxss"四个文件，如图 13-6 所示。

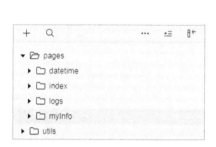

图 13-5　新建目录"myInfo"

图 13-6　　"myInfo"页面文件结构

（3）打开小程序的全局性配置文件 app.json，可以看到 pages 数组中已自动写入了 myInfo 页面文件，程序如下。

```
"pages": [
    "pages/index/index",
    "pages/logs/logs",
    "pages/datetime/showTime",
    "pages/myInfo/myInfo"
],
```

　注意：

使用"新建 page"选项新建小程序页面时，只需输入页面文件的名字，不需输入后缀名，微信开发者工具会自动生成四个文件并补齐后缀名，另外，会自动在 app.json 文件中将该页面文件写入 pages 数组中。

（4）打开 myInfo.js 文件，在程序编辑区给 data 对象增加一批用来接收用户的微信信息的字段，程序如下。

```
/**
 * 页面的初始数据
 */
data: {
    openid: null,
    nickname: null,
    headimg: null,
    sex: null,
```

```
        area: null
    },
```

（5）继续在 myInfo.js 文件中编辑补齐程序，在 onLoad()函数中调用 this.setData 接口，给 data 对象的各个字段赋值，程序如下。

```
    /**
     * 生命周期函数--监听页面加载
     */
    onLoad: function(options) {
        this.setData({
            openid: app.globalData.openid,
            nickname: app.globalData.userInfo.nickName,
            headimg: app.globalData.userInfo.avatarUrl,
            area: app.globalData.userInfo.country + app.globalData.userInfo.province + app.globalData.userInfo.city
        })
        if (app.globalData.userInfo.gender == 1) {
            this.setData({
                sex: '男'
            })
        } else if (app.globalData.userInfo.gender == 2) {
            this.setData({
                sex: '女'
            })
        }
    },
```

（6）打开 myInfo.json 文件，编写 myInfo 页面的配置数据，程序如下。

```
{
    "navigationBarBackgroundColor": "#006600",
    "navigationBarTitleText": "我的信息",
    "backgroundColor": "#99FFB3",
    "navigationBarTextStyle": "white"
}
```

（7）打开 myInfo.wxml 文件，给 myInfo 页面添加用来显示用户信息的各类组件，包括一个用于显示头像的<image>图像组件，四个分别用于显示 OpenID、昵称、性别、地区的<text>文本组件。这些组件，全部包含在一个<view>视图容器组件内，程序如下。

```
<!--pages/myInfo/myInfo.wxml-->
<view class='infolist'>
    <image id='headimg' class='headimg' src='{{headimg}}'></image>
    <text id='openid' class='txt_userinfo'>{{openid}}</text>
    <text id='nickname' class='txt_userinfo'>{{nickname}}</text>
    <text id='gender' class='txt_userinfo'>{{sex}}</text>
    <text id='area' class='txt_userinfo'>{{area}}</text>
</view>
```

（8）打开 myInfo.wxss 文件，定义 myInfo 页面中各个组件的外观样式，程序如下。

```
/* pages/myInfo/myInfo.wxss */
.infolist{
    display:flex;
    align-items: center;
```

```
  flex-direction:column;
}
.headimg{
  width:100px;
  height: 100px;
  border-radius: 50%;
  margin-top: 10px;
}
.txt_userinfo{
  width:100%;
  text-align: center;
  font-size: 1rem;
  color: #444444;
  margin-top:10px;
}
```

完成以上步骤后，myInfo 页面的创建与准备工作就完成了。接下来在首页 index 中，增加一个入口，使用户能够进入 myInfo 页面。

（9）打开 index.js 文件，添加一个事件处理函数 showUserInfo()，该函数用于跳转到 myInfo 页面，程序如下。

```
//事件处理函数（跳转显示用户详细信息）
showUserInfo:function(){
  wx.navigateTo({
    url: '../myInfo/myInfo',
  })
},
```

（10）打开 index.wxml 文件，将 showUserInfo()函数与显示用户昵称的<text>文本组件绑定，单击该组件时，跳转到 myInfo 页面，程序如下。

```
<text class="userinfo-nickname" bindtap='showUserInfo'>{{userInfo.nickName}}</text>
```

13.2.3 小程序的初步测试

（1）单击微信开发者工具的"编译"按钮，模拟器中出现如图 13-7 所示效果。

（2）单击用户头像下方的昵称，页面跳转到"我的信息"页。"我的信息"页面效果如图 13-8 所示。

图 13-7　index 页面效果

图 13-8　"我的信息"页面效果

由图 13-8 可知，用户的头像、性别、地区都能正常显示，但该程序还存在两点不足，一是 OpenID 没有显示出来，依然是 null 值；二是地区信息是用英文显示的。

打开"Console"面板，可以看到一行错误提示，单击该提示，打开错误详情，可以看到 myInfo.js 文件的第 20 行出错了，如图 13-9 所示。

	Console	Sources	Network	Security	AppData	Audits	Sensor	Storage	Trace	Wxml				◎ 1 ⚠ 3	⋮	☐

```
top                        ▼   ◉   Filter                Default levels ▼                                        2 hidden   ⚙

◎ ▼Setting data field "openid" to undefined is invalid.                                                              VM96:1
    console.error          @ VM96:1
    T                      @ WAService.js:1
    (anonymous)            @ WAService.js:1
    value                  @ WAService.js:1
    onLoad                 @ myInfo.js:20
    (anonymous)            @ WAService.js:1
    __callPageLifeTime__   @ WAService.js:1
    Ct                     @ WAService.js:1
    (anonymous)            @ WAService.js:1
    It                     @ WAService.js:1
    (anonymous)            @ WAService.js:1
    (anonymous)            @ WAService.js:1
```

图 13-9　"Console"面板错误提示

小程序在获取用户的信息时，默认不包含一些加密的敏感信息，如 OpenID。如果需要包含这些信息，则需要通过 wx.login 接口，向微信服务器请求用户的敏感信息才能获得。

微信在显示用户的地区信息时，其默认值是英文，如果需要用中文显示，则需要将 lang 参数值设置为"zh_CN"。

13.2.4　获取用户的 OpenID

1．基本流程

小程序获取微信用户的 OpenID，需要经过以下几个步骤。

（1）在小程序端调用 wx.login 接口，获取一个临时的登录验证码 code。

（2）在小程序端调用 wx.request 接口，将 code 传到 Web 服务器。

（3）Web 服务器将 code 及小程序的 AppID、AppSecret 发送到微信服务器，换取用户的 session_key 与 OpenID。

（4）Web 服务器根据登录状态查询相应的 OpenID 与 session_key，返回小程序端。

获取用户的 OpenID 的流程如图 13-10 所示。

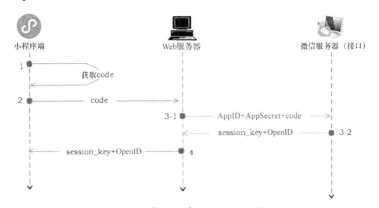

图 13-10　获取用户的 OpenID 的流程

2．小程序端实现

（1）打开全局文件 app.js，修改其中的 wx.getUserInfo 接口中的程序，使小程序在获取用户信息时，用中文显示用户信息，修改后的程序如下。

```
// 获取用户信息
wx.getSetting({
    success: res => {
        if (res.authSetting['scope.userInfo']) {
            // 已经授权，可以直接调用 wx.getUserInfo 接口获取头像昵称，不会弹出提示框
            wx.getUserInfo({
                lang: 'zh_CN',      //用中文显示用户信息
                success: res => {
                    // 将 res 发送给后台解码 unionId
                    this.globalData.userInfo = res.userInfo

                    // 由于 getUserInfo 是网络请求，可能会在 Page.onLoad 之后才返回
                    // 所以此处加入 Callback 以防这种情况发生
                    if (this.userInfoReadyCallback) {
                        this.userInfoReadyCallback(res)
                    }
                }
            })
        }
    }
})
```

（2）在 app.js 文件中继续修改 wx.login 接口中的程序，将小程序的临时验证码 code 发送到 Web 服务器，并接收 Web 服务器传回的数据包，把用户的 OpenID 保存在 globalData 对象的 openid 字段中，程序如下。

```
// 登录
wx.login({
    success: res => {
        // 发送 res.code 到微信服务器换取 OpenID、sessionKey、unionId
        if (res.code) {
            wx.request({
                url: 'https://www.hzclin.com/mp/login.php',
                data: {
                    code: res.code
                },
                method: 'GET',
                success: res => {
                    console.log(res)
                    this.globalData.openid = res.data.openid
                },
                fail: function() {
                    console.log('请求失败')
                }
            })
        } else {
            console.log('登录失败' + res.errMsg)
```

```
            }
        }
    })
```

wx.request 是小程序的一个接口，用来发起 HTTPS 网络请求，通过该请求可以向某个服务器发送数据，并接收返回的数据。wx.request 接口的相关参数与含义如表 13-2 所示。

表 13-2　wx.request 接口的相关参数与含义

参　　数	类　　型	默　认　值	必　　填	含　　义
url	字符串		是	Web 服务器的接口地址
data	字符串/对象/数组		否	请求的参数
header	对象		否	设置请求的 header，header 中不能设置 Referer。content-type 默认为 application/json
method	字符串	GET	否	HTTPS 网络请求方法
dataType	字符串	json	否	返回的数据格式
responseType	字符串	text	否	响应的数据类型
success	函数		否	接口调用成功的回调函数
fail	函数		否	接口调用失败的回调函数
complete	函数		否	接口调用结束的回调函数（无论调用成功还是失败都会执行）

3. 小程序 AppID 的获取

从图 13-10 中可以看到，要获取用户 OpenID，小程序端除需要提供 code 外，还需要提供小程序的 AppID 与 AppSecret 这两个参数的值。由于小程序的 AppID 分为正式号的 AppID 与测试号的 AppID，因此，获取小程序 AppID 的途径也有以下两种不同。

（1）正式号的 AppID 的获取。

如果小程序使用的是正式注册的 AppID，则可以在浏览器中直接登录小程序，然后单击"开发"下面的"开发设置"选项卡，即可看到小程序的"AppID"，单击"AppSecret"右边的"生成"链接，即可生成 AppSecret，如图 13-11 所示。

图 13-11　"开发设置"选项卡

（2）测试号的 AppID 的获取 。

① 在微信开发者工具上单击"测试号"按钮（见图 13-12）。

图 13-12　单击"测试号"按钮

（2）在打开的浏览器窗口中，单击"申请测试号"下面的"申请地址"链接，如图 13-13 所示。

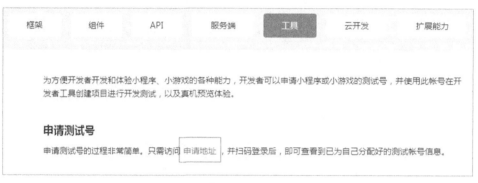

图 13-13　单击"申请地址"链接

③ 使用项目管理者的微信扫描弹出的二维码，授权登录。在打开的"测试号管理"界面中，即可看到"小程序测试号信息"（见图 13-14）。

图 13-14　"小程序测试号信息"

4．小程序服务器端的实现

（1）在 Dreamweaver 中新建一个 login.php 文件，编写 Web 服务器端的程序，该程序可以将小程序的 AppID、AppSecret 与小程序端发送过来的 code 一起打包发送到微信服务器的 auth.code2Session 接口，换取 session_key 与 OpenID。auth.code2Session 接口的 URL 如下：

https://api.weixin.qq.com/sns/jscode2session?appid=APPID&secret=SECRET&js_code=JSCODE&grant_type=authorization_code

auth.code2Session 接口的请求方式是 GET，接口中的参数及其含义如表 13-3 所示。

表 13-3 auth.code2Session 接口中的参数及其含义

参　　数	类　　型	含　　义
appid	字符串	小程序 AppID
secret	字符串	小程序 AppSecret
js_code	字符串	登录时获取的 code
grant_type	字符串	授权类型，此处填写 authorization_code

如果数据请求成功，auth.code2Session 接口将向 Web 服务器返回一个 JSON 数据包，JSON 数据包中包含的字段及其含义如表 13-4 所示。

表 13-4 auth.code2Session 接口返回的 JSON 数据包中包含的字段及其含义

字　　段	类　　型	含　　义
openid	字符串	用户唯一标识
session_key	字符串	会话密钥
unionid	字符串	用户在开放平台的唯一标识符，在满足 unionid 下发条件的情况下会返回，详见 unionid 机制说明
errcode	数值	错误码
errmsg	字符串	错误信息

login.php 文件中的程序如下。

```php
<?php
/* 小程序开发
   获取用户 OpenID
*/
    $wx=new userInfo;
    if(isset($_GET['code']))
    {
      $tmp=$_GET['code'];
      $wx->code=$tmp;
      $wx->sendCode();
    }
    class userInfo
    {
      private $appid;
      private $appsecret;
      public $code;

      function __construct()
      {
        $this->appid='wx27ead3074245c39b';
        $this->appsecret='4064081eea43a24b87cf2394eee871e8';
      }
      //发送 code、AppID、AppSecret
      public function sendCode()
      {
        $api_url="https://api.weixin.qq.com/sns/jscode2session?";
        $api_url.="appid=".$this->appid."&secret=".$this->appsecret;
        $api_url.="&js_code=".$this->code."&grant_type=authorization_code";
```

```
        $json=file_get_contents($api_url);
        echo $json;    //返回数据包
    }

    private function httpGet($url){
        $curl = curl_init();
        curl_setopt($curl, CURLOPT_RETURNTRANSFER, true);
        curl_setopt($curl, CURLOPT_TIMEOUT, 500);
        curl_setopt($curl, CURLOPT_SSL_VERIFYPEER, true);
        curl_setopt($curl, CURLOPT_SSL_VERIFYHOST, true);
        curl_setopt($curl, CURLOPT_URL, $url);
        $res = curl_exec($curl);
        curl_close($curl);
        return $res;
        }
    }

?>
```

5．程序测试

（1）将 login.php 文件上传到 Web 服务器相应的目录下，注意上传后的文件路径需与 wx.login 接口中的请求地址一致。

（2）设置小程序 Web 服务器的相关参数，使小程序端能够与 Web 服务器通信，进行数据交互。这一步，根据不同情况，选择如下不同的操作。

① 使用测试号的 AppID：在浏览器中打开"小程序测试号管理"页面，单击"可信域名"右边的"修改"按钮，配置小程序的 request 域名，如图 13-5 所示。

图 13-15　配置小程序的 request 域名

② 使用正式注册的小程序 AppID 号：登录小程序管理后台，单击页面左边的"开发"，然后在"开发设置"中设置 Web 服务器域名，如图 13-16 所示。

（3）在微信开发者工具中，打开 app.js 文件，在 globalData 字段中增加一个 openid 字段，程序如下。

```
globalData: {
    userInfo: null,
    openid: null
}
```

图 13-16　"服务器域名"界面

（4）打开 myInfo.js 文件，在页面加载函数中，对 this.setData 方法稍做修改，程序如下。

```
17        * 生命周期函数--监听页面加载
18        */
19    onLoad: function(options) {
20        this.setData({
21            openid: app.globalData.openid,
22            nickname: app.globalData.userInfo.nickName,
23            headimg: app.globalData.userInfo.avatarUrl,
```

（5）保存并编译小程序文件，可以在"Console"面板中看到成功输出的用户 session_key 与 OpenID，如图 13-17 所示。

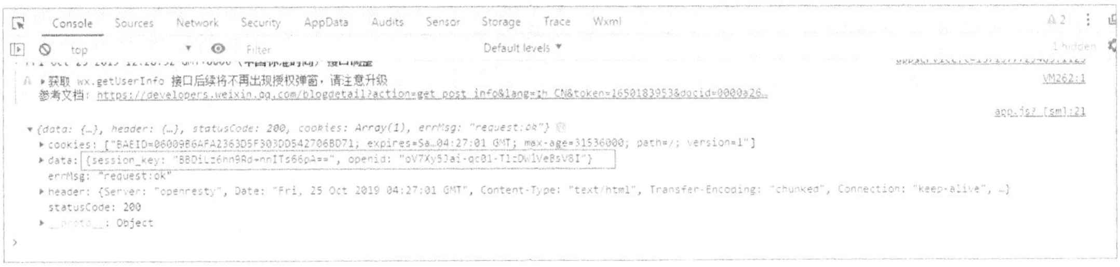

图 13-17　"Console"面板的输出结果

（6）单击模拟器中的用户昵称，"我的信息"页面效果如图 13-18 所示。

图 13-18　"我的信息"页面效果

在服务器端的 PHP 程序中，echo 语句的内容将直接输出到小程序端，并由 wx.request 接口中 success()函数的参数负责接收。

第 14 讲　购物小程序首页的 UI 设计

本讲通过实现一个购物小程序的首页 UI，来掌握小程序开发中 WXML 组件的应用，并学习与 WXSS 相关的知识。

购物小程序首页效果如图 14-1 所示。

图 14-1　购物小程序首页效果

本讲需要的素材文件，可以通过扫描右边的二维码下载。

本讲主要涉及的内容有：

（1）小程序素材资源文件的准备与管理；

（2）<scroll-view>滚动视图容器组件的应用；

（3）<view>视图容器组件的应用；

（4）<input>输入框组件的应用；

（5）<swiper>滑块组件的应用；

（6）<text>文本组件的应用；

（7）tabBar 的配置；

（8）WXSS 的布局；

（9）交互性用户界面接口的应用。

14.1　新建项目与素材准备

（1）打开微信开发者工具，新建一个小程序项目，按照如图 14-2 所示内容设置项目的相关信息。

图 14-2　设置项目的相关信息

　注意：

一个管理者的微信号只能创建一个 AppID。如果需要使用这个 AppID 创建不同的项目文件，只需把不同的项目保存到不同的目录下，并通过不同的项目名称区别即可。

（2）在微信开发者工具中，单击文件目录窗格上方的"+"按钮，在弹出的菜单中，选择"目录"选项（见图 14-3），创建一个用来保存购物小程序需要用到的各类文件资源的"files"目录（见图 14-4）。

图 14-3　通过"目录"选项添加新目录

图 14-4　创建 files 目录

（3）选中"files"目录，右击，在弹出的快捷菜单中选择"新建目录"，在"files"目录下面新建一个"image"目录，如图 14-5 所示，用来保存购物小程序要使用的图片。

图 14-5　新建"image"目录

　注意：

小程序对各种资源文件的归类与目录路径并没有统一的规则要求，但对项目的资源文件进行合理地分类存放，有助于提高文件管理的效率，是一种良好的开发习惯。

（4）选中"image"目录，右击，在弹出的快捷菜单中选择"硬盘打开"（见图 14-6），进入"image"目录的资源管理器界面（见图 14-7）。

图 14-6　通过右击菜单在硬盘打开"images"目录

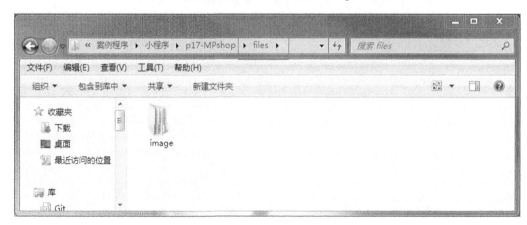

图 14-7　"image"目录的资源管理器界面

（5）将购物小程序需要用到的图片素材文件复制到"image"目录下。

图 14-8　"image"目录中的素材文件

（6）完成上述操作后，微信开发者工具中的文件目录结构如图 14-9 所示。

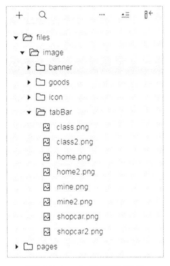

图 14-9　文件目录结构

小程序最后上线时是上传到微信服务器上的，这要求整个小程序的文件包的大小不能大于 2MB，因此小程序要使用的视频、大图片等文件通常需要存储在自己服务器上。

本节的总文件量不大于 2MB，可直接存储在购物小程序项目目录下，然后上传在微信服务器上。

14.2　页面的布局设计

购物小程序的首页由六大部分组成，即搜索栏、分类菜单栏、广告轮播栏、功能图标区、商品列表区，以及页面最底部的页面导航栏。购物小程序首页布局规划如图 14-10 所示。

实现各个内容区域的效果主要使用的 WXML 组件如下。

（1）搜索栏：<view>视图容器组件、<input>输入框组件、<text>文本组件。

（2）分类菜单栏：<text>文本组件。

（3）广告轮播栏：<swiper>滑块组件、<image>图像组件。

（4）功能图标区：<image>图像组件、<text>文本组件。

（5）商品列表区：该区域的商品较多，手机屏幕的显示范围有限，需要通过<scroll-view>滚动视图容器组件、<image>图像组件及<text>文本组件实现拖动，以显示更多内容。

（6）整个页面的内容较多，在手机中无法一次性完全显示，因此，整个页面内容需使用<scroll-view>滚动视图容器组件作为容器，使整个屏幕能够通过滚动显示更多内容。

页面导航栏的效果通在 app.json 文件中使用 tabBar 数据配置来实现。tabBar 并不是一个组件，它是通过在 app.json 中配置 tabBar 数据对象而生成的一个页面导航栏，如图 14-11 所示。

图 14-10　购物小程序首页布局规划

图 14-11　tabBar 页面导航栏效果

tabBar 相当于一个超链接栏，通过单击这些超链接按钮，可以使小程序快速切换到链接指定的页面。

14.3　页面 UI 的实现

14.3.1　内容区域布局的实现

（1）打开 index.wxml 文件，删除原来默认的程序，使用<scroll-view>滚动视图容器组件作为新的页面视图容器，程序如下。

```
<scroll-view id="container" class="container" scroll-y>
</scroll-view>
```

为了便于页面整体的布局安排，可以使用一个<view>视图容器组件作为"页面容器"，来包含页面中的其他组件。与<view>视图容器组件相比，将<scroll-view>滚动视图容器组件来作为"页面容器"的好处是：当页面的内容无法一次性全部显示时，可以通过滚动显示剩余的内容。

WXML 与 HTML5 相似，每一个组件都是由一对闭合的开始与结束标签定义的。例如，<view>与</view>配对，完成一个视图容器组件的定义。各个组件的属性名、属性值写在组件的开始标签中。

不同的组件具有的属性不完全相同，但所有的组件都有以下几个公共属性。

① ID：相当于组件的身份编码。

② class：样式类，用于指定组件要应用的 WXSS 样式表的类名称。

③ style：内联样式，用于指定组件要应用的 WXSS 属性。

④ hidden：隐藏属性，不指定该属性时，默认值为 true。

⑤ data：数据，在组件触发事件时，会将该属性的值发送给事件处理函数。

⑥ bind/catch：绑定事件，通过该属性给组件绑定一个函数，当用户对组件的动作满足条件时，触发该函数。

（2）打开 app.wxss 文件，设置 container 样式表程序，具体程序如下。

```
.container {
    height: 100vh;
    display: flex;
    flex-direction: column;
    justify-content:center;
    box-sizing: border-box;
    background-color:white;
    overflow: hidden;
    scroll-behavior:smooth;
    white-space: nowrap;
}
```

使用<scroll-view>滚动视图容器组件时，当内容的尺寸小于<scroll-view>滚动视图容器组件的尺寸时，不会出现滚动效果；当内容的尺寸大于<scroll-view>滚动视图容器组件的尺寸时，必须在 WXSS 中设置以下几个属性才能保证滚动效果的实现。

① overflow:hidden：超出<scroll-view>滚动视图容器组件范围的内容隐藏；

② scroll-behavior:smooth：平滑滚动；

③ white-space:nowrap：合并内容中的空格，且不换行。

项目的其他页面也可能需要<scroll-view>滚动视图容器组件来控制整个页面内容的显示，因此，把<scroll-view>滚动视图容器组件的 WXSS 样式表配置在 app.wxss 文件中，使该样式表能够在购物小程序的所有页面中使用。

（3）在 ID 为 container 的组件内，添加 5 对<view></view>组件。这 5 对<view></view>组件分别对应页面布局规划中的 5 个内容区，程序如下。

```
<scroll-view id="container" class="container" scroll-y>
    <view id="v_search">  </view>
    <view id="v_class">  </view>
    <view id="v_banner" class='v_banner'>  </view>
    <view id="v_icon">  </view>
    <view id='v_list'>  </view>
</scroll-view>
```

14.3.2　搜索栏的实现

（1）给 ID 为 v_search 的视图容器组件添加一个 class 属性，并给 ID 为 v_search 视图容器组件添加一个<input>输入框组件与一个<text>文本组件，程序如下。

```
<view id="v_search">
```

```
    <input id="key_input" class="txt_input" placeholder='请输入商品名称'></input>
    <text id='search_button' class='search_button'>搜索</text>
  </view>
```

（2）打开 index.wxss 文件，分别定义 v_search 样式、txt_input 样式及 search_button 样式，程序如下。

```
#v_search {
    height: 130rpx;
    width: 100%;
    background-color: white;
    align-items: center;
    display: flex;
    padding-left: 15rpx;
}

.txt_input {
    width: 600rpx;
    height: 60rpx;
    color: rgb(169, 169, 169);
    font-size: 0.9rem;
    background-color: white;
    border: 1px solid gray;
}

.search_button {
    width: 100rpx;
    height: 60rpx;
    font-size: 0.9rem;
    border: 1px solid gray;
    color: gray;
    text-align: center;
    line-height: 60rpx;
    border-radius: 10%;
    margin-left: 10rpx;
}
```

（3）将所有文件保存，并编译，模拟器中的商品搜索栏效果如图 14-12 所示。

图 14-12　商品搜索栏效果

WXSS 的全称为 WeiXin Style Sheets，是小程序开发的样式语言，用于描述 WXML 组件的外观样式，决定了 WXML 组件显示的样式。

WXSS 具有 CSS 的大部分特性，因此基本可以按照 CSS 的使用方法来使用 WXSS。为了更适合开发小程序，WXSS 对 CSS 进行了扩充及修改。

与 CSS 相比，WXSS 主要的扩充与修改有以下几个方面。

①　尺寸单位，WXSS 引入了响应式像素单位 rpx，该单位能够根据设备屏幕的宽度进行自适应。它规定，任何屏幕宽度，无论实际是多少像素，在 WXSS 中都是 750rpx。如果某台手机的屏幕宽度为 375px，换算成 rpx 也是 750rpx，其换算关系就是 1px = 2rpx。

②　使用@import 语句导入外联样式表，@import 后面是需要导入的外联样式表的相对路径，用 ";" 表示语句结束。例如，在 app.wxss 文件中导入 commen.wxss 的语句为@import "common.wxss"。

③　增加了::after 与::before 两个选择器。例如，view::after，表示在<view>视图容器组件的后面插入内容。

④　引入全局样式与局部样式的区别，定义在 app.wxss 文件中的样式为全局样式，能影响所有页面。在页面的 WXSS 文件中定义的样式为局部样式，只影响对应的页面，当页面的 WXSS文件中定义的样式与 app.wxss 文件中定义的样式冲突时，只有页面中的 WXSS 样式表起作用。

14.3.3　分类菜单栏的实现

（1）在 index.wxml 文件中的 ID 为 v_class 的视图容器组件中，添加 5 个<text>文本组件，作为分类菜单项，程序如下。

```
<view id="v_class">
    <text class='classify_current'>精选</text>
    <text class='classify'>图书</text>
    <text class='classify'>文具</text>
    <text class='classify'>服装</text>
    <text class='classify'>百货</text>
</view>
```

（2）在 index.wxss 文件中，设置 ID 为 v_class 的视图容器组件的外观样式、classify 类及classify_current 类，程序如下。

```
#v_class {
    width: 100%;
    height: 70rpx;
    background-color: white;
    display: flex;
    justify-content: space-between;
}
.classify, .classify_current {
    font-size: 1.0rem;
    width: 15vw;
    text-align: center;
    letter-spacing: 0.5vw;
    color: rgb(44, 43, 43);
    line-height: 70rpx;
    margin-left: 15rpx;
    margin-right: 15rpx;
}
.classify_current {
    border-bottom: 2px solid red;
}
```

保存编译上述文件后，小程序分类菜单栏的效果预览如图 14-13 所示。

图 14-13　小程序分类菜单栏的效果预览

在真正的项目开发中，分类菜单应该具有页面跳转或内容切换的功能，使用户能够通过菜单到达不同的商品分类。本讲的重点内容在于 UI 设计，只作界面外观上的实现，不介绍功能效果的实现。

14.3.4　广告轮播栏的实现

广告轮播栏主要使用<swiper>滑块组件来实现。<swiper>滑块组件可以实现在一个固定尺寸的区域内每隔一段时间显示不同的内容，因此常用来实现广告内容的轮播。

（1）打开 index.wxml 文件，在 ID 为 v_banner 的视图容器组件中，添加如下组件程序。

```
<view id="v_banner" class='v_banner'>
  <swiper id='ad' indicator-dots='true' autoplay='true' circular='true'>
    <swiper-item>
      <image src='../../files/image/banner/xzl.jpg'class='v_banner'></image>
    </swiper-item>
    <swiper-item>
      <image src='../../files/image/banner/cm.jpg' class='v_banner'></image>
    </swiper-item>
    <swiper-item>
      <image src='../../files/image/banner/yt.jpg' class='v_banner'></image>
    </swiper-item>
  </swiper>
</view>
```

<swiper>滑块组件必须与<swiper-item>组件结合使用，才能实现滑动轮播的效果。轮播的内容只能放置在<swiper-item>组件内，不能直接放置在<swiper>滑块组件内。

<swiper>滑块组件的参数及其含义如表 14-1 所示。

表 14-1　<swiper>滑块组件的参数及其含义

参　　　数	类　　型	默　认　值	含　　　义
indicator-dots	布尔	False	是否显示面板指示点
autoplay	布尔	False	内容是否自动切换
circular	布尔	False	首尾内容是否衔接滑动

（2）在 index.wxss 文件中定义 ID 为 v_banner 的视图容器组件的样式表，程序如下。

```
.v_banner {
  height: 300rpx;
  width: 100vw;
  margin-top: 10rpx;
}
```

（3）广告轮播栏的最终效果分别如图 14-14 和图 14-15 所示。

图 14-14　广告轮播栏最终效果一

图 14-15　广告轮播栏最终效果二

14.3.5　功能图标区的实现

WXML 没有提供表格组件，因此，在内容较多且需要按一定的行、列顺序进行规划布局时，需要一定的处理技巧。

功能图标区显示的是一行功能图标及对应的文字标签，图标通过<image>图像组件来实现，文字标签通过<text>文本组件来实现，其最终效果如图 14-16 所示。

图 14-16　功能图标区最终效果

实现如图 14-16 所示的排列效果采取的布局技巧是，将每一个图标的<image>图像组件及相应的文字标签<text>文本组件先嵌套在一个<view>视图容器组件中，形成一个组合，然后将全部组合嵌套在一个更大的<view>视图容器组件中。功能图标区布局示意图如图 14-17 所示。

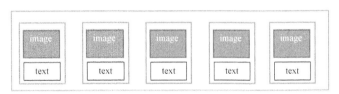

图 14-17　功能图标区布局示意图

（1）打开 index.wxml 文件，在功能图标区的 ID 为 v_icon 的视图容器组件中添加图标及文字标签的程序的具体内容如下。

```
<view id="v_icon">
    <view class='icon_item'>
        <image src='../../files/image/icon/dnhc.png' class='icon'></image>
        <text>办公</text>
    </view>
    <view class='icon_item'>
        <image src='../../files/image/icon/wj.png' class='icon'></image>
        <text>文具</text>
    </view>
    <view class='icon_item'>
```

```
        <image src='../../files/image/icon/jp.png' class='icon'></image>
        <text>礼品</text>
    </view>
    <view class='icon_item'>
        <image src='../../files/image/icon/sg.png' class='icon'></image>
        <text>水果</text>
    </view>
    <view class='icon_item'>
        <image src='../../files/image/icon/wangju.png' class='icon'></image>
        <text>玩具</text>
    </view>
</view>
```

（2）在 index.wxss 文件中定义 v_ico 样式、icon_item 类及 icon 类，程序如下。

```
#v_icon {
    background-color: white;
    width: 750rpx;
    height: 180rpx;
    display: flex;
    justify-content: space-between;
    margin-top: 10rpx;
}

.icon_item {
    font-size: 0.9rem;
    color: rgb(104, 100, 100);
    background-color: white;
    display: flex;
    flex-direction: column;
    align-items: center;
}

.icon {
    width: 100rpx;
    height: 100rpx;
    margin: 15rpx;
}
```

#v_icon 中的 display:flex 与 justify-content: space-between 的作用是使容器中的组件弹性布局且距离相等。

icon_item 中的 display:flex、flex-direction:column 及 align-items:center 三个属性的作用是使容器中的组件纵向排列（按列分布）且居中对齐。

14.3.6 商品列表区的实现

由于商品列表中的商品比较多，因此通常将商品分属到不同的类别，每个类别作为一个栏目，以便用户浏览。

另外，受手机屏幕的显示范围的限制，考虑到页面 UI 的美观性及用户体验的良好性，无法一次性将每个类别中的商品全部显示出来，一般只显示部分商品，将其他的商品信息暂时隐藏，用户可根据需要选择是否显示。

本节将商品分为两栏，分别是"水果精选"栏与"童书精选"栏，以此为例，介绍相关组件在 UI 布局中的应用。

（1）打开 index.wxml 文件，在 ID 为 v_list 的视图容器组件中，添加一个"水果精选"的视图容器组件 friut_title，用来显示栏目标题；添加一个<scroll-view>滚动视图容器组件，用来显示水果列表，程序如下。

```
<view id='v_list'>
    <view id="friut_title" class='list_title'> </view>
    <scroll-view class='list' scroll-x> </scroll-view>
```

（2）在 index.wxss 文件中，设计 v_list 样式、list_title 类及 list 类，程序如下。

```
#v_list {
    background-color: white;
    width: 750rpx;
    margin-top: 15rpx;
}


.list_title {
    font-size: 1rem;
    height: 60rpx;
    padding-left: 15rpx;
    margin-bottom: 15rpx;
    margin-top: 15rpx;
}
.list {
    width: 750rpx;
    overflow: hidden;
    margin-top: 10rpx;
}
```

（3）打开 index.wxml 文件，在 ID 为 friut_title 的视图容器组件中添加一个<view>视图容器组件作为栏目标题文字前面的 logo，并添加一个文本组件<text>，用来显示栏目标题的文字，程序如下。

```
<view id="friut_title" class='list_title'>
    <view class='li'></view>
    <text>水果精选 </text>
</view>
```

（4）打开 index.wxss 文件，设计标题文字前面的 logo 的 WXSS 样式，程序如下。

```
.li{
    width: 26rpx;
    height: 26rpx;
    border-radius: 50%;
    background:radial-gradient(palegreen,green);
    display:inline-block;
    margin-right: 20rpx;
}
```

（5）打开 index.wxml 文件，在水果列表的<scroll-view>滚动视图容器组件中，通过<view>视图容器组件、<image>图像组件与<text>文件组件显示商品的图片与相关信息。商品列表布局设计示意图如图 14-18 所示。

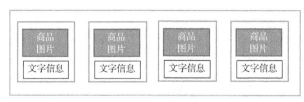

图 14-18　商品列表布局设计示意图

第一个商品的 WXML 程序如下。

```
<view class='goods'>
    <image src='../../files/image/goods/friut1.jpg' class='goods_pic'></image>
    <view class='goods_comment'>
        <text>广东香蕉</text>
        <text>产地：雷州</text>
        <text style='color:red;'>￥3.5/斤</text>
        <image src='../../files/image/goods/car.png' class='car'></image>
    </view>
 </view>
```

（6）在水果列表的<scroll-view>滚动视图容器组件中，使用同样的方法，添加其他水果的 WXML 组件，程序如下。

```
<scroll-view class='list' scroll-x>
   <view class='goods'>
<image src='../../files/image/goods/friut1.jpg' class='goods_pic'></image>
<view class='goods_comment'>
    <text>广东香蕉</text>
    <text>产地：雷州</text>
    <text style='color:red;'>￥3.5/斤</text>
    <image src='../../files/image/goods/car.png' class='car'></image>
</view>
   </view>
   <view class='goods'>
<image src='../../files/image/goods/friut2.jpg' class='goods_pic'></image>
<view class='goods_comment'>
    <text>桂味荔枝</text>
    <text>产地：惠州</text>
    <text style='color:red;'>￥15.5/斤</text>
    <image src='../../files/image/goods/car.png' class='car'></image>
</view>
   </view>
   <view class='goods'>
<image src='../../files/image/goods/friut3.jpg' class='goods_pic'></image>
<view class='goods_comment'>
    <text>糯味草莓</text>
    <text>产地：惠州</text>
    <text style='color:red;'>￥8.0/斤</text>
```

```
        <image src='../../files/image/goods/car.png' class='car'></image>
    </view>
  </view>
  <view class='goods'>
<image src='../../files/image/goods/friut4.jpg' class='goods_pic'></image>
<view class='goods_comment'>
    <text>厚肉杨梅</text>
    <text>产地：潮州</text>
    <text style='color:red;'>￥13.5/斤</text>
        <image src='../../files/image/goods/car.png' class='car'></image>
    </view>
  </view>
  <view class='goods'>
<image src='../../files/image/goods/friut5.jpg' class='goods_pic'></image>
<view class='goods_comment'>
    <text>山竹</text>
    <text>产地：福建</text>
    <text style='color:red;'>￥12.0/斤</text>
        <image src='../../files/image/goods/car.png' class='car'></image>
    </view>
  </view>
  <view class='goods'>
<image src='../../files/image/goods/friut6.jpg' class='goods_pic'></image>
<view class='goods_comment'>
    <text>红芒果</text>
    <text>产地：海南</text>
    <text style='color:red;'>￥5.0/斤</text>
        <image src='../../files/image/goods/car.png' class='car'></image>
    </view>
  </view>
  <view class='goods'>
<image src='../../files/image/goods/friut7.jpg' class='goods_pic'></image>
<view class='goods_comment'>
    <text>香水菠萝</text>
    <text>产地：徐闻</text>
    <text style='color:red;'>￥5.0/斤</text>
        <image src='../../files/image/goods/car.png' class='car'></image>
    </view>
  </view>
</scroll-view>
```

（7）打开 index.wxss 文件，设计商品列表视图类 goods、商品图片类 goods_pic、商品信息类 goods_comment，程序如下。

```
.goods {
  width: auto;
  display: inline-block;
}

.goods_pic {
  width: 150rpx;
```

```
        height: 150rpx;
        margin-left: 5rpx;
        margin-right: 5rpx;
    }

    .goods_comment {
        display: flex;
        flex-direction: column;
        font-size: 0.8rem;
        line-height: 1.2rem;
        color: rgb(148, 144, 139);
        padding: 15rpx;
        width: 160rpx;
        margin-left: 5rpx;
        margin-right: 5rpx;
    }
```

（8）按照上面的步骤，在商品列表 ID 为 v_list 的视图容器组件内，继续添加"童书精选"栏目的内容。

（9）预览小程序，在列表内容区内左右拖曳鼠标指针或在手机端购物小程序中左右滑动内容区，可以显示更多隐藏的商品信息，分别如图 14-19 和图 14-20 所示。

图 14-19　显示隐藏的商品列表 1

图 14-20　显示隐藏的商品列表 2

14.3.7　页面导航栏的实现

小程序提供 tabBar 导航栏，单击该导航栏中的按钮可以快速地切换到相应的页面。一个小程序中只能允许有一个 tabBar，并且只能在 app.json 文件中配置。

打开小程序的 app.json 文件，在"window"对象的下面，增加一个"tabBar"数据对象，数据配置程序如下。

```
"tabBar": {
    "list": [
        {
            "pagePath": "pages/index/index",
            "text": "主页",
            "iconPath": "files/image/tabBar/home.png",
```

```
                  "selectedIconPath": "files/image/tabBar/home2.png"
              },
              {
                  "pagePath": "pages/logs/logs",
                  "text": "分类",
                  "iconPath": "files/image/tabBar/class.png",
                  "selectedIconPath": "files/image/tabBar/class2.png"
              },
              {
                  "pagePath": "pages/logs/logs",
                  "text": "购物车",
                  "iconPath": "files/image/tabBar/shopcar.png",
                  "selectedIconPath": "files/image/tabBar/shopcar2.png"
              },
              {
                  "pagePath": "pages/logs/logs",
                  "text": "我的",
                  "iconPath": "files/image/tabBar/mine.png",
                  "selectedIconPath": "files/image/tabBar/mine2.png"
              }
          ]
      }
```

上述程序中的"list"数组中存储的是 tabBar 页面的相关数据，小程序将按该数组中的页面顺序显示页面的链接图标与文字内容。"list"数组是 tabBar 的必填内容，并且要求至少有两个页面数据，最多五个页面数据。

"list"数组中各个页面的数据属性与含义如表 14-2 所示。

表 14-2　"list" 数组中各个页面的数据属性与含义

属 性 名	含　　义
pagePath	页面路径，必须已经在 app.json 文件中的 pages 数组中注册
text	tabBar 按钮上的文字内容
iconPath	tabBar 按钮上的图标路径，不支持网络 URL
selectedIconPath	选中该按钮时的图标路径，不支持网络 URL

在 tabBar 中，所有图标文件的大小限制为 40KB，尺寸建议为 81px×81px。

为了使 tabBar 的风格能够更贴近开发者的 UI 设计，小程序允许对 tabBar 的外观属性进行一定的更改，范例程序如下。

```
  "tabBar": {
      "color": "#959394",                    //默认的按钮文字颜色
      "selectedColor": "#959394",            //选中按钮时其文字颜色
      "backgroundColor": "#f0f0f0",          //tabBar 背景色
      "borderStyle": "white",                //tabBar 边框颜色
      "position":"top",                      //不设置本项时，tabBar 默认在屏幕最下部，其值为 top 时不显示图标

      "list": […… ]
  }
```

14.3.8 界面交互接口的应用

在商品列表区的"水果精选"栏中，每个商品信息的下方都有一个购物车图标，单击该图标可将该商品添加到购物车中。为实现此效果，我们需要先实现一个交互性的 UI 效果，当用户单击购物车图标添加该商品时，弹出一个"添加购物车成功"的提示框。

（1）打开 index.js 文件，在 page 数据对象中，添加一个事件处理函数 addCarToast()，程序如下。

```
//弹出"添加购物车成功"提示框
addCarToast:function(){
    wx.showToast({
        title: '添加购物车成功',
        icon: 'success',
        image: '',
        duration: 2000,
        mask: false,
        success: function(res) {},
        fail: function(res) {},
        complete: function(res) {},
    })
},
```

wx.showToast 是小程序提供的一个应用接口，它的作用是弹出一个提示框，该接口的参数及其含义如表 14-3 所示。

表 14-3　wx.showToast 接口的参数及其含义

参　　数	类　　型	默　认　值	必　填	含　　义
title	字符串		是	提示框中的文字
icon	字符串	'success'	否	提示框中的图标
image	字符串		否	自定义图标的本地路径，优先级高于 icon
duration	数值	1500	否	提示框消失的延迟时间，单位为 ms
mask	布尔	false	否	是否显示透明蒙板，防止触摸穿透
success	函数		否	接口调用成功的回调函数
fail	函数		否	接口调用失败的回调函数
complete	函数		否	接口调用结束的回调函数（成功、失败都会执行）

在各个属性中，icon 与 image 都是用来设置提示框中的图标的，但两者互相冲突，image 的优先级更高。如果两个属性同时设置，则只有 image 起作用。

icon 使用的是微信官方提供的图标，在提示框中可供选择的官方 icon 值及其含义如表 14-4 所示。

表 14-4　可供选择的官方 icon 值及其含义

icon 值	含　　义
success	显示成功图标，此时 title 文本最多显示 7 个汉字长度
loading	显示加载图标，此时 title 文本最多显示 7 个汉字长度
none	不显示图标，此时 title 文本最多可显示两行

（2）在 index.wxml 文件中，给商品信息中的购物车<image>图像组件添加事件绑定属性，

程序如下。

```
<image src='../../files/image/goods/car.png' class='car' bindtap='addCarToast'></image>
```

（3）保存所有程序文件，编译并预览小程序，单击商品信息中的购物车图标，即可看到如图 14-21 所示的提示框效果（2s 之后提示框自动消失）。

图 14-21　购物车添加成功框效果

在本讲的程序中，WXML 文件中有大量的重复性编码。这是因为所有组件都没有绑定数据，所有重复使用的组件，只能通过"硬编码"的方式来实现。下文将会介绍如何通过绑定数据，快捷地实现组件的重复使用。

第15讲 会员中心 UI 设计

本讲在第 14 讲的小程序的基础上，继续设计实现"我的"页面（会员中心）的 UI，从而学习小程序其他组件以及部分相关接口的应用。

会员中心页面的效果如图 15-1 所示。

图 15-1 会员中心页面的效果

使用到的素材文件可以通过扫描右边的二维码下载。

本讲主要涉及的内容包括：

（1）组件的 wx:if 渲染与 wx:for 渲染；

（2）组件与数据的绑定；

（3）组件的事件属性；

（4）<switch>开关选择器组件的应用；

（5）<slider>滑动选择器组件的应用；

（6）<picker>选择器组件与<picker-view>滚动选择器组件的应用；

（7）<radio>单选按钮组件与<checkbox>复选框组件的应用；

（8）<navigator>组件的应用；

（9）小程序的页面跳转；

（10）自定义字体的应用。

15.1　页面文件与素材文件的准备

（1）打开微信开发者工具，依次单击"小程序"→"MPShop"（第 14 讲的购物小程序）单击"打开"按钮，打开"MPShop"项目，如图 15-2 所示。

图 15-2　打开"MPShop"项目

（2）在文件目录窗格中选择"pages"目录，并在该目录下新建一个"mine"目录，如图 15-3 所示。

（3）选择"mine"目录，使文件夹图标处于打开状态，然后右击，在弹出的快捷菜单中选择"新建 page"，在"mine"目录下面新建一个 mine 页面，并将此页面作为会员中心页面，如图 15-4 所示。

图 15-3　新建"mine"目录

图 15-4　新建 mine 页面

（4）将会员中心页面需要用到的图片文件统一放在"mine"目录下，并将该文件夹复制到小程序项目的"image"目录下，如图 15-5 所示。

图 15-5　将素材文件夹"mine"复制到小程序的"image"目录下

15.2　页面的布局与数据准备

15.2.1　页面布局规划

会员中心页面由八大部分组成，分别是会员信息栏、地区设置栏、生日设置栏、扫码结账栏、转发分享栏、联系客服栏、系统设置及 tabBar 栏。本节暂不实现扫码结账、转发分享与联系客服三个栏目的功能。

页面布局规划如图 15-6 所示。

| 会员信息 |
| 地区设置 |
| 生日设置 |
| 扫码结账 |
| 转发分享 |
| 联系客服 |
| 系统设置 |
| tabBar |

图 15-6　页面布局规划设计

在实现各个栏目的效果时主要使用到的组件如下。

会员信息栏：<view>视图容器组件，<image>图像组件，<text>文本组件。

地址设置栏：<view>视图容器组件，<image>图像组件，<picker>选择器组件。

生日设置栏：<view>视图容器组件，<image>图像组件，<picker-view>滚动选择器组件。

系统设置栏：<view>视图容器组件，<image>图像组件，<switch>开关选择器组件，<slider>滑动选择器组件，<checkbox>复选框组件，<radio>单选项目组件。

（1）打开 mine.wxml 文件，使用<view>视图容器组件作为整个页面的视图容器，添加各个栏目的<view>视图容器组件，程序如下。

```
<!--pages/mine/mine.wxml-->
<view id='container'>
  <view id='myinfo'></view>
  <view id='myaddress' class='my_list'></view>
  <view id='mybirthday' class='my_list'></view>
  <view id='myscan'class='my_list'></view>
  <view id='myshare' class='my_list'></view>
  <view id='contact' class='my_list'></view>
  <view id='mysetting' class='my_list'></view>
</view>
```

（2）打开 mine.wxss 文件，设计 container 的样式表、myinfo 的样式表及 my_list 的样式类，程序如下。

```
#container {
  height: 100vh;
```

```
    display: flex;
    flex-direction: column;        /*按列排列布局*/
    justify-content: flex-start;
    background-color: white;
}

#myinfo {
    height: 250rpx;
    background-color: rgb(50, 165, 75);
    display: flex;
    flex-direction: row;           /*按行排列布局*/
    color: white;
    margin-bottom: 20rpx;
}

.my_list {
    height: 100rpx;
    background-color: rgb(247, 243, 243);
    margin-top: 1rpx;
    line-height: 100rpx;
}
```

15.2.2　数据准备

本节的用户信息栏中的部分 UI 组件需要与用户信息数据结合使用，为便于后面的操作，先准备好用户信息数据。

打开 mine.js 文件，在页面的初始数据 data 中输入用户信息数据，程序如下。

```
/**
 * 页面的初始数据
 */
data: {
    "userinfo":{
        "vip_exp":123,            //会员积分
        "nickname":'林世鑫',       //会员昵称
        "sex":1                   //性别
    }
},
```

在页面的 JS 文件的 data 中保存的是页面的初始化数据，这些数据对象可以在 WXML 文件中通过{{}}符号与某个组件绑定，作为该组件的某些属性值。

15.3　页面 UI 的实现

15.3.1　会员信息栏的实现

会员信息栏的信息较多，其布局示意图如图 15-7 所示。

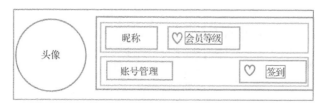

图 15-7 会员信息栏布局示意图

小程序中的<view>视图容器组件类似于 HTML 的<div>布局工具,因此在小程序的 UI 布局设计中,<view>视图容器组件是一个非常重要的工具。

会员信息栏的布局思想是,先将 myinfo 中的组件按行排布,分为左右两栏,左边一栏<image>图像组件用于放置用户头像,右边 info_right 栏用于放置其他信息内容及用户操作内容。右边的 info_right 栏又按列排布,划分为上下两行 myinfo_r1 与 myinfo_r2。myinfo_r1 按行排布,并用两个<view>视图容器组件划分为左右两栏,右边的<view>视图容器组件中包含<image>图像组件与<text>文本组件两个组件。myinfo_r2 按行排布,并用两个<view>视图容器组件划分为左右两栏,右边的<view>视图容器组件中包含<image>图像组件与<text>文本组件两个组件。

(1)打开 mine.wxml 文件,在 ID 为 myinfo 的视图容器组件中,添加用户头像组件<image>,程序如下。

```
<view id='myinfo'>
  <image wx:if='{{userinfo.sex==1}}' src='../../files/image/mine/mail.png' class='headpic'></image>
  <image wx:if='{{userinfo.sex==2}}' src='../../files/image/mine/femail.png' class='headpic'></image>
</view>
```

小程序组件的 wx:if 属性的作用是根据某个条件判断该组件是否显示。它的语法格式是<组件名 wx:if='{{条件表达式}}'>,它也支持与 else 表达式结合,语法格式如下。

```
<组件名 wx:if='{{条件表达式}}'>
<组件名 wx:else>
```

该语句中的两个组件名必须相同。

上面的程序中,如果 userinfo.sex 的值是 1,则在<image>图像组件中显示 mail.png 图片;如果 userinfo.sex 的值是 2,则在<image>图像组件中显示 femail.png 图片。

(2)继续在第(1)步的程序的下面添加 ID 为 info_right 的视图容器组件以及其中的内容,程序如下所示。

```
<view class='info_right'>
  <view id='myinfo_r1'>
    <text id='nickname'>{{userinfo.nickname}}</text>
    <view id='vip_grade'>
    <image id='star' wx:if='{{userinfo.vip_exp<300}}' src='../../files/image/mine/normal.png'></image>
    <image id='star' wx:else src='../../files/image/mine/star.png'></image>
    <text class='vip_grade' wx:if='{{userinfo.vip_exp<300}}'>普通会员</text>
    <text class='vip_grade' wx:else>高级会员</text>
    </view>
  </view>
  <view id='myinfo_r2'>
    <view id='vip_manage'>账号管理 </view>
    <view id='sign_in'>
      <image id='coin' src='../../files/image/mine/coin.png'></image>
      <text >签到领积分</text>
```

```
          </view>
        </view>
      </view>
```

上述程序中，id 值为 star 的<image>图像组件与 class 值为 vip_grade 的<text>文本组件都用到了 wx:if 条件属性。当 userinfo.vip_exp<300 时，<image>图像组件中显示 normal.png 图片，<text>文本组件中显示"普通会员"；否则<image>图像组件中显示 star.png 图片，<text>文本组件中显示"高级会员"。

（3）在 mine.wxss 文件中，定义会员信息栏中各个组件的样式表，程序如下。

```
.headpic {
    width: 150rpx;
    height: 150rpx;
    border-radius: 50%;
    border: 3rpx solid white;
    margin: 50rpx;
}

.info_right {
    width: 500rpx;
    height: 150rpx;
    margin-top: 50rpx;
}

#vip_grade {
    margin-left: 20rpx;
}

#star {
    width: 20px;
    height: 20px;
}

.vip_grade {
    font-size: 0.7rem;
    background-color: rgb(145, 192, 17);
    border-radius: 10%;
    padding-left: 20rpx;
    padding-right: 20rpx;
}

#myinfo_r1, #myinfo_r2 {
    display: flex;
    flex-direction: row;
}

#myinfo_r2 {
    margin-top: 50rpx;
    justify-content: space-between;
}

#vip_manage {
    font-size: 0.7rem;
    height: 40rpx;
    line-height: 40rpx;
```

```
    background-color: rgb(23, 134, 47);
    border-radius: 20rpx;
    width: 170rpx;
    padding: 2rpx;
    text-align: center;
}

#coin {
    width: 15px;
    height: 15px;
    margin-right: 10rpx;
}

#sign_in {
    font-size: 0.7rem;
    background-color: rgb(23, 134, 47);
    height: 40rpx;
    line-height: 40rpx;
    border-radius: 20rpx;
    width: 210rpx;
    padding: 2rpx;
    text-align: center;
}
```

（4）编译并预览小程序，模拟器中出现的是 index 页面的效果，单击页面最下方的 tabBar 中的"我的"按钮，跳转到会员中心页面。会员信息栏效果如图 15-8 所示。

（5）在多页面的小程序项目中，如果每次测试、预览不是从当前编辑页开始，而是从首页开始，那么就比较麻烦。可以在编译模式中增加一个新的编译模式，以实现小程序从当前编辑页开始预览测试。

在微信开发者工具的"普通编译"下拉列表中，单击"添加编译模式"选项，如图 15-9 所示。

图 15-8　会员信息栏效果

图 15-9　"添加编译模式"选项

在弹出的"自定义编译条件"对话框中，填写"模式名称"（可使用页面文件名），将"启动页面"设置为当前编辑页，单击"确定"按钮，如图 15-10 所示。

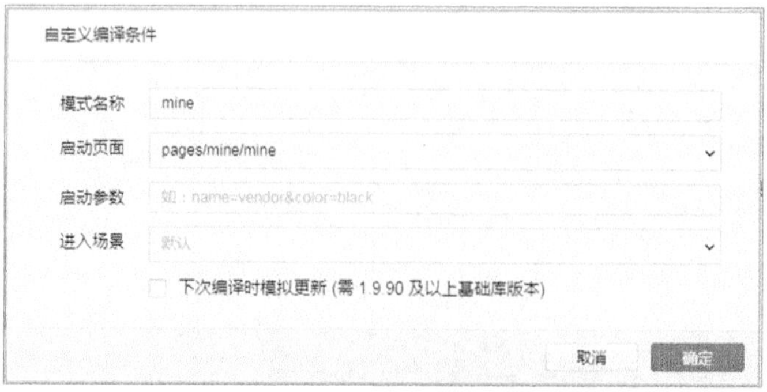

图 15-10　设置"自定义编译条件"对话框

（6）打开 mine.js 文件，修改 data 中的数据，程序如下。

```
data: {
    "userinfo":{
        "vip_exp":350,          //会员积分
        "nickname":'李小花',     //会员昵称
        "sex":2                 //性别
    }
},
```

（7）保存文件，在"编译模式"中选择"mine"（见图 15-11），模拟器中将直接显示"会员中心"页，会员信息栏效果如图 15-12 所示。

图 15-11　选择"mine"编译模式　　　　图 15-12　会员信息栏效果

15.3.2　地区设置栏的实现

小程序为开发者准备了丰富的<picker>选择器组件，开发者可以使用这个组件为用户提供日期、时间、地区等内容的选择操作，还可以供用户选择开发者自定义的内容。

（1）在 mine.wxml 文件中设计地址设置栏，程序如下。

```
<view id='myaddress' class='my_list'>
    <image src='../../files/image/mine/location.png' class='list_icon'></image>我的地址{{userregion}}
</view>
```

（2）为了使用户在单击"我的地址"时弹出地址选择器，我们将 myaddress 嵌入<picker>选择器组件内，程序如下。

```
<picker mode='region' value='{{region}}' bindchange='regionChage'>
    <view id='myaddress' class='my_list'>
        <image src='../../files/image/mine/location.png' class='list_icon'></image>我的地址{{userregion}}
    </view>
</picker>
```

<picker>选择器组件是一种从屏幕底部弹起的滚动选择器，它有三个参数，如表 15-1 所示。

表 15-1　<picker>选择器组件参数及其含义

参　　　数	类　　　型	默　认　值	必　填	含　　　义
mode	字符串	selector	否	选择器类型
disabled	布尔	false	否	是否禁用
bindcancel	事件句柄		否	取消选择时触发

其中，通过 mode 参数来指定选择器的类型。小程序目前支持的选择器类型如表 15-2 所示。

表 15-2　小程序目前支持的选择器类型

mode 值	选择器类型
selector	普通选择器
multiSelector	多列选择器
time	时间选择器
date	日期选择器
region	地区选择器

严格来说程序中的 value 属性不是<picker>选择器组件的属性，而是 mode 值为 region 时的属性，它用来指定地区选择器默认的地区值，该数据被保存在页面文件的 data 数据中。

程序中的 bindchange 属性的值是 regionChage 事件，当选择器中的数据被用户改变时，该事件聚会被触发，并带回改变后的数值。开发者可以通过 event.detail.value 获取用户选择的地区；通过 event.detail.code 获取用户选择地区对应的统计用区域代码；通过 event.detail.postcode 获取用户选择地区对应的邮政编码。

（3）打开 mine.js 文件，在 data 中增加一个数组 region，其值为['广东省','惠州市','惠城区']，其含义是地区选择器默认的选中值是广东省惠州市惠城区。

再增加一个 userregion 数组，用来接收用户选择的地区数据，data 程序如下。

```
data: {
  "userinfo":{
    "vip_exp":350,           //会员积分
    "nickname":'李小花',      //会员昵称
    "sex":2                  //性别
  },
region:['广东省','惠州市','惠城区'],
userregion:[]
},
```

（4）在 mine.js 文件中的生命周期函数前定义选择器的 bindchange 属性 regionChage，程序如下。

```
//地区选择器 change 事件
regionChage(e) {
  this.setData({
    userregion:e.detail.value        //将地区数据写入 userregion 数组
  })
  console.log('picker 发送选择改变,携带值为',e.detail.code)
  console.log('picker 发送选择改变,携带值为',e.detail.postcode)
},
```

（5）在 mine 模式中编译并预览小程序，然后单击页面中的"我的地址"，将从页面底端弹出地区选择器，默认的地区是"广东省惠州市惠城区"，如图 15-13 所示。

图 15-13　默认的地区预览效果

（6）重新选择好地区后（如广东省广州市天河区），单击"确定"按钮，可以看到微信开发者工具的调试器中"Console"面板输出的内容，如图 15-14 所示。

模拟器中的"我的地址"栏的效果如图 15-15 所示。

图 15-14　"Console"面板输出的内容

图 15-15　"我的地址"栏的效果

15.3.3　生日设置栏的实现

小程序不仅提供了<picker>选择器组件，还提供了一个<picker-view>滚动选择器组件。<picker-view>滚动选择器组件与<picker>选择器组件的相同之处在于两者都是为用户提供一个数据的选择界面；两者的主要区别有如下几个方面。

（1）<picker>选择器组件从页面的底部弹出，浮于页面内容之上，对页面的布局不会产生影响。而<picker-view>滚动选择器组件是嵌入页面中的，会影响其上下的页面内容布局。

（2）在<picker>选择器组件中除了 mode 值为 selector 与 multiSelector 时的数据内容需要自定义外，其他类型都不需要自定义。而<picker-view>滚动选择器组件中的所有数据内容都需要开发者以数组形式自定义。

（3）<picker-view>滚动选择器组件必须与<picker-view-column>组件配合使用，才能实现滚动选择器的效果。

（4）一个<picker-view>滚动选择器组件中包含 *n* 个<picker-view-column>组件，每一个<picker-view-column>组件中供用户选择的数据都来自一个对应的数组 array[]，该数组由开发者定义。用户选择数据后，n 个<picker-view-column>组件的值在 array[]中对应的下标又构成了一个数组 val[]。

（5）<picker>选择器组件的 value 值是一个数组，数组元素值就是选中的数据本身。<picker-view>滚动选择器组件的 value 值也是一个数组，其数组元素值只是（4）中 array[]数组的下标。

（6）<picker>选择器组件中有一组"取消"与"确定"按钮，而<picker-view>滚动选择器组件中没有该按钮，因此<picker-view>滚动选择器组件是一直显示的。

下面通过生日设置栏的实现，理解两者的区别，掌握<picker-view>滚动选择器组件的使用。

（1）打开 mine.wxml 文件，在 ID 为 mybirthday 的视图容器组件的下面添加<picker-view>滚动选择器组件，并给 mybirthday 增加几个数据项，使用户最新选择的生日日期能够显示出来，相应的程序如下。

```
<view id='mybirthday' class='my_list'>
<image src='../../files/image/mine/birthday.png' class='list_icon'>
</image>
我的生日   {{my_year}}年{{my_month}}月{{my_day}}日
</view>
  <picker-view id='birthday_picker' bindchange="birthdayChange" value="{{value}}">
    <picker-view-column>
      <view wx:for='{{years}}' wx:key='*this'>{{item}}年</view>
    </picker-view-column>
    <picker-view-column>
      <view wx:for='{{months}}' wx:key='*this'>{{item}}月</view>
    </picker-view-column>
    <picker-view-column>
      <view wx:for='{{days}}' wx:key='*this'>{{item}}日</view>
    </picker-view-column>
  </picker-view>
```

wx:for 是小程序组件的一个属性，其语法格式是<组件名 wx:for='{{数组名}}'>，效果是根据数组的长度显示 n 个相同的组件。

如果需要在组件中使用数组的下标，则直接使用{{index}}；如果需要在组件中使用数组的元素值，则直接使用{{item}}。

wx:key='*this'属性与 wx:for 属性配合使用，用于指定循环的关键字段。*this 是关键字，代表 for 循环中的 item，表示数组的每一个 item 元素是唯一的字符串或者数字。

bindchange 是<picker-view>滚动选择器组件的一个属性，是选择器中的数据发生改变时触发的事件，可参考<picker>选择器组件来理解。

（2）在 mine.wxss 文件中，设置 birthday_picker 滚动选择器组件的外观样式，程序如下。

```
#birthday_picker
{
    width: 100%;
    height: 100rpx;
    margin-left: 60rpx;
    margin-right: 60rpx;
}
```

（3）打开 mine.js 文件，在 data 数组前定义<picker-view>滚动选择器组件的相关数据，程序如下。

```
// pages/mine/mine.js
const date = new Date()
```

```
const years = []
const months = []
const days = []
//年份数组入栈
for (let i = 1950; i <= date.getFullYear(); i++) {
    years.push(i)
}
//月份数组入栈
for (let i = 1; i <= 12; i++) {
    months.push(i)
}
//日数组入栈
for (let i = 1; i <= 31; i++) {
    days.push(i)
}
```

（4）在 data 数组中，增加<picker-view>滚动选择器组件与<picker-view-column>组件的数据项，程序如下。

```
Page({
    /**
     * 页面的初始数据
     */

    data: {
        "userinfo":{
        "vip_exp":350,              //会员积分
        "nickname":'李小花',         //会员昵称
        "sex":2  //性别
        },
        region:['广东省','惠州市','惠城区'],    //选择器默认地址
        userregion:[],              //我的地址

        years,                      //年<picker-view-column>选择器
        months,                     //月<picker-view-column>选择器
        days,                       //日<picker-view-column>选择器
        value:[49, 0, 0], //picker-view 的默认值
        my_year:1950,               //生日年份
        my_month:1,                 //生日月
        my_day:1                    //生日日
    },
```

（5）在 mine.js 文件中的生命周期函数前定义<picker-view>滚动选择器组件的 bindchange 属性 birthdayChange，程序如下。

```
//生日选择器 change 事件
birthdayChange(e){
    this.setData({
        my_year:years[e.detail.value [0]],
        my_month:months[e.detail.value[1]],
        my_day: months[e.detail.value[2]]
    })
    console.log(e.detail.value)      //控制面板输出<picker-view>滚动选择器组件的值
},
```

（6）保存并编译程序，在模拟器中"我的生日"栏预览效果如图 15-16 所示。

（7）重新设置滚动选择器中的日期，模拟器的页面效果及"Console"面板输出的日期数据分别如图 15-17 和图 15-18 所示。

图 15-16 "我的生日"栏预览效果　　　　　图 15-17 重新设置滚动选择器中的日期效果

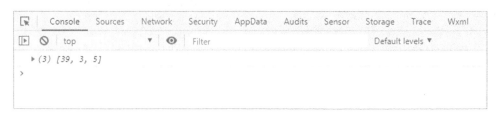

图 15-18 "Console"面板输出的日期数据

从"Console"面板的输出结果可以看出，e.detail.value（<picker-view>滚动选择器组件的 value）是一个数组，但数组中的值并不是用户选择的年月日，而是年月日所在数组的下标。例如，value[0]的值是 39，这是年数组的下标，因为 1950 年在年数组的下标是 0，所以 years[39] 的值是 1989。

15.3.4 系统设置栏的实现

系统设置栏是用户在使用小程序时，根据自己的应用习惯对系统进行偏好设置的入口。小程序提供了很多组件，以便于开发者实现相关功能的开发。"系统设置"页面效果如图 15-19 所示。

图 15-19 "系统设置"页面效果

1. 页面与数据准备

（1）打开 mine.wxml 文件，在 ID 为 my_setting 的视图容器组件中增加一个\<navigator\>组件，将\<image\>图像组件及其内容包含起来，程序如下。

```
<view id='mysetting' class='my_list'>
  <navigator url='../setting/setting'>
    <image src='../../files/image/mine/myset.png' class='list_icon'></image>系统设置
  </navigator>
</view>
```

\<navigator\>组件相当于 HTML5 中的\<a\>标签，可以使小程序跳转到某个指定的页面，也可以使小程序跳转到其他小程序中指定的页面。

\<navigator\>组件在进行跳转时，默认保留当前页面，跳转到指定的目标页面后可以通过屏幕左上角的"返回"按钮，返回到当前页面，其效果类似于浏览器中的"后退"。

\<navigator\>组件的跳转效果通过 open-type 属性来设置，但其与目标页面的类型有关，具体效果有如下几个方面。

① open-type='navigate'，这是默认值，可以省略不写，其效果为保留当前的页面，能跳转到小程序内的目标页面，但是不能跳到 tabBar 页面。

② open-type='redirect'，关闭当前页面，能跳转到小程序内的目标页面，但是不能跳到 tabBar 页面。

③ open-type='switchTab'，只能跳转到 tabBar 页面，并关闭其他所有非 tabBar 页面。

④ open-type='reLaunch'，关闭所有页面，然后打开小程序内的目标页面。

⑤ open-type='navigateBack'，关闭当前页面，并返回上一页面或指定的前几级页面。

（2）在文件目录窗格的"pages"目录下，增加一个"setting"目录，并在"setting"目录下增加一个 setting 页面，如图 15-20 所示。

图 15-20　"setting"页面文件目录结构

（3）打开 setting.js 文件，在 data 数组中定义页面的相关数据，程序如下。

```
/**
 * 页面的初始数据
 */
data: {
  password_free:false,        //是否开启免密支付
  pay_quota:0,                //免密限额
  pay_bank: [                 //支付银行
    {value:'中国',select:true},
```

```
          {value:'建设',select:false},
          {value:'工商',select:false}
       ],
       recievMsg:false,              //接收广告推送
       msgPreference: [              //接收推送偏好
       { value: '优惠消息', select: false },
       { value: '图书新闻', select: false },
       { value: '美食知识', select: false },
       { value: '旅游资讯', select: false },
       { value: '消费指南', select: false },
       { value: '运动健康', select: false },
     ]
   },
```

2．免密支付设置

（1）打开 setting.wxml 文件，添加一个<view>视图容器组件，并将其作为整个页面的容器，程序如下。

```
<view id='container'></view>
```

（2）在 setting.wxss 文件中，定义 container 的样式表，程序如下。

```
#container {
    height: 100vh;
    display: flex;
    flex-direction: column;     /*按列排列布局*/
    justify-content: flex-start;
    background-color: white;
}
```

（3）在<view>视图容器组件中添加设置"免密支付"开关的开关选择器组件<switch>，程序如下。

```
<view id='container'>
<!--免密支付-->
  <view class='setItem'>
     <image src='../../files/image/mine/nokey.png' class="itemIcon"></image>
     开启免密支付
     <switch id='password_free' checked='{{password_free}}' bindchange='switchChange'  type='switch'>
</switch>
   </view>
</view>
```

<switch>是一个开关选择器组件，它通过左右拨动实现开关设置。上述程序中的开关选择器组件<switch>用到的属性与含义如表 15-3 所示。

表 15-3　开关选择器组件<switch>用到的属性与含义

属　　性	类　　型	默　认　值	必　　填	说　　明
checked	布尔	false	否	是否选中
type	字符串	switch	否	样式，有效值为 switch、checkbox
bindchange	事件句柄		否	checked 改变时触发 change 事件，event.detail={ value}

从表 15-3 可以看出，<switch>开关选择器组件与<checkbox>复选框组件是同一种组件，当<switch>开关选择器组件的 type 值为 checkbox 时，它就变成了复选框。

（4）在 setting.wxss 文件中，设置 setItem 类、itemIcon 类，程序如下。

```
.setItem{
    height: 100rpx;
    background-color: rgb(244,244,244);
    line-height: 100rpx;
    padding-left: 40rpx;
    border-bottom: 1px solid white;
}
.itemIcon
{
    width:50rpx;
    height: 50rpx;
    margin-right: 30rpx;
}
```

（5）打开 setting.js 文件，在页面的生命周期函数前编写<switch>开关选择器组件的 bindchange 事件 switchChange，程序如下。

```
//开关选择器改变事件
switchChange(e)
{
    this.setData({
        password_free:e.detail.value
    })
    console.log(e.detail.value)
},
/**
 * 生命周期函数--监听页面加载
 */
```

（6）添加一个 setting 编译模式，使小程序从 setting 页面开始打开。"开启免密支付"页面预览效果如图 15-21 所示。

（7）单击"开启免密支付"开关，使<switch>开关选择器处于打开状态，页面效果如图 15-22 所示，"Console"面板中输出的内容如图 15-23 所示。

图 15-21　"开启免密支付"页面预览效果

图 15-22　<switch>开关选择器组件打开效果

图 15-23　<switch>开关选择器组件打开时"Console"面板中输出的内容

3. 免密限额设置

（1）在 setting.wxml 文件中添加设置"免密限额"的相关组件，参考程序如下。

```
<!--免密支付限额-->
<view view class='setItem'>
    <image src='../../files/image/mine/limit.png' class="itemIcon"></image>
    <text>免密限额</text>
    <slider id='pay_quota'  value='{{pay_quota}}'  bindchange='silderChange'    show-value='true'  block-size='20'  block-color='green' disabled='{{!password_free}}' min='0' max='200'></slider>
</view>
```

<slider>滑动选择器组件是一种通过拖动滑条上的滑块来选择不同值的组件，适用于选值范围固定的设置操作，如音量调节。

程序中用到的<slider>滑动选择器组件的参数与含义如表 15-4 所示。

表 15-4   <slider>滑动选择器组件的参数与含义

参　　数	类　　型	默 认 值	必　填	含　　义
min	数值	0	否	最小值
max	数值	100	否	最大值
disabled	布尔	false	否	是否禁用
value	数值	0	否	当前的取值
block-size	数值	28	否	滑块的大小，取值范围为 12～28
block-color	颜色	#ffffff	否	滑块的颜色
show-value	布尔	false	否	是否显示当前 value
bindchange	事件句柄		否	完成一次拖动后触发的事件，event.detail = {value}

（2）在 setting.wxss 文件中，设置滑动选择器 pay_quota 的外观样式，程序如下。

```
#pay_quota{
    height: 50rpx;
    width: 400rpx;
    display:inline-block;
}
```

（3）打开 setting.js 文件，在生命周期函数前定义滑动选择器 pay_quota 的 bindchange 事件，程序如下。

```
//滑动选择器改变事件
silderChange(e)
{
    this.setData({
        pay_quota:e.detail.value
    })
    console.log(e.detail.value)
},
```

（4）在 setting 模式下，保存并预览程序，在模拟器中打开"开启免密支付"的开关，拖动滑块，设置"免密限额"，效果如图 15-24 所示。"Console"面板输出的 slider 如图 15-25 所示。

图 15-24　"免密限额"设置效果　　　　图 15-25　"Console"面板输出的 slider 值

4．支付银行设置

（1）在 setting.wxml 中添加与"支付银行"设置相关的组件，程序如下。

```
<!--支付银行设置-->
<view class='setItem'>
    <image src='../../files/image/mine/msg.png' class="itemIcon"></image>
    支付银行
</view>
<view class='select_list'>
    <radio-group bindchange='radioChange'>
        <radio wx:for='{{pay_bank}}' wx:key='{{item.value}}' value='{{item.value}}' checked=
"{{item.select}}">{{item.value}}银行</radio>
    </radio-group>
</view>
```

<radio>是单选按钮组件，如果有多个单选项，则必须把<radio>单选按钮组件包含在<radio-group>单选按钮组组件中。

<radio>单选按钮组件的 value 属性表示该单选按钮的值，checked 属性表示是否选中该按钮，当 checked 值发生改变时，会触发<radio-group>单选按钮组组件的 bindchange 事件。

（2）在 setting.wxss 文件中，设置视图容器的外观样式类 select_list，程序如下。

```
#select_list{
    background-color:white;
    height: 160rpx;
    line-height: 80rpx;
    padding-left: 50rpx;
}
```

（3）在 setting.js 文件中，定义<radio-group>单选按钮组组件的 bindchange 事件，当<radio>单选按钮组件的选择发生改变时，修改其绑定的数组，程序如下。

```
//支付银行改变事件
radioChange(e)
{
    var bank = e.detail.value
    var index
    for(var i=0;i<this.data.pay_bank.length;i++)
    {
        var arr = 'pay_bank[' + i + '].select'
        if(this.data.pay_bank[i].value==bank)
        {
            this.setData({
                [arr]: true
            })
        }
```

```
        else
        {
          this.setData({
            [arr]: false
          })
        }
      }
    },
```

 注意：

小程序的 setData()函数不能直接对 data 数组中的元素值进行修改。当需要对 data 数组中的某个数组进行修改时，有如下两种方法：

① 定义一个变量 var，采用字符串拼接的方式，使用"数组名[下标变量],数组键名"的形式拼成一个字符串，作为 var 的值。

② 在 setData()函数中，使用[var]来赋值。

（4）编译并预览页面，支付银行设置的效果如图 15-26 所示。

图 15-26　支付银行设置的效果

5．广告接收设置

（1）参考"免密支付设置"的方法，添加广告接收设置的相关组件，程序如下。

```
<!--接收消息推送-->
<view class='setItem'>
    <image src='../../files/image/mine/broad.png' class="itemIcon"></image>
    接收广告推送
    <switch id='recievmsg' checked='{{recievMsg}}' bindchange='adChange'  type='switch'></switch>
</view>
```

（2）在 setting.js 文件中，定义 adChange 事件，程序如下。

```
//接收广告推送事件
adChange(e)
{
    this.setData({
      recievMsg:e.detail.value
    })
},
```

（3）参考"支付银行设置"中银行列表的实现方法，在第（1）步程序下面添加与"广告内容选择"相关的组件，程序如下。

```
<!--接收的消息内容类别-->
<view class='setItem'>
<image src='../../files/image/mine/msg.png' class="itemIcon"></image>
广告内容选择
</view>
<view class='select_list'>
    <checkbox-group id='recievmsg' bindchange=' adContentChange'>
        <checkbox wx:for='{{msgPreference}}' wx:key='{{item.value}}' value='{{index}}' checked="
{{item.select}}">{{item.value}}</checkbox>
    </checkbox-group>
</view>
```

　注意：

<checkbox>是复选框组件，如果有多个复选项，则必须把<checkbox>包含在<checkbox-group>组件中。

（4）在 setting.js 文件中，定义<checkbox-group>组件的 bindchange 事件 adContentChange，程序如下。

```
//广告内容选择改变事件
adContentChange(e) {
    var val=e.detail.value            //选中的复选框值数组
    //先将所有广告内容都恢复为 false
    for(var i=0;i<this.data.msgPreference.length;i++)
    {
        var arr = 'msgPreference[' + i + '].select'
        this.setData({
            [arr]:false
        })
    }
    //选中的广告内容项，设为 true
    for(var i=0;i<val.length;i++)
    {
        var currentIndex=val[i]           //选中项在数组中的下标
        var arr='msgPreference['+currentIndex+'].select'
        this.setData({
                [arr]:true
            })
    }
    console.log(e.detail.value)
    console.log(this.data.msgPreference)
},
```

（5）将所有程序文件保存，编译并预览 setting 页面，模拟器中的"广告内容选择"页面效果如图 15-27 所示。

（6）打开"接收广告推送"的开关，在"广告内容选择"中随意选择几项，页面效果及"Console"面板中输出的内容分别如图 15-28 与图 15-29 所示。

图 15-27 "广告内容选择"页面效果　　　　图 15-28 复选框选择页面效果

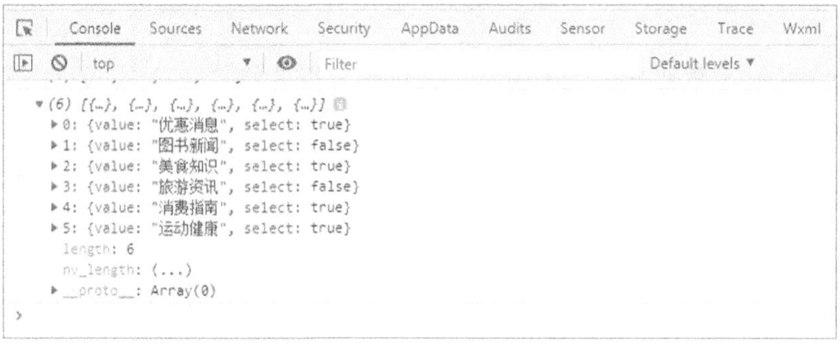

图 15-29 "Console"面板输出的内容

6．"确定""返回"按钮

setting 页面是从 mine 页面跳转过来的，可以通过屏幕左上角的"返回"按钮，退回 mine 页面。为了兼顾用户的操作习惯，还可以在页面的下部添加一个"保存设置"按钮，该按钮用于实现保存当前的全部设置并返回 mine 页面；添加一个"取消返回"按钮，该按钮用于实现不保存当前的设置直接返回到 mine 页面。

（1）打开 setting.wxml 文件，在广告内容选择的视图容器中添加两个<button>按钮组件，程序如下。

```
<!--保存与取消按钮-->
<navigator url='../mine/mine' open-type='switchTab'>
    <button id='ok_button'>保存设置</button>
</navigator>
<button id='cancel_button' bindtap='reback'>取消返回</button>
```

mine 页面是 tabBar 页面，从一个非 tabBar 页面跳转到 tabBar 页面时，<navigator>组件的 open-type 值只能是 switchTab。

上述程序中的"保存设置"按钮和"取消返回"按钮使用了不同的方法跳转到 tabBar 页，"保存设置"按钮使用的是<navigator>组件；"取消返回"按钮使用的是 bindtap 属性绑定事件函数。

（2）在 setting.js 文件中，定义"取消返回"按钮的 reback 事件函数，程序如下。

```
//取消返回事件函数
reback:function(){
    wx.switchTab({
        url: '../mine/mine',
    })
```

```
    },
```

跳转到一个 tabBar 页面时，不能使用 wx.navigatorto 接口，只能使用 wx.switchTab 接口，该接口的作用相当于上面的 open-type='switchTab'。

（3）在 setting.wxss 文件中设置两个按钮的外观样式，程序如下。

```
#ok_button{
    width: 700rpx;
    height: 100rpx;
    background-color:limegreen;
    color: white;
    font-size: 1.3rem;
    line-height: 100rpx;
    letter-spacing: 5rpx;
    margin-top: 15rpx;
}
#cancel_button{
    width: 700rpx;
    height: 100rpx;
    background-color:rgb(189, 192, 189);
    color: white;
    font-size: 1.3rem;
    line-height: 100rpx;
    letter-spacing: 5rpx;
    margin-top: 15rpx;
}
```

（4）"保存设置"按钮与"取消返回"按钮效果如图 15-30 所示。

图 15-30　"保存设置"按钮与"取消返回"按钮效果

7. 使用自定义字体

为了使程序的 UI 更加美观、协调，比较常见的开发操作是使用自定义字体。下面以"取消返回"按钮为例，介绍在小程序中自定义字体的使用。

（1）在 PC 浏览器中打开 https://transfonter.org/，如图 15-31 所示。

（2）准备好所需的字体文件（一般为 ttf 格式），单击图 15-31 中的"Add fonts"按钮，在打开的对话框中选择自己需要在小程序中使用的字体文件。字体文件上传过程的界面如

33333

图 15-32 所示。

图 15-31　https://transfonter.org/页面效果

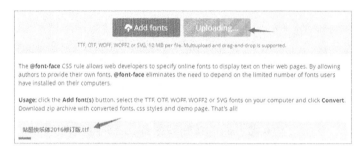

图 15-32　字体文件上传过程的界面

（3）将"编码格式"设置为"base64"，选择字体格式（可全选），如图 15-33 所示。

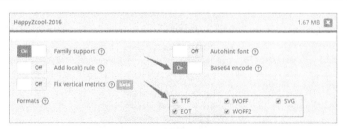

图 15-33　选择字体格式

（4）单击"Convert"按钮完成字体格式转换，如图 15-34 所示。

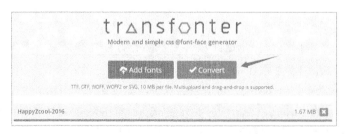

图 15-34　单击"Convert"按钮

（5）单击页面中的"Download"按钮（见图 15-35），下载转换后的字体文件。

图 15-35　"Download"按钮

（6）下载完字体文件后，解压该文件，打开解压文件中的 CSS 文件，将文件中的程序全部复制到小程序的 setting.wxss 文件中，参考程序如下。

```
@font-face {
    font-family: 'HappyZcool-2016';
    src: url('HappyZcool-2016.eot');
    font-weight: normal;
    font-style: normal;
}
@font-face {
    font-family: 'HappyZcool-2016';
    src: url(data:application/font-woff2;charset=utf-8;base64,d09GMgABAAAADh5EAA0AAAAAZASgAD
h3mAAEAAAAAAAAAAAAAAAAAAAAAAAAAAAAAAP0ZGVE0cGh4GYACB6hYREArZyCTI4G0LgfYsAAE2AiQDgfUkBCAF
hyoHhNhrm19RFD3yPL7+dk9D1EhRrIgFvzxw0WGRQXGoiQX8DavqHGKSTK8KwFeHRfSdSGXsvrgyKUi0Y0irVY/RGsdP3Ync/b
FBVAHegEir5tv+o5mqqqqqqqqqqqqqqqqqqqqqqqqqqrqP5NFfN9m9cxOdffMe3//3//3uFkWQbkUUWI2KwsSWOwgxHJEEIGO5R
UERUEiLJkHBYBJyEIOJSTSXMTHHdWquAAMKU3jWmAIGKkHUjYa0bsoKbLZ6DO2Odvd25gXzQmBUOVUFJ9ExCx6fhQVptC
sViIUg47PBSmAFFXI44+pzSdd6anqUMOGrCRJl4F2lJEUw6gCAPsTsiFK55V47GpRaM1PD9Vq972j5rL25OGoxG4MqgsBGBLxJxlB
pGKn+KZx8D+/zCdGYQCPkr+q+bjyMX+Y/1vWLhB6lZsU3qvr+WiqE518gZbXHIrUeRyTwQ7N+mPUJfDcEg1KMRMDPEP/z0jtZ
MCB+iBV24HEOBuKbJx62qTUX94h6uj/bu7PQIj+6uPL/s3KKKDF/qLSqhHK7Gc7j267I9J/PQbnznRoGatWp2K7dlJfaztoK1yg6Jc46H5
zG9L+G/83WJoem5Vj2uU1q4Szyuuuyw RL1qxejku/xnvhrfFQrnOUTNseXYYzowW9Hs9Cf/2cqL+dwYcfuMY0/1jv6gYigkBAIJOKo4g4g4P
AY+c8FF Ka17OBqvD5sY8jJTmgY/XmcBnUbK) format('woff'),
         url('HappyZcool-2016.ttf') format('truetype'),
         url('HappyZcool-2016.svg#HappyZcool-2016') format('svg');
    font-weight: normal;
    font-style: normal;
}
```

（7）在"取消返回"按钮的样式表（#reback_button）中应用该字体名称，参考程序如下。

```
45  #cancel_button{
46      width: 700rpx;
47      height: 100rpx;
48      background-color: rgb(189, 192, 189);
49      color: white;
50      font-size: 1.3rem;
51      line-height: 100rpx;
52      letter-spacing: 5rpx;
53      margin-top: 15rpx;
54      font-family: 'HappyZcool-2016';
55  }
56
57  @font-face {
58      font-family: 'HappyZcool-2016';
59      src: url('HappyZcool-2016.eot');
60      font-weight: normal;
61      font-style: normal;
62  }
```

（8）编译并预览页面，可以看到应用自定义字体的"取消返回"按钮与应用系统字体的"保存设置"按钮。自定义字体与系统字体对比如图 15-36 所示。

图 15-36　自定义字体与系统字体对比

小程序不支持直接引用本地目录或服务器上的字体文件,并且要求字体文件必须是 base64 编码。

由于自定义字体的 CSS 文件通常很大,因此在小程序中使用自定义字体时必须注意存储空间的分配,如果小程序文件超过 2MB,就会导致上传失败,从而使小程序无法正式发布上线。

第16讲 二维码的应用

本讲在第 15 讲的程序的基础上实现"扫码结账"与"转发分享"两个功能，从而学习小程序开发中二维码的生成与扫描功能。

本讲主要涉及的内容包括：

（1）小程序端与服务器端的数据交互；

（2）扫码接口 wx.scanCode；

（3）模态对话框接口 wx.showModal；

（4）数据交互接口 wx.request；

（5）获取访问码接口 auth.getAccessToken；

（6）二维码生成接口 wxacode.get。

16.1 扫描二维码

16.1.1 小程序端的实现

（1）打开微信开发者工具，依次单击"小程序"→"MPShop"，单击"打开"按钮，打开"MPShop"项目，如图 16-1 所示。

图 16-1 打开"MPShop"项目

（2）打开 mine.wxml 文件，为 ID 为 myscan 的扫码结账视图容器组件添加一个 bindtap 属性，其值为 scanCode，程序如下。

```
<view id='myscan'class='my_list' bindtap='scanCode'>
```

（3）打开 mine.js 文件，在页面的生命周期函数前定义 scanCode 函数，通过该函数来执行扫码操作，并实现在扫码成功时弹出让用户确认是否需要付款的模态对话框，并在调试台输出二维码或条形码包含的信息。

scanCode 函数的程序如下。

```
//扫码结账事件函数
scanCode:function(){
  wx.scanCode({
    onlyFromCamera:true,              //只允许通过相机扫码，不允许选择图片
    onlyFromCamera: ['barCode', 'qrCode'],  //条形码与二维码
    success:res=>{
      console.log(res)
      wx.showModal({
        content: '您一共消费 20 元，是否确定支付？',
        cancelColor:'#FF0000',
        success:res=>{                //模态对话框接口调用成功
          if(res.confirm)
          {
            console.log("你已成功支付 20 元")
          }else if(res.cancel)
          {
            console.log("支付操作未完成")
          }
        }
      })
    }
  })
},
```

16.1.2　程序原理分析

1．扫码接口 wx.scanCode

wx.scanCode 是小程序提供的一个接口，在小程序官方文档中被归类于设备类 API，其功能是调出手机相机，扫描二维码或条形码，并返回其中的信息。

wx.scanCode 接口的参数与含义如表 16-1 所示。

表 16-1　wx.scanCode 接口的参数与含义

参　　数	类　　型	默　认　值	必　　填	含　　义
onlyFromCamera	布尔	false	否	只能从相机扫码，不允许从相册选择图片
scanType	数组	['barCode', 'qrCode']	否	扫码类型
success	函数		否	接口调用成功的回调函数
fail	函数		否	接口调用失败的回调函数

续表

参 数	类 型	默 认 值	必 填	含 义
complete	函数		否	接口调用结束的回调函数（无论接口调用成功，还是调用失败都会执行）

scanType 属性支持的扫码类型及含义如表 16-2 所示。

表 16-2　scanType 属性支持的扫码类型及含义

类　型	含　义
barCode	条形码
qrCode	二维码
datamatrix	Data Matrix 码
pdf417	PDF417 条码

2.模态对话框接口 wx.showModal

wx.showModal 接口的功能是显示一个模态对话框。所谓模态对话框就是根据用户的选择决定下一步操作的交互性提示框。模态对话框如图 16-2 所示。

图 16-2　模态对话框

wx.showModal 接口的参数与含义如表 16-3 所示。

表 16-3　wx.showModal 接口的参数与含义

参 数	类 型	默 认 值	必 填	含 义
title	字符串		是	提示框的标题
content	字符串		是	提示框的内容
showCancel	布尔	true	否	是否显示取消按钮
cancelText	字符串	取消	否	取消按钮的文字，最多 4 个字符
cancelColor	字符串	#000000	否	取消按钮的文字颜色，十六进制颜色格式
confirmText	字符串	确定	否	确认按钮的文字，最多 4 个字符
confirmColor	字符串	#576B95	否	确认按钮的文字颜色，十六进制颜色格式
success	函数		否	接口调用成功的回调函数
fail	函数		否	接口调用失败的回调函数
complete	函数		否	接口调用结束的回调函数（无论接口调用成功，还是调用失败都会执行）

在表 16-3 中的 success 回调函数中，如果用户单击的是模态对话框中的"确定"按钮，则返回的值是"confirm"；如果用户单击的是对话框中的"取消"按钮，则返回的值是"cancel"。

16.1.3　程序测试

（1）将所有程序文件保存，在微信开发者工具中，单击工具栏中的"真机测试"按钮，并使用项目管理者的手机微信扫描二维码。真机调试二维码如图16-3所示。

（2）在手机端单击"扫码结账"，小程序将调出手机相机，扫描任意一个条形码，即可弹出一个模态对话框。确认支付的模态对话框如图16-4所示。

图 16-3　真机调试二维码　　　　图 16-4　确认支付的模态对话框

在微信开发者工具中，"Console"面板输出的信息如图16-5所示。

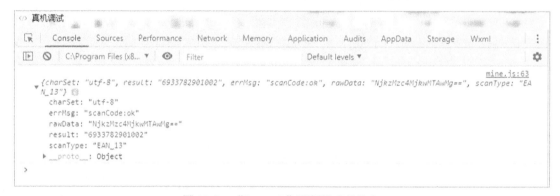

图 16-5　"Console"面板输出的信息

用手机扫描 mine 页面的预览二维码，"Console"面板输出的内容中就会多一个 path 项，如图16-6所示。

图 16-6　"Console"面板输出的二维码扫描结果

扫描结果数据集中各数据项的含义如表 16-4 所示。

表 16-4　扫码结果数据集中各数据项的含义

数　据　项	含　　义
result	所扫码的内容
scanType	所扫码的类型
charSet	所扫码的字符集
path	在扫描当前小程序二维码时，返回此字段，其内容为该二维码中携带的页面 path
rawData	原始数据，base64 编码

（3）在手机端单击"取消"按钮，可以看到"Console"面板的输出信息如图 16-7 所示；单击"确定"按钮，可以看到"Console"面板的输出信息如图 16-8 所示。

图 16-7　单击"取消"按钮后"Console"面板的输出信息

图 16-8　单击"确定"按钮后"Console"面板的输出信息

16.2　生成二维码

在小程序提供的接口中，有一些属于服务器端的接口，调用这类接口的程序只能部署在开发者的 Web 服务器上，通过在 Web 服务器上运行，来获取微信服务器上的相关数据，然后将数据返回小程序端。如果直接在小程序端调用这类接口，将不支持这种操作。生成小程序二维码的接口就属于服务器端接口。

本节内容分为小程序端与服务器端两部分，且需要配置项目的服务器域名信息。关于小程序端与服务器端的交互原理及服务器域名的配置操作可参考第 13 讲的内容。

16.2.1　小程序端的实现

1．页面跳转准备

（1）在文件目录窗格的"pages"目录下新建一个"qrcode"目录，并在该目录中新建一个"qrcode"页面，如图 16-9 所示。

图 16-9　新建的"qrcode"页面文件结构

（2）打开 mine.wxml 文件，为 ID 为 myshare 的列表视图组件增加一个 bindtap 属性，其值为 sharePage，程序如下。

```
<view id='myshare' class='my_list' bindtap='sharePage'>
```

（3）在 mine.js 中，定义 sharePage 事件函数，通过该函数实现跳转到 qrcode 页面的功能，程序如下。

```
//转发分享事件函数
sharePage:function(){
  wx.navigateTo({
    url: '../qrcode/qrcode',
  })
},
```

2．二维码页面实现

（1）打开 qrcode.wxml 文件，在程序编辑窗口中增加一个<view>视图容器组件，该组件中包含一个<text>文本组件和一个<image>图像组件，程序如下。

```
<!--pages/qrcode/qrcode.wxml-->
<view id='container'>
  <text>转发下面的二维码分享页面</text>
  <image src='{{codeimage}}' id='codeimage'></image>
</view>
```

（2）打开 qrcode.wxss 文件，设计页面中几个组件的外观样式，程序如下。

```
/* pages/qrcode/qrcode.wxss */
#container{
  height: 100%;
  display: flex;
  flex-direction: column;
  align-items: center;
}
```

```
#codeimage{
    width:550rpx;
    height: 550rpx;
}
```

（3）打开 qrcode.js，在页面初始数据中，增加一个 codeimage 对象，通过该对象保存二维码的图片路径，其初始值为 null，程序如下。

```
/**
 * 页面的初始数据
 */
data: {
    codeimage:null,     //二维码图片路径
},
```

（4）为了实现在打开页面的同时显示二维码，直接在页面的生命期周期函数 onLoad 中向服务器请求二维码图片的访问路径，并将其赋予 codeimage 对象，程序如下。

```
/**
 * 生命周期函数--监听页面加载
 */
onLoad: function (options) {
    wx.request({
        url: 'https://www.hzclin.com/mp/getQrCode.php',
        success:res=>{
            console.log(res.data)
            this.setData({
                codeimage: res.data
            })
        }
    })
},
```

16.2.3　服务器端的实现

1．程序实现的基本原理

小程序共提供了三个生成二维码的接口，这三个接口都属于服务器端接口，前缀统一为 wxacode，在官方文档中都归类在"服务器端——小程序码"类中，都能生成带参数的、永久有效的小程序二维码，但具体的应用条件有所不同。三个二维码生成接口的应用条件如表 16-5 所示。

表 16-5　三个二维码生成接口的应用条件

接　　　口	可接受的 path 参数	数　量　限　制
wxacode.createQrCode	较长	小于 100 000
wxacode.get	较长	小于 100 000
wxacode.getUnlimited	较短	5000 次/min

本节以 wxacode.get 接口为例，在服务器端程序中，调用小程序码类接口生成相应的二维码。服务器端生成小程序二维码的原理如图 16-10 所示。

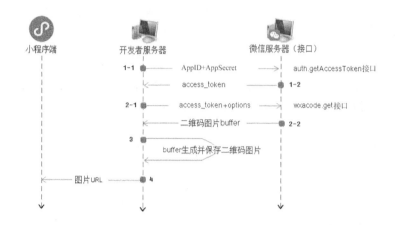

图 16-10　服务器端生成小程序二维码的原理

2．服务器端程序

在 Dreamweaver 中新建一个 PHP 文件，根据如图 16-10 所示的原理，编写程序，程序如下。

```php
<?php
//生成小程序二维码
$code=new getQrCode;
$code->getAccessToken();
class getQrCode
{
  private $appid;
  private $appsecret;
  private $accesstoken;
  public $data;

  function __construct()
  {
    $this->appid="wx27ead307xxxxxx";               //根据实际情况填写
    $this->appsecret="c9c9495b64cxxxxxxxxxx";       //根据实际情况填写
  }
  //调用 getAccessToken 接口，用 GET 方式获取 access_token
  public function getAccessToken()
  {
    $api_url="https://api.weixin.qq.com/cgi-bin/token?";
    $api_url.="grant_type=client_credential";
    $api_url.="&appid=".$this->appid."&secret=".$this->appsecret;
    $json=file_get_contents($api_url);
    $temp_arr=json_decode($json,true);
    $this->accesstoken=$temp_arr['access_token'];
    $this->getCode();
  }
  //使用 access_token，用 POST 方式调用 wxacode.get 接口，换取二维码
  private function getCode()
  {
    $options =array(
      "path"=>'pages/index/index',    //分享页面
```

```
            "width"=> 430,                                    //二维码图像宽度
            "line_color"=>array("r"=>120,"g"=>120,"b"=>120),  //线条颜色
            "is_hyaline"=>true                                //透明底色
        );
        $this->data=json_encode($options);
        $api_url="https://api.weixin.qq.com/wxa/getwxacode?";
        $api_url.="access_token=".$this->accesstoken;
        ob_start();
        $json=$this->httpGet($api_url,$this->data);
        ob_get_contents();                                    //关闭缓冲
        $picname="index.png";
        $fp=fopen($picname,"a");                              //打开只读方式
        if(!fwrite($fp,$json))
        {
            echo "二维码图片保存失败";
            exit;
        }
        echo "https://www.hzclin.com/mp/".$picname;          //将图片路径返回小程序端
    }
    private function httpGet($url,$postdata){
        $curl = curl_init();
        curl_setopt($curl, CURLOPT_RETURNTRANSFER, true);
        curl_setopt($curl, CURLOPT_TIMEOUT, 500);
        curl_setopt($curl, CURLOPT_POST, 1);
        curl_setopt($curl, CURLOPT_SSL_VERIFYPEER, true);
        curl_setopt($curl, CURLOPT_SSL_VERIFYHOST, false);
        curl_setopt($curl, CURLOPT_POSTFIELDS, $postdata);
        curl_setopt($curl, CURLOPT_URL, $url);
        $res = curl_exec($curl);
        curl_close($curl);
        return $res;
    }
}
?>
```

3．服务器端程序分析

（1）在服务器端程序中，getAccessToken()函数的功能是通过 GET 方式调用 auth.getAccess Token 接口，并用 AppID 与 AppSecret 换取全局唯一后台接口调用凭据。

auth.getAccessToken 接口调用成功后，返回一个 JSON 数据包，该数据包中包含的是字段，程序如下。

```
{"access_token":"ACCESS_TOKEN","expires_in":7200}
```

如果接口调用失败，则返回的 JSON 数据包中包含的是错误码与错误内容提示，格式范例程序如下。

```
{"errcode":40013,"errmsg":"invalid appid"}
```

（2）getCode()函数的功能是使用 POST 方式向 wxacode.get 接口提交 access_token 码和与二维码相关的参数 options，以换取小程序二维码的图像。

wxacode.get 接口要求提供的二维码参数及其说明如表 16-6 所示。

表 16-6　wxacode.get 接口要求提供的二维码参数及其说明

参　　数	类　　型	默 认 值	必　填	说　　明
access_token	字符串		是	接口调用凭证
path	字符串		是	对应的小程序页面路径，最大长度 128Byte
width	数值	430	否	二维码的宽度，单位为 px，取值范围为 280px～1280px
auto_color	布尔	false	否	自动配置线条颜色，如果颜色依然是黑色，则说明不建议配置主色调
line_color	对象	{"r":0,"g":0,"b":0}	否	auto_color 为 false 时生效，使用 rgb 设置颜色
is_hyaline	布尔	false	否	是否需要透明底色，值为 true 时，生成透明底色的小程序码

当 wxacode.get 接口调用成功时，微信服务器直接将二维码图片的二进制数据流返回缓存区。因此在 PHP 中，先使用 ob_start()语句打开缓存区，读取内容，再使用 fwrite()函数将内容写到图片文件中，最后将图片在服务器上对应的 URL 返回小程序端。

 注意：

在调用 wxacode.get 接口时，需要同时提交两个数据，即 access_token 及二维码参数的 JSON 数据包。access_token 是在调用 wxacode.get 接口的 URL 时，作为 URL 参数附着提交的，而 JSON 数据包是使用 PHP 的 curl()函数提交的。

4．程序的上传与测试

（1）将服务器端程序保存为 getQrCode.php 文件，并通过 FTP 管理工具 FileZilla 上传到小程序项目的域名信息对应的服务器上，注意路径必须与 16.2.1 节二维码页面实现步骤（4）中的 wx.request 接口请求的 URL 一致。

（2）在微信开发者工具中，保存并编译所有的程序文件，然后在"我的"页面中单击"转发分享"按钮，进入小程序二维码页面，如图 16-11 所示。

图 16-11　页面生成的二维码效果

小程序可以针对每个页面生成相应的二维码，当扫描该二维码时，微信将自动获取该小程序并进入该页面。

目前小程序只支持为已上线的项目生成二维码。

第 17 讲　多媒体娱乐小程序

本讲通过实现一个多媒体娱乐小程序的设计，来学习小程序中媒体组件及相关接口的使用。

多媒体娱乐小程序共包含三个页面，这三个页面分别用于实现视频、音频及图像三种多媒体类型的相关操作。

在本讲需要使用的一系列图片、音频与视频素材，可以通过扫描右边的二维码下载。

本讲服务器端的示范域名为 www.hzclin.com。

本讲主要涉及的内容包括：

（1）<video>视频组件；

（2）wx.createVideoContext 接口；

（3）wx.chooseVideo 接口；

（4）wx.createInnerAudioContext 接口；

（5）wx.getRecorderManager 接口；

（6）wx.getImageInfo 接口；

（7）wx.chooseImage 接口；

（8）服务器文件的调用。

17.1　素材与页面文件的准备

由于小程序在上线时只允许上传 2MB 的项目文件包，因此，当小程序需要用到大文件时，不能把这些文件直接存放在项目的目录中，而应当将其存储在开发者搭建的 Web 服务器上，小程序在运行时再通过远程调用来加载这些文件。

（1）打开 FTP 管理工具 FileZilla，连接 Web 服务器，将素材"image"目录中的图片文件、"movie"目录中的视频文件及"music"目录中的音频文件上传到 Web 服务器上的"media"目录下，如图 17-1 所示。

（2）打开微信开发者工具，新建一个小程序项目（可使用测试号 AppID，也可使用自己注册的 AppID 号）。多媒体小程序项目信息如图 17-2 所示。

（3）在计算机的资源管理器窗口中将素材目录"icon"下的文件复制到小程序项目的根目录下，如图 17-3 所示。

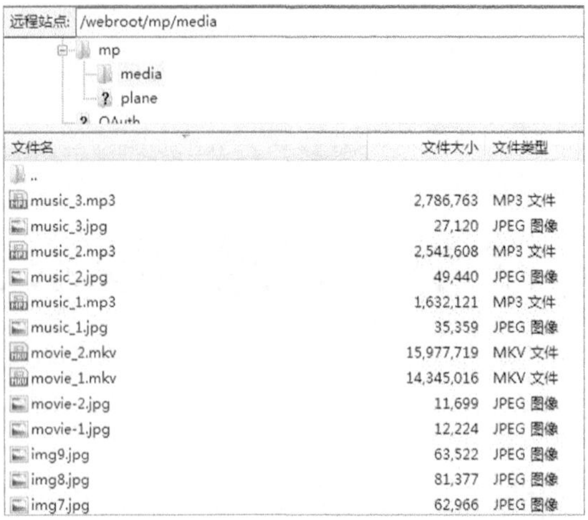

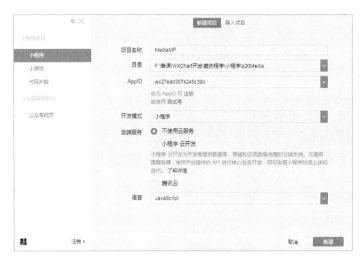

图 17-1　将素材文件上传到 Web 服务器上的"media"目录下

图 17-2　多媒体小程序项目信息

图 17-3　将素材目录"icon"下的文件复制到项目的根目录下

（4）在微信开发者工具中，选择"pages"目录，使其文件夹图标处于打开状态。新建三个目录，即"movie""music""photo"，并分别在三个目录下新建相应的页面，页面分别命名为"movie""music""photo"。将原来的 index 目录与 utils 目录删除，完成以上操作后的多媒体娱乐小程序文件目录结构如图 17-4 所示。

图 17-4 多媒体娱乐小程序文件目录结构

（4）打开 app.json 文件，修改其中的页面注册数据，程序如下。

```
"pages": [
    "pages/movie/movie",
    "pages/music/music",
    "pages/photo/photo"
],
```

（5）打开浏览器，输入域名：https://mp.weixin.qq.com/，登录微信公众平台的小程序管理后台。在首页的"小程序发布流程"中，单击"配置服务器"后面的"开发设置"链接，如图 17-5 所示。

图 17-5 "开发设置"链接

（6）在新打开的页面的"服务器域名"中，单击"修改"链接，将小程序服务器端的各服务器域名设置为自己的服务器域名，如图 17-6 所示。

图 17-6　修改小程序的服务器域名

小程序端与服务器端进行文件传输时必须使用 HTTPS 协议，因此 Web 服务器端必须部署
SSL 证书，才能支持 HTTPS 协议。

 17.2　视频播放页面的实现

17.2.1　页面数据准备

（1）打开 app.json 文件，配置多媒体娱乐小程序项目的全局性外观数据，程序如下。

```
{
  "window": {
    "backgroundTextStyle": "light",
    "navigationBarBackgroundColor": "#fff",
    "navigationBarTitleText": "云惠媒体",
    "navigationBarTextStyle": "black"
  },
  "tabBar": {
    "list": [{
      "pagePath": "pages/movie/movie",
      "text": "影音",
      "iconPath": "icon/movie.png",
      "selectedIconPath": "icon/movie2.png"
    },
    {
      "pagePath": "pages/music/music",
      "text": "天籁",
      "iconPath": "icon/music.png",
      "selectedIconPath": "icon/music2.png"
    },
    {
      "pagePath": "pages/photo/photo",
      "text": "光影",
      "iconPath": "icon/photo.png",
      "selectedIconPath": "icon/photo2.png"
    }
```

```
    ]
  },
  "sitemapLocation": "sitemap.json"
}
```

（2）打开 movie.json 文件，配置页面的外观数据，程序如下。

```
{
"backgroundTextStyle": "light",
"navigationBarBackgroundColor": "#fff",
"navigationBarTitleText": "云惠视觉",
"navigationBarTextStyle": "black"
}
```

（3）打开 movie.js 文件，在页面初始化数据 data 数组中初始化多媒体娱乐小程序的数据，程序如下。

```
/**
  * 页面的初始数据
  */
data: {
  movieSrc:null,        //当前播放 SRC
  'movieList':[{
    movieSrc: 'https://www.hzclin.com/mp/media/movie_1.mkv',
    movieImg: 'https://www.hzclin.com/mp/media/movie-1.jpg',
    movieName: '沧海一声笑',
    movieType: '港台流行音乐',
    movieDate: '2019-5-31'
  },
    {
      movieSrc: 'https://www.hzclin.com/mp/media/movie_2.mkv',
      movieImg: 'https://www.hzclin.com/mp/media/movie-2.jpg',
      movieName: '三国演义主题曲',
      movieType: '影视主题曲',
      movieDate: '2019-5-31'
    },
    {
      movieSrc: 'https://www.hzclin.com/mp/media/china.mp4',
      movieImg: 'https://www.hzclin.com/mp/media/china.jpg',
      movieName: '中国水墨书画卷',
      movieType: '文化',
      movieDate: '2019-5-31'
    },
  ]
},
```

17.2.2　页面布局规划

视频播放页面由四部分组成，即视频播放窗口、视频列表、视频拍摄按钮及 tabBar。视频播放页面的布局规划如图 17-7 所示。

图 17-7　视频播放页面的布局规划

实现各栏目效果主要使用的 WXML 组件如下。

（1）播放窗口：<video>视频组件；

（2）视频列表区：<view>视图容器组件、<image>图像组件；

（3）按钮：<button>按钮组件。

17.2.3　页面 UI 实现

（1）打开 movie.wxml 文件，将 class=container 的视图容器组件作为整个的页面视图容器，并在该视图容器中添加各个布局区的<view>视图容器组件。视频列表中每条视频内容布局示意图如图 17-8 所示。

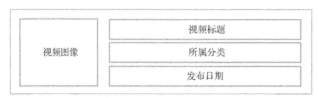

图 17-8　视频列表中每条视频内容布局示意图

完整的程序如下。

```
<!--pages/movie/movie.wxml-->
<view class="container">
  <video id='video' src='{{movieSrc}}' ></video>
  <view class='video-list' bindtap='movieSelect' wx:for='{{movieList}}' wx:key='movieSrc' data-vid='{{item.movieSrc}}' >
    <image class='video-image' src='{{item.movieImg}}'></image>
    <view class='video-info'>
      <view>
        片名：<text class='info-content'>{{item.movieName}}</text>
      </view>
      <view>
        类型：<text class='info-content'>{{item.movieType}}</text>
      </view>
      <view>
        日期：<text class='info-content'>{{item.movieDate}}</text>
      </view>
```

```
    </view>
  </view>
  <button class='button' type='primary' bindtap='filmSelf'>自演自拍</button>
</view>
```

（2）打开 movie.wxss 文件，设计<video>视频组件的外观样式表，程序如下。

```
#video{
    width: 700rpx;
    height: 500rpx;
}
```

（3）在 movie.wxss 文件中设计视频列表的外观样式，程序如下。

```
.video-list{
    width: 700rpx;
    height: 200rpx;
    background-color: white;
    margin: 15rpx;
    display: flex;
    flex-direction: row;
    align-items: center;
    border: 1px solid gray;
}
.video-list:active{
    background-color: rgb(247, 221, 108);
}
```

（4）在 movie.wxss 文件中设计视频列表中视频图像 video-image 与视频文件信息 video-info 的外观样式，程序如下。

```
.video-image{
    width:150rpx;
    height: 150rpx;
    background-color:goldenrod;
    margin: 0rpx 20rpx;
}
.video-info{
    width: 500rpx;
    height: 150rpx;
    display: flex;
    flex-direction: column;
    justify-content: space-between;
    font-size: 0.8em;
    color: gray;
}
```

（5）打开 app.wxss 文件，设计页面视图容器 container 与 button 的外观样式，程序如下。

```
/**app.wxss**/
.container {
    height: 100%;
    display: flex;
    flex-direction: column;
    align-items: center;
```

```
    justify-content: space-between;
    padding: 10rpx 0;
    box-sizing: border-box;
}
.button{
    width: 700rpx;
    margin-top: 20rpx;
    letter-spacing: 0.6rem;
}
```

（6）完成上述操作步骤后，编译小程序。movie 页面的外观效果如图 17-9 所示。

图 17-9　movie 页面的外观效果

多媒体娱乐小程序项目共有三个页面，每个页面都会用到页面视图容器 container 与 button，在全局文件 app.wxss 中设计这两个组件的外观样式，可以同时被三个页面共用。

17.2.4　页面功能实现

（1）实现在单击视频列表中的任意一个视频信息项时，播放窗口自动播放该视频。

打开 movie.js 文件，在页面的初始数据与生命周期函数之间定义视频列表 video-list 的 bindtap 事件函数 movieSelect，程序如下。

```
//选择视频
movieSelect:function(e){
    this.setData({
        movieSrc:e.currentTarget.dataset.vid
    })
    let player = wx.createVideoContext('video')
    player.play()
},
```

视频列表 video-list 通过 wx:for='{{movieList}}'绑定 data 中的 movieList 数组；使 data-vid='{{item.movieSrc}}'将相应数组元素中的 movieSrc 值绑定在 vid 中。

在 movieSelect 函数中，使用 e.currentTarget.dataset.vid 获得 vid 所绑定的值。

wx.createVideoContext('video')接口的作用是创建一个视频播放实例，并将其与 ID 为 video 的<video>视频组件绑定，通过该实例名即可控制视频组件的操作。

（2）实现在单击"自演自拍"按钮时，打开手机摄像头，且当录制完成一段视频后，自动播放该视频。

在上面的函数程序下，定义自演自拍事件函数 filmSelf，程序如下。

```
//自演自拍事件函数
filmSelf:function(){
  wx.chooseVideo({
    sourceType: ['camera'],
    maxDuration: 60,
    camera: 'back',
    success:res=>{
      this.setData({
        movieSrc:res.tempFilePath
      })
      let player = wx.createVideoContext('video')
      player.play()
    }
  })
},
```

wx.chooseVideo 接口的作用是通过手机相册或摄像头获取视频文件，获取成功后，将文件的临时路径保存在成功回调函数参数的 tempFilePath 属性中。

wx.chooseVideo 接口的参数及其含义如表 17-1 所示。

表 17-1　wx.chooseVideo 接口的参数及其含义

参　　数	类　　型	默　认　值	含　　义
sourceType	数组	['album', 'camera']	视频的来源，album 为相册，camera 为摄像头
maxDuration	整型	60	最长拍摄时间，单位为 s
camera	字符串	'back'	后置镜头（镜头的默认值为 front，表示前置镜头）
success	函数		接口调用成功的回调函数

在本例中，视频拍摄完成以后的文件默认是存储在本地的，通过 success 回调函数的 res.tempFilePath 可以获得该文件的临时路径，该路径是一个使用 HTTPS 访问的 URL。

17.3　音乐播放页面的实现

17.3.1　页面数据准备

（1）打开 music.json 文件，配置页面的外观数据，程序如下。

```
{
  "backgroundTextStyle": "light",
  "navigationBarBackgroundColor": "#fff",
  "navigationBarTitleText": "云惠天籁",
  "navigationBarTextStyle": "black"
}
```

（2）打开 music.js 文件，参考下面的内容在 data 数组中配置页面的初始数据。

```
/**
 * 页面的初始数据
 */
data: {
  musicsrc:null,
  playstatus:0,                    //播放状态：0 表示停止，1 表示开始，2 表示暂停
  statusinfo:'欢迎使用',
  musicname:'云惠天籁播放器',
  musictime:0,                     //音乐时长
  currenttime:0,                   //当前播放时间点
  icon:'../../icon/stop.png',      //控制按钮图标
  //音乐列表初始数组
  "musicList":[{
    musicSrc: 'https://www.hzclin.com/mp/media/music_1.mp3',
    musicImg: 'https://www.hzclin.com/mp/media/music_1.jpg',
    musicName: '二胡独奏——赛马',
    musicType: '民族乐器',
    musicDate: '2019-6-1'
  },
    {
      musicSrc: 'https://www.hzclin.com/mp/media/music_2.mp3',
      musicImg: 'https://www.hzclin.com/mp/media/music_2.jpg',
      musicName: '笑八仙',
      musicType: '影视原声音乐',
      musicDate: '2019-6-1'
    },
    {
      musicSrc: 'https://www.hzclin.com/mp/media/music_3.mp3',
      musicImg: 'https://www.hzclin.com/mp/media/music_3.jpg',
      musicName: '铁血丹心',
      musicType: '影视主题曲',
      musicDate: '2019-6-1'
    },
  ],
  recordstatus:0,                  //录音状态，0 表示停止，1 表示正在录音
  recordstatusinfo:'自嗨一曲'       //录音按钮上的文字
},
```

17.3.2　页面布局规划

音乐播放页面由四部分组成，即音乐播放器窗口、音乐列表区、录音按钮及 tabBar。
音乐播放页面的布局规划如图 17-10 所示。

图 17-10　音乐播放页面的布局规划

在实现各部分的效果时，主要使用的 WXML 组件如下。

（1）播放器窗口：小程序原有的\<audio\>音频组件已不再维护支持，因此需要利用\<view\>视图容器组件、\<image\>图像组件，以及 wx.createInnerAudioContext 接口自定义一个音乐播放器。

（2）音乐列表区：\<view\>视图容器组件、\<image\>图像组件。

（3）按钮：\<button\>按钮组件。

17.3.3　页面 UI 实现

（1）打开 music.wxml 文件，添加一个 class=container 的视图容器组件，并将其作为页面布局容器，再在页面布局容器中添加各个功能区的相应组件，程序如下。

```
<!--pages/music/music.wxml-->
<view class="container">
    <view id='player'>
    </view>
    <view class='music-list' bindtap='musicSelect' wx:for='{{musicList}}' wx:key='movieSrc' data-vid='{{index}}' >
    </view>
    <button type='primary' class='button' bindtap='singSong'>{{recordstatusinfo}}
    </button>
</view>
```

（2）打开 music.wxss 文件，定义音乐播放器视图容器组件 player 和音乐列表视图容器组件 music-list 的外观样式，程序如下。

```
/* pages/music/music.wxss */
#player{
    width: 700rpx;
    height: 200rpx;
    background-color: blueviolet;
    border-radius: 20rpx;
    color: white;
    font-size:0.9em;
}
```

```
.music-list{
    width: 700rpx;
    height: 200rpx;
    background-color: white;
    margin: 15rpx;
    display: flex;
    flex-direction: row;
    align-items: center;
    border: 1px solid rgb(129, 14, 129);
}
.music-list:active{
    background-color: rgb(195, 187, 240);
}
```

（3）预览页面效果如图 17-11 所示。

（4）打开 music.wxml 文件，在播放器视图组件 player 中，按照如图 17-12 所示的布局示意图添加播放器的相关内容组件。

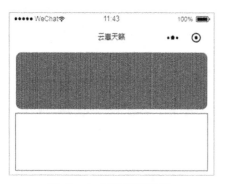

图 17-11　预览页面效果

图 17-12　音乐播放器的内容组件布局示意图

具体程序如下。

```
<view id='player'>
    <view class='playinfo'>
        <view id='playstatus'>{{statusinfo}}</view>
        <view id='musicname'>{{musicname}}</view>
        <view id='time'>{{currenttime}}/{{musictime}}</view>
    </view>
    <view id='statusbar'>
        <image src='{{icon}}' class='playicon' bindtap='playcontroll'></image>
    </view>
</view>
```

（5）在音乐列表 music-list 视图容器组件中，按照如图 17-13 所示的布局示意图添加相应的组件。

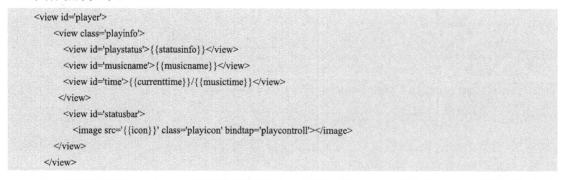

图 17-13　音乐内容列表布局示意图

具体程序如下。

```
<view class='music-list' bindtap='musicSelect' wx:for='{{musicList}}' wx:key='movieSrc' data-vid='{{index}}' >
    <image class='music-image' src='{{item.musicImg}}'></image>
    <view class='music-info'>
      <view>
        曲名：<text class='info-content'>{{item.musicName}}</text>
      </view>
      <view>
        分类：<text class='info-content'>{{item.musicType}}</text>
      </view>
      <view>
        日期：<text class='info-content'>{{item.musicDate}}</text>
      </view>
    </view>
  </view>
```

（6）在 music.wxss 文件中，设计上述各组件相应的外观样式，程序如下。

```
.playinfo{
  display: flex;
  margin:20rpx 20rpx;
  flex-direction: row;
  justify-content: space-between;
}
#statusbar{
  margin-top: 20rpx;
  margin-left: 20rpx;
}
.playicon{
  width:40px;
  height: 40px;
}
.music-image{
  width:150rpx;
  height: 150rpx;
  background-color:goldenrod;
  margin: 0rpx 20rpx;
}
.music-info{
  width: 500rpx;
  height: 150rpx;
  display: flex;
  flex-direction: column;
  justify-content: space-between;
  font-size: 0.8em;
  color: gray;
}
.info-content{
  color: rgb(119, 23, 209);
}
```

（7）完成上述操作后，编译预览上述文件。音乐播放页面效果如图 17-14 所示。

图 17-14　音乐播放页面效果

17.3.4　页面功能的实现

实现音乐播放页面的功能的设计逻辑如下。

（1）当用户单击音乐列表中的某条曲目时，播放器开始播放该曲目，并在播放器中显示该曲目的播放状态、音乐名称及音乐播放时间等信息。此时播放器中的控制按钮显示为暂停图标。

（2）当用户单击"暂停"按钮时，音乐暂停播放，播放状态显示为"暂停播放"。此时播放器中的控制按钮显示为"播放"图标。

（3）当曲目自然播放完毕时，播放状态显示为"播放结束"。此时播放器中的控制按钮显示为"停止"图标。

1．音频播放的实现

（1）打开 music.js 文件，通过定义一个全局性常量，创建一个音频播放实例，程序如下。

```
const player=wx.createInnerAudioContext()      //创建音频播放实例
```

wx.createInnerAudioContext 是小程序提供的一个媒体接口，其作用是创建一个音频播放实例（对象），通过修改该实例的相关属性、方法，可以实现对指定的音频文件进行播放控制。

（2）在 music.js 文件中的页面的生命周期函数前，定义播放列表组件 music-list 的 bindtap 事件函数 musicSelect，使用户在单击列表中的某条音乐时，将一系列相关数据写进 data 数组的对应字段中，并使用第（1）步中创建的音频播放实例来播放该音频，程序如下。

```
//播放选择的音乐
musicSelect:function(e){
    let index = e.currentTarget.dataset.vid
    this.setData({
```

```
        musicsrc:this.data.musicList[index].musicSrc,
        musicname:this.data.musicList[index].musicName,
        icon:'../../icon/pause.png',
        playstatus:1
    })
    player.src = this.data.musicList[index].musicSrc
    player.play()
},
```

上述程序最后两行中的 player.src 属性的作用是指定音频播放实例要播放的文件的路径，只要该路径是一个有效的音频文件路径，player.play()方法就能够播放该音频。

（3）继续在 music.js 文件中定义播放控制图标的绑定事件 playControll。该函数的功能是根据 data 数组中的播放状态字段 playstatus 的值，判断当前的播放状态，并决定要执行的播放操作，程序如下。

```
//播放控制按钮事件
playControll:function(){
    if(this.data.playstatus==1)         //从播放状态转为暂停状态
    {
        this.setData({
            playstatus:2,
            icon:'../../icon/play.png'
        })
        player.pause()
    }
    else if(this.data.playstatus==2)    //从暂停状态转为播放状态
    {
        this.setData({
            playstatus: 1,
            icon: '../../icon/pause.png'
        })
        player.play()
    }
    else if(this.data.playstatus==0)    //从停止状态转为播放状态
    {
        if(this.data.musicsrc){
            this.setData({
                playstatus: 1,
                icon: '../../icon/pause.png'
            })
            player.play()
        }
    }
},
```

完成上述操作后保存编译程序，运行 music 页面，此时，小程序已经能够实现在选择一首音乐后自动开始播放了，而且还可以通过播放控制按钮执行暂停与继续播放的操作。

但上述程序依然存在以下两个不足。

① 播放器窗口中的播放状态没有随着播放状态的变化而显示相应状态的文字内容。

② 音乐的时间信息没有实时显示。

（4）在 music.js 文件的生命周期函数 onLoad 中，调用播放实例 player 的几个播放状态监听接口，使音乐处于不同的播放状态时，页面能够相应地显示不同的内容，程序如下。

```
/**
 * 生命周期函数--监听页面加载
 */
onLoad: function (options) {
    //音乐正在播放
    player.onPlay(()=>{
            this.setData({
                statusinfo:'正在播放……'
            })
    })
    //音乐播放暂停
    player.onPause(() => {
        this.setData({
            statusinfo: '暂停播放……'
        })
    })
    //音乐播放结束
    player.onStop(() => {
        this.setData({
            statusinfo: '播放已停止',
            playstatus:0,
            icon:'../../icon/play.png'
        })
    })
    //音乐播放完毕
    player.onEnded(()=>{
        this.setData({
            statusinfo: '播放完毕',
            playstatus: 0,
            icon: '../../icon/play.png'
        })
    })
    //更新音乐的时长
    player.onTimeUpdate(()=>{
        this.updateTime()
    })
    player.onCanplay(() => {
        this.updateTime()
    })
})
```

上述程序调用的几个接口，都是音频播放实例 player 的播放状态监听接口，以 onPlay 为例，其作用是在监听到音频处于正在播放的状态时，执行相应的程序语句。

player.onCanplay 接口的作用是监听音频是否进入可播放状态，但该接口只保证监听开始时的状态，并不保证音频在之后任何时段都处于流畅播放状态。

（5）第（4）步中的 player.onTimeUpdate 接口调用了当前页面中的 updateTime()函数，因此需要在页面的生命周期函数体外定义该函数，程序如下。

```
//音乐时间更新函数
updateTime:function(){
    player.duration                                //音乐时长
    player.currentTime                             //当前播放进度
    let k = parseInt(player.duration)
    let k_now = parseInt(player.currentTime)
    let h = parseInt(k / 3600)
    let h_now = parseInt(k_now / 3600)
    let m = parseInt((k - h * 3600) / 60)
    let m_now = parseInt((k_now - h_now * 3600) / 60)
    let s = k - h * 3600 - m * 60
    let s_now = k_now - h_now * 3600 - m_now * 60
    this.setData({
        musictime: h + ':' + m + ':' + s,
        currenttime: h_now + ':' + m_now + ':' + s_now
    })
},
```

　　完成上述操作后，编译并预览多媒体娱乐小程序，音乐的播放功能已基本实现。但依然存在一个不足，即如果在音频播放过程中离开播放页面，音频不会停止，还会继续播放。这是因为前面创建的播放实例没有销毁，还在继续起作用。

　　（6）在生命周期函数 onUnload 中，销毁播放实例，程序如下。

```
onUnload: function () {
    player.destroy()                               //销毁播放实例
},
```

2．录音功能的实现

　　（1）打开 music.js 文件，在页面函数 page()之前，创建一个录音对象及一个关于录音数据的静态 JSON 数据集，程序如下。

```
const mysong = wx.getRecorderManager()          //创建录音对象
const options = {
    duration: 50000,                            //录音的时长为 5min
    sampleRate: 8000,                           //采样率
    numberOfChannels: 2,                        //录音通道数
    encodeBitRate: 16000 ,                      //编码码率
    format: 'mp3',                              //音频格式
    frameSize: 50,                              //指定帧大小，单位 KB
}
```

　　wx.getRecorderManager 接口的作用是获取全局唯一录音管理器实例。options 数据集中的数据用于指定录音时各种参数的值，该接口的参数及其含义如表 17-2 所示。

表 17-2　wx.getRecorderManager 接口的参数及其含义

参　　数	类　　型	默　认　值	含　　义
duration	数值	60000	录音的时长，单位为 ms，最大值为 600000
sampleRate	数值	8000	采样率
numberOfChannels	数值	2	录音通道数
encodeBitRate	数值	48000	编码码率
format	字符串	aac	音频格式

参　　数	类　　型	默 认 值	含　　义
frameSize	数值		指定帧大小，单位为 KB。录制指定帧大小的内容后，会回调录制的文件内容，不指定则不会回调。目前仅支持 mp3 格式

（2）在页面的生命周期函数之前，定义录音按钮的 bindtap 事件函数 singSong，程序如下。

```
//自嗨一曲事件函数
singSong:function(){
  if(this.data.recordstatus==0){
    mysong.start(options)        //开始录音
    this.setData({
      recordstatusinfo:'劲歌录制中......',
      recordstatus:1
    })
  }
  else {
    mysong.stop()                //停止录音
    this.setData({
      recordstatusinfo: '自嗨一曲',
      recordstatus: 0
    })
  }
},
```

17.4　图片浏览页面的实现

小程序不仅提供了 <image> 图像组件，还提供了一系列关于图片操作的接口，通过这些接口，开发者可以方便快捷地开发出与图片操作有关的功能。

图片浏览页面的功能目标是：用户可以选择页面已提供的默认图片进行浏览；也可以从手机相册中最多选择 9 张图片进行浏览；还可以调用手机相机拍摄 1 张图片并显示。

17.4.1　页面数据准备

（1）打开 photo.json 文件，配置页面的窗口数据，程序如下。

```
{
  "backgroundTextStyle": "light",
  "navigationBarBackgroundColor": "#fff",
  "navigationBarTitleText": "云惠光影",
  "navigationBarTextStyle": "black"
}
```

（2）打开 photo.js 文件，在 data 数组中配置页面的初始数据，程序如下。

```
/**
 * 页面的初始数据
```

```
    */
data: {
    currentimg:'https://www.hzclin.com/mp/media/image.jpg',          //大图 SRC
    imagetitle:'云惠光影',                                            //图片标题
    imagewidth:0,                                                    //图片宽度
    imageheight:0,                                                   //图片高度
    imagelist:[
        {
            title:'晴云朗日',
            src:'https://www.hzclin.com/mp/media/img1.jpg'
        },
        {
            title: '碧云天黄叶地',
            src: 'https://www.hzclin.com/mp/media/img2.jpg'
        },
        {
            title: '江似青罗带，山如碧玉簪',
            src: 'https://www.hzclin.com/mp/media/img3.jpg'
        }
    ]
},
```

图片文件素材在 17.1 节中已经上传到 Web 服务器的相应目录下了，用 HTTPS 协议通过文件的 URL 进行加载与调用即可。

17.4.2　页面布局规划

图片浏览页面由五大部分组成，即大图浏览区、图片信息区、图片列表区、操作按钮区及 tabBar。

图片浏览页面的布局规划如图 17-15 所示。

图 17-15　图片浏览页面的布局规划

图片浏览页面所到的 UI 组件比较简单，主要有三个，即<view>视图容器组件、<image>图像组件、<button>按钮组件。

17.4.3　页面 UI 实现

（1）在 photo.wxml 文件中，使用<view>视图容器组件、<image>图像组件及<button>按钮组件实现页面各栏目的划分，程序如下。

```
<!--pages/photo/photo.wxml-->
<view class="container">
    <image id='main' src='{{currentimg}}' mode='aspectFill'> </image>
    <view class='imageinfo'>
        <view>图片名称：{{imagetitle}}</view>
        <view>图片尺寸：{{imagewidth}}*{{imageheight}}</view>
    </view>
    <view class='imgelist'>
        <image    src='{{item.src}}'   class='imgeitem'   data-vid='{{index}}'   bindtap='showLargeImg'   wx:for='{{imagelist}}'
wx:key='{{src}}'></image>
    </view>
    <button type='primary' class='button' bindtap='takePicBySelf'>自拍一张</button>
    <button type='primary' class='button' bindtap='takePicByAlbum'>选择相册</button>
</view>
```

小程序的<image>图像组件默认宽度为 300px、高度为 225px，如果图片的尺寸较大，则可以使用 mode 属性来控制图片的显示模式。<image>图像组件的 mode 属性与含义如表 17-3 所示。

表 17-3　<image>图像组件的 mode 属性与含义

属　　性	含　　义
scaleToFill	缩放模式，不保持纵横比缩放图片，使图片的宽高完全拉伸至填满<image>图像组件
aspectFit	缩放模式，保持纵横比缩放图片，保证图片的长边能完全显示出来
aspectFill	缩放模式，保持纵横比缩放图片，只保证图片的短边能完全显示出来
widthFix	缩放模式，宽度不变，高度自动变化，保持原图宽高比不变
top	裁剪模式，不缩放图片，只显示图片的顶部区域
botton	裁剪模式，不缩放图片，只显示图片的底部区域
center	裁剪模式，不缩放图片，只显示图片的中间区域
left	裁剪模式，不缩放图片，只显示图片的左边区域
right	裁剪模式，不缩放图片，只显示图片的右边区域
top left	裁剪模式，不缩放图片，只显示图片的左上边区域
top right	裁剪模式，不缩放图片，只显示图片的右上边区域
bottom left	裁剪模式，不缩放图片，只显示图片的左下边区域
bottom right	裁剪模式，不缩放图片，只显示图片的右下边区域

<button>按钮组件的 type 属性用于指定按钮的样式类型，一共有三种值可以选择，即 primary（绿色）、default（白色）、warm（红色）。

（1）打开 photo.wxss 文件，定义各组件的外观样式，程序如下。

```
/* pages/photo/photo.wxss */
#main{
    width: 700rpx;
    height: 500rpx;
    border: 1px solid gainsboro;
    border-radius: 20rpx;
```

```
}
.imageinfo{
  width: 700rpx;
  display: flex;
  flex-direction:column;
  align-items: flex-start;
  color: rgb(121, 113, 113);
  font-size: 0.9rem;
  line-height: 1.5rem;
  padding-left: 20rpx;
}
.imgelist{
  width: 700rpx;
  display:flex;
  flex-direction:row;
  flex-wrap: wrap;
  justify-content:space-between;
}
.imgeitem{
  width: 200rpx;
  height: 200rpx;
  margin-top: 20rpx;
}
```

imagelist 类的 flex-wrap 属性的作用是当 imagelist 中的内容的宽度超出 imagelist 的范围时，自动换行（默认值为不换行）。这样设置的目的是当 imagelist 中的图片的数量大于 3 张时，能够自动换行显示，最后形成九宫格布局。

（3）保存并编译上述程序，图片浏览页面预览效果如图 17-16 所示。

图 17-16　图片浏览页面预览效果

17.4.4　页面功能的实现

图片浏览页面需要具有如下功能。

（1）在大图浏览区中，默认显示初始图片，并在图片信息区显示该图片的标题与图片的尺寸。

（2）用户单击图片列表区中的任一图片时，在大图浏览区显示该图的大图，并在图片信息区显示相应的图片标题与尺寸。

（3）当用户单击"选择相册"按钮时，可以实现从手机相册中最多选择 9 张图片添加到图片列表区。

（4）当用户单击"自拍一张"按钮时，调出手机相机，拍照完成后，在大图浏览区显示拍摄的照片。

1．显示默认图片

（1）打开 photo.js 文件，在页面生命周期函数中调用相关接口，获取图像信息，程序如下。

```
/**
 * 生命周期函数--监听页面加载
 */
onLoad: function (options) {
  //获取图像信息
  wx.getImageInfo({
    src: this.data.currentimg,
    success: res => {
      this.setData({
        imageheight: res.height,
        imagewidth: res.width
      })
    }
  })
}
```

wx.getImageInfo 接口用于获取图片的基本信息，包括图片的尺寸、本地路径、拍照时手机镜头的方向（横向、竖向、顺时针 90°等），以及图片的格式。通过该接口中的 src 参数指定要读取的图片路径。接口调用成功后，相关的信息数据将通过 success 回调函数中的 res 参数带回。

将上述程序写在生命周期函数 onLoad()中。因为在页面加载时就需要显示默认的图片，这样做可以实现在页面加载完成时把默认图片的信息读取出来。

（2）在生命周期函数前，定义图片列表中<image>图像组件的绑定事件函数 showLargeImg，通过该函数实现在单击该图像组件时在大图浏览区中显示该图像的大图，并在图像信息区显示相应的图像信息，程序如下。

```
//显示列表中的大图
showLargeImg:function(e){
  let index=e.currentTarget.dataset.vid
  this.setData({
    currentimg:this.data.imagelist[index].src,
    imagetitle: this.data.imagelist[index].title,
  })
  //获取图像信息
  wx.getImageInfo({
    src: this.data.imagelist[index].src,
    success: res => {
```

```
          this.setData({
            imageheight: res.height,
            imagewidth: res.width
          })
        }
      })
    },
```

2．自拍一张图片

在 photo.js 文件中的页面生命周期函数前定义"自拍一张"按钮的绑定事件函数 takePicBySelf，程序如下。

```
//自拍一张
takePicBySelf:function(){
  wx.chooseImage({
    sourceType: ['camera'],
    sizeType: ['original', 'compressed'],
    success: res=>{
      var src=res.tempFilePaths[0]
      wx.getImageInfo({
        src: src,
        success:res=>{
          this.setData({
            currentimg:src,
            imagetitle:'自拍图片',
            imagewidth:res.width,
            imageheight:res.height
          })
        }
      })
    },
  })
},
```

wx.chooseImage 接口的功能是从本地相册中选择图片或者使用手机相机拍照。wx.chooseImage 接口的参数及含义如表 17-4 所示。

表 17-4　wx.chooseImage 接口的参数及含义

参　　数	类　　型	默 认 值	含　　义
count	数值	9	最多可以选择的图片数
sizeType	数组<字符串>	['original', 'compressed']	所选图片的尺寸
sourceType	数组<字符串>	['album', 'camera']	选择图片的来源
success	函数		接口调用成功的回调函数
fail	函数		接口调用失败的回调函数
complete	函数		接口调用结束的回调函数（无论接口调用成功还是失败都会执行）

针对表 17-4 中各项参数的含义，需注意以下几点：

（1）图片的尺寸属性 sizeType 的值是一个数组，它有两个值，即 original 和 compressed，其中，original 表示原图，compressed 表示压缩图。

（2）图片来源属性 sourceType 的值也是一个数组，它也有两个值，即 album 和 camera，其中，album 表示相册，camera 表示相机。

（3）接口调用成功的回调函数 success 的参数 res 带回的是图像文件的本地临时路径列表 tempFilePaths 数组，以及图像的本地临时文件列表 tempFiles 数组。

"Console"面板输出的 res 参数值如图 17-17 所示。

图 17-17　"Console"面板输出的 res 参数值

3．选择相册图片

（1）在 photo.js 文件中的页面生命周期函数前定义"选择相册"按钮的绑定事件函数 takePicByAlbum，程序如下。

```
//选择相册
takePicByAlbum:function(){
    wx.chooseImage({
        count:9,                          //一次最多选择 9 张图片
        sourceType: ['album'],            //从相册中选择图片并将其添加到缩略图栏
        success: res=> {
            console.log(res)
            var pic=res.tempFilePaths
            for(var i=0;i<pic.length;i++){
                var newPic={title:'相册图片' + i,src:pic[i]}
                var jsonPic=this.data.imagelist
                jsonPic.push(newPic)
                this.setData({
                    imagelist:jsonPic
                })
            }
        },
    })
},
```

页面初始数据 data 中的数组允许在小程序运行时进行增加、删除数组元素的操作，其实现过程如下。

① 经分析可发现 data 数组中的图像列表数组 imagelist 中的每个元素包含两个字段，即

title 与 src，这两个字段分别对应图像的标题与路径。

②　根据图像列表数组 imagelist 中的元素的格式，将需要添加的数据构造成一个新的数组 newPic={title:'相册图片' + i,src:pic[i]}。

③　将 newPic 数组通过入栈的方式，使用数组的 push 方法压入 imagelist 数组中，其相应程序为。

```
var jsonPic=this.data.imagelist
jsonPic.push(newPic)
```

（2）编译并预览页面，在模拟器的页面中单击"选择相册"按钮，系统调出本地相册，最多可以选择 9 张图片，将这些图片添加到图片列表中，并以九宫格的布局排列显示。

单击其中任意 1 张图片，大图浏览区将显示该图的大图，并在图片信息区显示该图片的相关信息。"选择相册"页面效果如图 17-18 所示。

图 17-18　"选择相册"页面效果

第18讲　小程序的界面与交互效果

通过小程序的 WXML 组件及 JSON 数据配置，可以实现大部分界面与交互效果。除此之外小程序还提供了一系列面向界面设计及用户交互的接口，利用这些接口可以使小程序的界面更加细致，人机交互更加友好。

本讲案例主要是在小程序中通过调用相关接口，实现不同的界面效果及用户交互效果。本讲主要涉及的内容有以下几个方面。

1．导航栏的个性化设置接口

（1）导航栏 Loading 动画显示：wx.showNavigationBarLoading 接口。

（2）导航栏 Loading 动画隐藏：wx.hideNavigationBarLoading 接口。

（3）动态设置页面标题：wx.setNavigationBarTitle 接口。

（4）动态设置页面导航栏颜色：wx.setNavigationBarColor 接口。

2．tabBar 的应用优化接口

（1）动态设置 tabBar 的整体样式：wx.setTabBarStyle 接口。

（2）动态设置 tabBar 某一项内容：wx.setTabBarItem 接口。

（3）显示 tabBar：wx.showTabBar 接口。

（4）隐藏 tabBar：wx.hideTabBar 接口。

（5）显示 tabBar 项右上角的红点：wx.showTabBarRedDot 接口。

（6）隐藏 tabBar 项右上角的红点：wx.hideTabBarRedDot 接口。

（7）为 tabBar 项右上角添加文本：wx.setTabBarBadge 接口。

（8）移除 tabBar 项右上角的文本：wx.removeTabBarBadge 接口。

3．页面的下拉刷新接口

（1）页面刷新接口：wx.startPullDownRefresh 接口。

（2）页面下拉监听函数：onPullDownRefresh 函数。

（3）停止页面刷新接口：wx.stopPullDownRefresh 接口。

（4）背景色设置接口：wx.setBackgroundColor 接口。

（5）背景文本样式设置接口：wx.setBackgroundTextStyle 接口。

4．用户交互对话框接口

（1）显示/隐藏提示框：wx.showToast/wx.hideToast 接口。

（2）显示模态对话框：wx.showModal 接口。

（3）显示/隐藏载入框：wx.showLoading/wx.hideLoading 接口。

（4）显示操作菜单：wx.showActionSheet 接口。

18.1　项目素材与页面准备

（1）打开微信开发者工具，使用正式微信公众号的 AppID，新建一个小程序项目，其相关配置信息如图 18-1 所示。

图 18-1　新建小程序项目相关配置信息

（2）在项目窗口的目录结构窗格删除项目默认建立的 logs 与 utils 目录，并将"icon"目录复制到项目的根目录下，完成此操作后的小程序的目录结构如图 18-2 所示。

（3）在"pages"目录下，再新建三个文件夹，即"msgbox""pagepull""tabbar"，并分别在三个文件夹内建立同名页面。小程序最后的目录结构如图 18-3 所示。

图 18-2　复制"icon"目录后的小程序目录结构　　　　图 18- 3　小程序最后的目录结构

（4）打开 app.json 文件，注册小程序的页面文件、配置 tabBar 数据，程序如下。

```
{
  "pages": [
    "pages/index/index",
```

```
      "pages/tabbar/tabbar",
      "pages/pagepull/pagepull",
      "pages/msgbox/msgbox"
  ],
  "window": {
    "backgroundTextStyle": "light",
    "navigationBarBackgroundColor": "#fff",
    "navigationBarTitleText": "小程序的界面与交互",
    "navigationBarTextStyle": "black"
  },
  "tabBar": {
    "list": [{
      "pagePath": "pages/index/index",
      "text": "导航栏",
      "iconPath": "icon/navigator1.png",
      "selectedIconPath": "icon/navigator2.png"
    },
    {
      "pagePath": "pages/tabbar/tabbar",
      "text": "标签栏",
      "iconPath": "icon/tabbar1.png",
      "selectedIconPath": "icon/tabbar2.png"
    },
    {
      "pagePath": "pages/pagepull/pagepull",
      "text": "页面刷新",
      "iconPath": "icon/page1.png",
      "selectedIconPath": "icon/page2.png"
    },
    {
      "pagePath": "pages/msgbox/msgbox",
      "text": "对话框",
      "iconPath": "icon/msgbox1.png",
      "selectedIconPath": "icon/msgbox2.png"
    }]
  },
  "sitemapLocation": "sitemap.json"
}
```

18.2　动态设置导航栏

18.2.1　页面 UI 的实现

（1）打开 index.js 文件，在 data 数据集中设置页面数据，程序如下。

```
data: {
    title:'导航栏标题',              //导航栏标题
```

```
      frontcolor:'#000000',          //导航栏前景颜色，默认值为黑色
      backcolor:'#ffffff',           //导航栏背景颜色，默认值为白色
      animation:{                    //导航栏动画效果
         duration:3000,              //动画时间 3s
         timingFunc:'linear'         //动画类型，默认值为匀速变化
      }
   },
```

（2）打开 index.wxml 文件，使用<view>视图容器组件、<input>输入框组件、<radio-group>单选按钮组组件、<radio>单选按钮组件及<button>按钮组件进行 UI 设计，程序如下。

```
<!--index.wxml-->
<view class="container">
   <view>导航栏与 tabBar 动态设置</view>
   <view class="label">
   标题文字：<input class="txt_box" bindinput="inputTitle"></input>
   </view>
   <view class="label">
   前景色：
   <radio-group bindchange='frontColor'>
      <radio value="#000000">黑色</radio>
      <radio value="#ffffff">白色</radio>
   </radio-group>
   </view>
   <view class="label">
   背景色：
   <radio-group bindchange='backColor'>
      <radio value="#00ff00">绿色</radio>
      <radio value="#33DEFD">青色</radio>
      <radio value="#FFEA00">橙色</radio>
   </radio-group>
   </view>
   <view class="label">
   动画：
   <radio-group bindchange='animation'>
      <radio value="linear">匀速</radio>
      <radio value="easeIn">慢入</radio>
      <radio value="easeOut">慢出</radio>
      <radio value="easeInOut">慢入慢出</radio>
   </radio-group>
   </view>
   <button type="primary" class="button" bindtap="showSetting">预览导航栏效果</button>
   <button type="primary" class="button" bindtap="showLoading">显示导航栏 loading 动画</button>
   <button type='warn' class="button" bindtap="stopLoading">停止导航栏 loading 动画</button>
</view>
```

（3）打开 app.wxss 文件，定义 index.wxml 文件中的各组件的 WXSS 样式表，使这些 WXSS 样式能够被其他页面的组件共用，程序如下。

```
/**app.wxss**/
.container {
   height: 100%;
```

```
    width:700rpx;
    display: flex;
    flex-direction: column;
    align-items: center;
    justify-content: space-between;
    box-sizing: border-box;
    margin: 0 auto;
}
.label {
    width:100%;
    height: 80rpx;
    display: flex;
    flex-direction:row;
    align-items: flex-start;
    font-size: 0.8rem;
    line-height: 80rpx;
}
.txt_box {
    width: 450rpx;
    height: 60rpx;
    margin: 20rpx;
    border-radius: 10rpx;
    border: 1px solid rgb(47, 226, 31);
}
.button{
    width: 100%;
    height:90rpx;
    margin: 10rpx;
}
```

（4）保存编译文件，预览页面，在模拟器中的页面预览效果如图18-4所示。

图 18-4　页面预览效果

18.2.2　页面逻辑的实现

1．导航栏外观的动态设置

（1）打开 index.js 文件，在页面的生命周期函数前定义标题文字输入框 txt_box 的 bindinput 属性绑定的函数 inputTitle()，实现用户在输入导航栏的标题文字时，将输入的内容与 data 数组中的 title 字段绑定，程序如下。

```
/**
 * 导航栏标题输入事件
 */
 inputTitle:function(e){
   this.setData({
     title:e.detail.value
   })
 },
```

（2）分别定义导航栏前景色单选按钮组与背景色单选按钮组的 bindchange 属性绑定的函数 frontColor()、backColor()，实现用户在选择不同的颜色时，相应的颜色值（单选按钮的 value 值）被保存到页面 data 数据集的相应字段中，程序如下。

```
/**
 * 导航栏前景色选择
 */
 frontColor:function(e){
   this.setData({
     frontcolor:e.detail.value
   })
 },
/**
 * 导航栏背景色选择
 */
 backColor: function (e) {
   this.setData({
     backcolor: e.detail.value
   })
 },
```

（3）定义导航栏变化动画单选按钮组的 bindchange 属性绑定的函数 animation()，程序如下。

```
/**
 * 动画选择
 */
 animation:function(e){
   this.setData({
     timingFunc:e.detail.value
   })
 },
```

（4）定义"预览导航栏效果"按钮的 bindtap 事件函数 showSetting()，在该函数中，调用相关的 API 接口，将前面所设置的各类数据应用到小程序的导航栏中，显示相应的效果，程序如下。

```
/**
* 预览导航栏效果
*/
  showSetting:function(){
    wx.setNavigationBarTitle({
      title: this.data.title,
    })
    wx.setNavigationBarColor({
      frontColor: this.data.frontcolor,
      backgroundColor: this.data.backcolor,
      animation:this.data.animation
    })
  },
```

上述程序涉及两个小程序接口，具体分析如下。

① wx.setNavigationBarTitle 接口的功能是动态设置所在页面标题。

② wx.setNavigationBarColor 接口的功能是动态设置页面导航栏的前景颜色（frontColor）、背景颜色（backgroundColor）及颜色过渡动画（animation）。其中，颜色过渡动画 animation 属性有两个参数，分别是过渡时间（duration）与过渡方式（timingFunc），由 data 中的数据集对象 animation{}来指定相关参数，程序如下。

```
animation:{                   //导航栏颜色过渡动画效果
    duration:3000,            //动画时间 3s
    timingFunc:'linear'       //动画类型，默认值为匀速变化
  }
```

小程序有三个地方可以设置页面导航栏的外观，按照显示的优先级别从高到低分别是导航栏类接口、page.json 文件及 app.json 文件。

（5）保存并编译程序，在模拟器中预览程序效果。在"标题文字"文本框中输入"云惠小程序"，将"前景色"设置为"白色"，将"背景色"设置为"青色"，将"动画"设置为"慢入"，如图 18-5 所示。

（6）单击"预览导航栏效果"按钮，可以看到导航栏的文字由原来的"小程序的界面与交互"变为"云惠小程序"，背景逐渐从原来的白色变为青色，文字颜色从黑色变为白色（见图 18-6）。

图 18-5 设置导航栏效果

图 18-6 预览导航栏效果

2．导航栏 loading 动画

（1）在 index.js 文件中，分别定义"显示导航栏 loading 动画"按钮与"停止导航栏 loading 动画"按钮的 bindtap 函数，即 showLoading()与 stopLoading()，程序如下。

```
/**
* 显示导航栏 loading 动画
*/
```

```
  showLoading:function(){
    wx.showNavigationBarLoading()
  },
/**
 * 停止导航栏 loading 动画
 */
  stopLoading:function(){
    wx.hideNavigationBarLoading()
  }
```

① wx.showNavigationBarLoading 接口的功能是在导航栏标题前显示一个 loading 动画图标。

② wx.hideNavigationBarLoading 接口的功能是隐藏导航栏中的 loading 动画图标。

这两个接口与前面的导航栏接口相同，都只能设置程序所在的页面。

（2）保存并编译程序，在模拟器中单击页面中的"显示导航栏 loading 动画"按钮，可以看到页面标题栏的标题前面多了一个 loading 图标，如图 18-7 所示；单击"停止导航栏 loading 动画"按钮，该 loading 图标消失。

图 18-7　导航栏的 loading 图标

18.3　动态设置 tabBar

在 app.json 文件中配置的 tabBar 是静态的，是不允许程序实时修改的，但小程序另外提供了一系列关于 tabBar 的接口，通过这些接口，可以实现实时、动态地修改 tabBar 的一些属性。

18.3.1　页面 UI 实现

（1）打开 tabbar.wxml 文件，添加七个操作按钮，并为每个按钮设置一个 bindtap 属性函数，程序如下。

```
<!--pages/tabbar/tabbar.wxml-->
<view class="container">
  <button type="primary" class="button" bindtap="setItem">导航栏->首页</button>
  <button type="primary" class="button" bindtap="showRedDot">页面变化提示</button>
  <button type="default" class="button" bindtap="hideRedDot">清除红点提示</button>
```

```
<button type="primary" class="button" bindtap="setBadge">新消息提示</button>
<button type="default" class="button" bindtap="removeBadge">消息设为已读</button>
<button type="primary" class="button" bindtap="showTabBar">显示 TabBar</button>
<button type="default" class="button" bindtap="hideTabBar">隐藏 TabBar</button>
</view>
```

（2）设置 tabBar 的页面预览效果如图 18-8 所示。

图 18-8　设置 tabBar 的页面预览效果

18.3.2　页面逻辑的实现

1．动态设置 tabBar 项

（1）打开 tabbar.js 文件，在页面的生命周期函数之前定义"导航栏->首页"按钮的 bindtap 属性函数 setItem()，程序如下。

```
/**
 * 动态改变 tabBar 的第一项
 */
setItem:function(){
    wx.setTabBarItem({
        index: 0,
        text:'首页',
        iconPath:'/icon/home1.png',
        selectedIconPath:'/icon/home2.png'
    })
},
```

（2）保存程序，编译并预览 tabBar 页面，然后单击页面中的"导航栏->首页"按钮，可以看到页面下端的 tabBar 中的"导航栏"变为"首页"，图标由原来的指南针变为小屋。动态改变后的 tabBar 项效果如图 18-9 所示。

图 18-9　动态改变后的 tabBar 项效果

wx.setTabBarItem 接口的功能是动态设置 tabBar 的某一项。它通过 tabBar 项的 index 指定实时改变的 tabBar 的图标与文字。

通过 wx.setTabBarItem 接口动态改变 tabBar 中指定项的内容，只是小程序运行过程中的一种临时性设置。当小程序重新加载时，依然按照 app.json 文件中的 tabBar 配置进行初始化。

2．设置 tabBar 项右上角红点

（1）在 tabbar.js 文件中，继续定义"页面变化提示"按钮与"清除红点提示"按钮的 bindtap 属性函数，即 showRedDot()与 hideRedDot()，程序如下。

```
/**
 * 在 tabBar 上显示小红点
 */
 showRedDot:function(){
   wx.showTabBarRedDot({
     index: 2
   })
 },
/**
 * 移除 tabBar 上的小红点
 */
 hideRedDot:function(){
   wx.hideTabBarRedDot({
     index: 2,
   })
 },
```

（2）保存并编译程序文件，在模拟器中预览该页面，并单击"页面变化提示"按钮，可以看到 tabBar 中"页面刷新"图标的右上角出现了一个小红点，如图 18-10 所示。再单击"清除红点提示"按钮，小红点消失。

图 18-10　tabBar 项右上角的小红点效果

wx.showTabBarRedDot 接口的功能是在 index 参数指定的 tabBar 项右上角显示一个小红点，该设置通常用于提示用户页面数据产生了变化。

wx.hideTabBarRedDot 接口的功能是消除 index 参数指定的 tabBar 项右上角的小红点。在实际开发应用中，一般在该 tabBar 项对应的页面装载函数中调用该接口，以实现单击该 tabBar 项红点消失的交互效果。

3．设置 tabBar 项右上角文本

（1）在 tabbar.js 文件中，定义"新消息提示"按钮的 bindtap 属性函数 setBadge()，通过该函数实现每单击一次该按钮，data 中的 msgCount 值加 1，并显示在 tabBar 中"对话框"图标的右上角，程序如下。

```
/**
 * 在 tabBar 上显示数字
 */
 setBadge:function(){
   this.setData({
     msgCount:this.data.msgCount+1
   })
   let tabtext=this.data.msgCount+";  //数值型转为字符串型
   wx.setTabBarBadge({
```

```
      index: 3,
      text: tabtext,
    })
  },
```

（2）定义"消息设为已读"按钮的 bindtap 属性函数 removeBadge，当单击该按钮时，tabBar 中的"对话框"图标右上角的数字消失，程序如下。

```
/**
* 清除 tabBar 上的数字
*/
removeBadge:function(){
  this.setData({
    msgCount:0
  })
  wx.removeTabBarBadge({
    index: 4,
  })
},
```

（3）保存并编译程序，在模拟器中单击"新消息提示"按钮数次，可以看到 tabBar 中的"对话框"图标的右上角出现红色的数字，数字随着单击次数的增加而递增，如图 18-11 所示。然后单击"消息设为已读"按钮，红色数字标识消失。

图 18-11　设置 tabBar 项右上角的文本效果

wx.setTabBarBadge 接口的作用是在 index 参数指定的 tabBar 项右上角显示红色文本标识，文本内容通过 text 参数指定。由于 text 参数的值要求是字符串型的，因此程序中的数值型内容需要先转换为字符串型。

wx.removeTabBarBadge 接口的作用是移除 index 参数指定的 tabBar 项右上角的红色文本标识。

4．动态显示隐藏 tabBar 栏

（1）在 tabbar.js 文件中，定义"显示 tabBar"按钮与"隐藏 tabBar"按钮的 bindtap 属性函数，即 showTabBar()与 hideTabBar()，程序如下。

```
/**
* 显示 tabBar
*/
showTabBar:function(){
  wx.showTabBar({
    animation:true
  })
},
/**
* 隐藏 tabBar
*/
hideTabBar:function(){
  wx.hideTabBar({
```

```
          animation: true
      })
  },
```

（2）编译并预览页面，单击"隐藏 tabBar"按钮，页面下端的 tabBar 栏下沉消失；单击"显示 tabBar"按钮，页面下端的 tabBar 栏上浮。

wx.showTabBar 接口的作用是显示 tabBar 栏，wx.hideTabBar 接口的作用是隐藏 tabBar 栏。两者都有 animation 参数，如果该值为 true，则表示 tabBar 栏在显示或隐藏的过程中，有一个上浮或下沉的过渡动画。

通过上面两个接口实现的 tabBar 栏的显示与隐藏，只是一种程序运行时的临时效果。当小程序被重新加载时，tabBar 栏依然按照 app.json 文件中的 tabBar 配置进行初始化，默认为显示状态。

18.4　页面下拉刷新

小程序允许用户对某个页面通过下拉操作刷新页面数据，并且允许重新定义页面在下拉刷新过程中的界面外观。

18.4.1　下拉刷新的实现

（1）打开 pagepull.js 文件，在页面初始数据 data 中定义 freshtime 数据项，该数据项用于记录页面的刷新次数，初始值为 0，程序如下。

```
/**
 * 页面的初始数据
 */
data: {
    freshtime:0           //记录页面刷新次数
},
```

（2）打开 pagepull.json 文件，配置数据，允许页面通过下拉操作刷新数据，程序如下。

```
{
    "enablePullDownRefresh": true,
}
```

（3）打开 pagepull.wxml 文件，使用<text>文本组件绑定 freshtime 数据项，程序如下。

```
<view class="container">
    <text>页面刷新{{freshtime}}次</text>
</view>
```

（4）打开 pagepull.js 文件，定义用户下拉操作监听函数 onPullDownRefresh，通过该函数实现用户每完成 1 次下拉操作 freshtime 增加 1。

```
/**
 * 页面相关事件处理函数--监听用户下拉操作
 */
onPullDownRefresh: function () {
```

```
wx.setBackgroundTextStyle({
  textStyle: 'dark'
})
this.setData({
  freshtime:this.data.freshtime+1
})
},
```

（5）保存并编译程序，在模拟器中预览页面，通过鼠标指针完成下拉页面的操作，可以看到，每完成1次下拉操作，页面中的刷新次数就会加1，效果如图18-12所示。

图 18-12　页面的下拉刷新效果

onPullDownRefresh 函数是一种页面事件处理函数，不允许自定义该函数名。

wx.setBackgroundTextStyle 接口的功能是设置页面在下拉刷新过程中背景文本的样式（刷新时闪烁的3个小黑点），只有 dark（黑色）与 light（白色）两个值。

18.4.2　下拉刷新时的界面外观

（1）在 pagepull.wxml 文件中，添加设置外观界面的组件，程序如下。

```
<!--pages/pagepull/pagepull.wxml-->
<view class="container">
  <text>页面刷新{{freshtime}}次</text>
  <button class="button" type="primary" bindtap="freshPage">刷新页面</button>
  <view class="label">
    刷新时背景颜色
    <radio-group bindchange='setBackColor'>
      <radio value="#ebebe0">浅灰色</radio>
      <radio value="#ffffb3">浅黄色</radio>
      <radio value="#ff66d9">粉红色</radio>
    </radio-group>
  </view>
</view>
```

（2）编译并预览页面。pagepull 页面预览效果如图18-13所示。

图 18-13　pagepull 页面预览效果

（3）打开 pagepull.js 文件，定义"背景颜色"单选按钮组的 bindchange 事件函数

setBackColor()，程序如下。

```
//设置背景色
setBackColor:function(e){
  wx.setBackgroundColor({
    backgroundColor:e.detail.value
  })
},
```

（4）定义"刷新页面"按钮的 bindtap 属性函数 freshPage()，程序如下。

```
//刷新页面函数
freshPage:function(){
  wx.startPullDownRefresh()
  setTimeout(
    function(){
      wx.stopPullDownRefresh()
    },2000 )                       //2s 后停止刷新
},
```

（5）编译并预览页面，在模拟器中选择页面刷新时的背景颜色（如浅黄色），然后单击"刷新页面"按钮，可以看到当页面中出现下拉刷新动画时，3 个闪烁点的背景色为浅黄色，如图 18-14 所示。

图 18-14　刷新页面时的背景效果

wx.setBackgroundColor 接口的作用是设置当前页面下拉刷新时，闪烁点的背景颜色。

wx.startPullDownRefresh 接口的作用是打开当前页面下拉刷新动画，即自动开启页面的下拉刷新操作，该接口不需设置任何参数。

wx.stopPullDownRefresh 接口的作用是停止当前页面的刷新动画，不需设置任何参数。

18.5　小程序交互对话框

小程序为用户提供了几种不同形式的交互对话框，通过这些对话框，用户可以根据自己的实际情况选择不同的操作，并接收、了解小程序对用户操作的处理结果。

小程序的对话框类型有信息提示框（toast）、加载框（loading）、模态对话框（modal）与操作菜单（ActionSheet）。

18.5.1　页面 UI 与数据准备

（1）打开 msgbox.js 文件，在页面初始数据 data 中定义数据对象，程序如下。

```
/**
 * 页面的初始数据
 */
data: {
    opt_menu:[false,false,false],          //选择操作菜单
    amount:[20,50,100,'其他'],             //充值金额
    amountid:0                             //金额选择序号
},
```

（2）打开 msgbox.wxml 文件，设计页面的 UI。其中，四个<button>按钮组件分别用来控制不同类型对话框的显示，两个<view>视图容器组件根据选择的菜单不同而显示不同的内容，程序如下。

```
<!--pages/msgbox/msgbox.wxml-->
<view class="container">
    <!--控制按钮区-->
    <button type="primary" class="button" bindtap="addToList">下载该影片</button>
    <button type="primary" class="button" bindtap="playFilm">播放该影片</button>
    <button type="warn" class="button" bindtap="deleFilm">删除该影片</button>
    <button type="default" class="button" bindtap="moreOperation">其他操作</button>
    <!--根据选择菜单，显示评论区-->
    <view   wx:if='{{opt_menu[0]}}'>
        <textarea class="discuss-box" placeholder="请输入评论文字"></textarea>
        <button type="primary" bindtap="submitButton" data-index="0">发表</button>
    </view>
    <!--根据选择菜单，显示充值金额选择区-->
    <view   wx:if='{{opt_menu[2]}}'>
        <view>请选择充值金额</view>
        <view class="amount">
            <view class='amount-item'
                wx:for='{{amount}}'
                wx:key='{{index}}'
                data-id="{{index}}"
                bindtap="selectAmout"
                style="{{index==amountid?'border:1px solid red':'border:1px solid rgb(150, 167, 241)'}}">{{item}}
            </view>
        </view>
        <button type='primary' bindtap="submitButton" data-index="2">充值</button>
    </view>
</view>
```

（3）msgbox 页面预览效果如图 18-15 所示。

图 18-15   msgbox 页面预览效果

18.5.2 页面逻辑的实现

1．提示框

（1）打开 msgbox.js 文件，定义"下载该影片"按钮的 bindtap 属性函数 addToList()，程序如下。

```
/**
 * 加入下载列表，显示提示框
 */
addToList:function(){
  wx.showToast({
    title: '已加入下载列表',
    duration:3000,              //3s 后消失
    image:'../../icon/R.png',
    mask:true
  })
},
```

wx.showToast 接口的作用是显示提示框，该接口的参数与说明如表 18-1 所示。

表 18-1 wx.showToast 接口的参数与说明

参　　数	类　　型	默 认 值	必　填	说　　明
title	字符串		是	提示框的内容
icon	字符串	'success'	否	图标
image	字符串		否	自定义图标的本地路径，优先级高于 icon
duration	数值	1500	否	提示框消失的延迟时间
mask	布尔	false	否	是否显示透明蒙板，防止触摸穿透
success	函数		否	接口调用成功的回调函数
fail	函数		否	接口调用失败的回调函数
complete	函数		否	接口调用结束的回调函数（无论接口调用成功还是失败都会执行）

关于表 18-1 中的参数，需要注意以下几点。

① icon 与 image 是一对冲突参数，icon 的值只能是小程序提供的几款默认图标名称，image 允许开发者自定义图标路径。image 的优先级更高，如果通过 image 参数设置了自定义图标，则通过 icon 设置的图标将不再显示。

icon 值及其对应图标如表 18-2 所示。

表 18-2 icon 值及其对应图标

icon 值	图　　标
success	✔
loading	✺
none	

另外，无论 icon 值是"success"还是"loading"，还是设置了 image 自定义图标，title 的内容都只能显示 7 个中文字符。如果 icon 值为"none"，则提示框不再显示任何图标，title 的内容也将不受 7 个字符限制。

② 当 mask 值为 true 时，小程序自动为提示框增加 1 个透明蒙板，该蒙板布满整个屏幕，使用户无法再操作提示框背后的页面组件。

③ 由于在 icon 值为 loading 时，toast 提示框就变成了加载框，所以即使 wx.showToast 接口与 wx.showLoading 接口本质上是同一类接口，二者也不能同时使用。

（2）编译并预览页面，在页面中单击"下载该影片"按钮，弹出的提示框效果如图 18-16 所示。

（3）将 addToList()函数修改为如下程序。

```
/**
* 加入下载列表，显示提示框
*/
addToList:function(){
    wx.showToast({
        title: '本影片只作交流学习用，请勿作其他用途',
        icon:'none',
        duration:3000,              //3s 后消失
        mask:true
    })
},
```

（4）修改 addToList()函数后的提示框效果如图 18-17 所示。

图 18-16　消息提示框效果

图 18-17　修改 addToList()函数后的提示框效果

2．加载框

（1）在 index.js 页面中定义"播放该影片"按钮的 bindtap 属性函数 playFilm()，程序如下。

```
/**
* 播放影片，显示加载框
*/
playFilm:function(){
    wx.showLoading({
        title: '正在缓冲……',
    })
    setTimeout(function(){
        wx.hideLoading()
    },4000 )                    //4s 后加载框消失
},
```

wx.showLoading 接口的功能是显示加载框，其参数与说明如表 18-3 所示。

表 18-3　wx.showLoading 接口的参数与说明

参　　　数	类　　型	默　认　值	必　　填	说　　　明
title	字符串		是	加载框的内容
mask	布尔	false	否	是否显示透明蒙板，防止触摸穿透
success	函数		否	接口调用成功的回调函数
fail	函数		否	接口调用失败的回调函数
complete	函数		否	接口调用结束的回调函数（无论接口调用成功还是失败都会执行）

关于 wx.showLoading 接口及其参数，需要注意以下几点。

① wx.showLoading 接口显示的加载框与 wx.showToast 接口显示的提示框在本质上是相同的。二者的区别在于 wx.showLoading 接口不允许开发者自定义图标及消失的延迟时间。

② title 参数最多只能显示 7 个中文字符。

③ 因为 wx.showLoading 接口不提供加载框消失的时间参数，所以开发者必须根据业务逻辑在必需的地方调用 wx.hideLoading 接口来消除加载框。

（2）编译并预览页面，单击"播放该影片"按钮，加载框效果如图 18-18 所示。

图 18-18　加载框效果

3．模态对话框

模态对话框是一种允许用户在"确认"按钮与"取消"按钮之间进行操作选择的对话框，一般用来防止用户误操作。

（1）在 msgbox.js 文件中，定义"删除该影片"按钮的 bindtap 函数 deleFilm()，程序如下。

```
/**
 * 删除影片，显示模态对话框
 */
  deleFilm:function(){
    wx.showModal({
      title: '操作提示',
      content: '删除后无法恢复，您确定需要继续吗？',
      confirmColor:'#00FF12',
      cancelColor:'#FF0000',
      success:res=>{
        if(res.confirm){
          console.log('影片删除成功')
        }else if(res.cancel){
```

```
            console.log('您单击了取消操作')
        }
      }
    })
  },
```

wx.showModal 接口用于显示一个模态对话框，其参数与含义如表 18-4 所示。

表 18-4　wx.showModal 接口的参数含义

参　　数	类　　型	默　认　值	必　　填	含　　义
title	字符串		是	模态对话框的标题
content	字符串		是	模态对话框的内容
showCancel	布尔	true	否	是否显示取消按钮
cancelText	字符串	'取消'	否	取消按钮的文字，最多为 4 个字符
cancelColor	字符串	#000000	否	取消按钮文字的颜色，十六进制的颜色字符串
confirmText	字符串	'确定'	否	确认按钮的文字，最多为 4 个字符
confirmColor	字符串	#576B95	否	确认按钮文字的颜色，十六进制的颜色字符串
success	函数		否	接口调用成功的回调函数
fail	函数		否	接口调用失败的回调函数
complete	函数		否	接口调用结束的回调函数（无论接口调用成功还是失败都会执行）

当接口调用成功时，其 success 回调函数将带回用户的选择项，其中"取消"按钮的带回值为 cancel，确定按钮带回的值为 confirm。

（2）编译并预览页面，单击"删除该影片"按钮，模态对话框效果如图 18-19 所示。

图 18-19　模态对话框效果

（3）单击"取消"按钮与"确定"按钮后，"Console"面板中输出的内容分别如图 18-20 与图 18-21 所示。

图 18-20　单击"取消"按钮后"Console"面板输出的内容

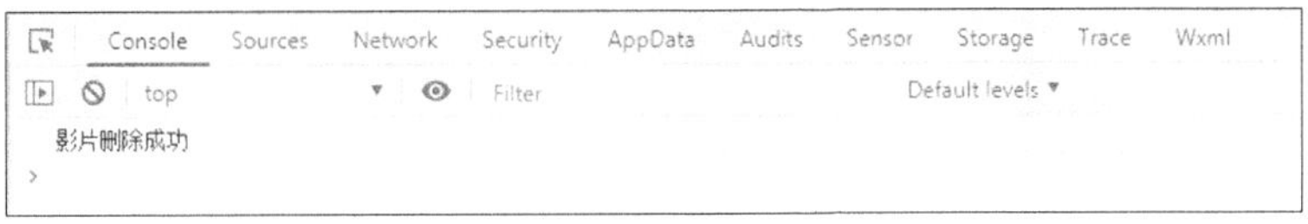

图 18-21　单击"确定"按钮后"Console"面板输出的内容

4．操作菜单

如果小程序的业务需要为用户提供更多交互选择（不仅是确定或取消），则可以使用操作菜单。

（1）在 msgbox.js 文件中，定义"其他操作"按钮的 bindtap 属性函数 moreOperation()，程序如下。

```
/**
 * 其他操作，显示操作菜单
 */
moreOperation:function(){
  wx.showActionSheet({
    itemList: ['评论影片','收藏影片','充值会员'],
    success:res=>{
      var opt = 'opt_menu['+res.tapIndex+']'
      this.setData({
        [opt]:true
      })
      if(res.tapIndex==1){
        wx.showToast({
          title: '收藏成功',
          duration:2000,
          icon:'none'
        })
      }
    }
  })
},
```

wx.showActionSheet 接口的功能是显示一个操作菜单，其参数与含义如表 18-5 所示。

表 18-5　wx.showActionSheet 接口的参数与含义

参　　数	类　　型	默　认　值	必　　填	含　　义
itemList	数组		是	按钮的文字数组，数组最大长度为 6
itemColor	字符串	#000000	否	按钮文字的颜色
success	函数		否	接口调用成功的回调函数
fail	函数		否	接口调用失败的回调函数
complete	函数		否	接口调用结束的回调函数（无论接口调用成功还是失败都会执行）

① itemList 是一个数组类型的参数，用于指定各菜单项的文字内容。

② 接口调用成功后，success 回调函数将返回用户选择的菜单项序号值 tapIndex，该序号值对应的是该菜单项在 itemList 数组中的下标。

（2）定义评论内容"发表"按钮的 bindtap 函数 submitButton()与充值金额的选择函数 selectAmout()，程序如下。

```
/**
 * 评论内容"发表"按钮
 */
  submitButton:function(e){
    var index=e.currentTarget.dataset.index
    var opt = 'opt_menu['+index+']'
    this.setData({
      [opt]:false
    })
  },
/**
 * 选择充值金额
 */
  selectAmout:function(e){
    this.setData({
      amountid:e.currentTarget.dataset.id
    })
  },
```

（3）编译并预览页面，单击"其他操作"按钮，弹出的操作菜单效果如图 18-22 所示。

（4）单击"评论影片"，显示评论区，如图 18-23 所示，单击"发表"按钮后，评论区消失。

图 18-22　操作菜单效果

图 18-23　评论区效果

（5）单击"收藏影片"，显示 toast 提示框，收藏成功的提示框效果如图 18-24 所示。

（6）单击"充值会员"，显示充值操作区，如图 18-25 所示。选中的充值金额的视图容器组件的外观与其他充值金额的视图容器组件的外观不同，单击"充值"按钮后，充值操作区消失。

图 18-24　收藏成功的提示框效果

图 18-25　充值操作区效果

第19讲　手机小助手

手机的 Wi-Fi、蓝牙、电池管理、罗盘等功能是各种手机软件的功能得以应用的基础。小程序也为这些功能的管理提供了一系列丰富的接口，通过这些接口可以方便地监听、获取、管理 Wi-Fi、蓝牙、罗盘等产生的功能数据。

本讲主要是通过实现一个手机小助手，学习并掌握小程序中设备类接口的应用。

本讲涉及的内容主要有以下几个方面。

（1）网络接口。

① 获取网络类型接口：wx.getNetworkType 接口。

② 监听网络状态接口：wx.onNetworkStatusChange 接口。

③ 动态设置页面标题：wx.setNavigationBarTitle 接口。

④ 设置页面导航栏颜色：wx.setNavigationBarColor 接口。

（2）Wi-Fi 接口。

① Wi-Fi 初始化接口：wx.startWifi 接口。

② Wi-Fi 获取接口：wx.getWifiList 接口。

③ Wi-Fi 发现接口：wx.onGetWifiList 接口。

（3）蓝牙接口。

① 蓝牙初始化接口：wx.openBluetoothAdapter 接口。

② 获取蓝牙状态接口：wx.getBluetoothAdapterState 接口。

③ 获取已匹配的蓝牙接口：wx.getConnectedBluetoothDevices 接口。

④ 关闭蓝牙接口：wx.closeBluetoothAdapter 接口。

⑤ 开始搜寻附近的蓝牙外围设备接口：wx.startBluetoothDevicesDiscovery 接口。

⑥ 停止搜索附近的蓝牙外围设备接口：wx.stopBluetoothDevicesDiscovery 接口。

⑦ 监听寻找蓝牙设备接口：wx.onBluetoothDeviceFound 接口。

（4）获取电池的电量接口：wx.getBatteryInfo 接口。

（5）屏幕接口。

① 获取屏幕亮度接口：wx.getScreenBrightness 接口。

② 设置屏幕亮度接口：wx.setScreenBrightness 接口。

③ 设置屏幕保持亮屏接口：wx.setKeepScreenOn 接口。

（6）拨打电话接口：wx.makePhoneCall 接口。

（7）添加联系人接口：wx.addPhoneContact 接口。

（8）罗盘接口。

① 开启监听罗盘数据接口：wx.startCompass 接口。

② 监听罗盘数据的变化接口：wx.onCompassChange 接口。

③ 罗盘关闭接口：wx.stopCompass 接口。

（9）WXSS 样式的动态绑定。

19.1 项目与文件准备

（1）打开微信开发者工具，使用测试号新建一个小程序项目，项目的配置信息如图 19-1 所示。

图 19-1 新建项目配置信息

（2）删除目录结构窗格中项目默认建立的 logs 目录与 utils 目录，并将"icon"目录复制到项目根目录下。调整后小程序的目录结构如图 19-2 所示。

（3）在"pages"目录下，新建三个文件夹，即"contact""desktop""sensor"，并分别在三个文件夹下建立同名页面。小程序的最终文件目录结构如图 19-3 所示。

图 19-2 调整后小程序的目录结构

图 19-3 小程序的最终文件目录结构

（4）打开 app.json 文件，注册小程序的页面文件、配置 tabBar 数据及小程序的授权请求等内容，程序如下。

```
{
  "pages": [
    "pages/index/index",
    "pages/deskTop/deskTop",
    "pages/contact/contact",
    "pages/sensor/sensor"
  ],
  "window": {
    "backgroundTextStyle": "light",
    "navigationBarBackgroundColor": "#fff",
    "navigationBarTitleText": "WeChat",
    "navigationBarTextStyle": "black"
  },
  "sitemapLocation": "sitemap.json",
  "permission": {
    "scope.userLocation": {
      "desc": "小程序将获取你的位置信息用于位置接口的效果展示"
    }
  },
  "tabBar": {
    "list": [
      {
        "pagePath": "pages/index/index",
        "text": "传输网络",
        "iconPath": "icon/transmission.png",
        "selectedIconPath": "icon/transmission2.png"
      },
      {
        "pagePath": "pages/deskTop/deskTop",
        "text": "桌面设置",
        "iconPath": "icon/desktop.png",
        "selectedIconPath": "icon/desktop2.png"
      },
      {
        "pagePath": "pages/contact/contact",
        "text": "通讯联系",
        "iconPath": "icon/contact.png",
        "selectedIconPath": "icon/contact2.png"
      },
      {
        "pagePath": "pages/sensor/sensor",
        "text": "手机罗盘",
        "iconPath": "icon/sensor.png",
        "selectedIconPath": "icon/sensor2.png"
      }
    ]
  }
}
```

19.2 传输与网络接口

19.2.1 页面 UI 的实现

本节将在 index 页面中实现以下几项需求。

（1）使用小程序的网络接口，获取当前手机所连接的网络类型。

（2）使用 Wi-Fi 接口扫描所有可连接的 Wi-Fi 信号源，获取其信号强度，及当前已连接的 Wi-Fi 信号源信息。

（3）使用蓝牙接口扫描附近所有蓝牙设备。

index 页面的 UI 布局规划如图 19-4 所示。

图 19-4 index 页面的 UI 布局规划

（1）打开 index.js 文件，在页面 data 数据集中设置页面数据，程序如下。

```
data: {
    wifiList: [],              //Wi-Fi 列表
    currentWifi: '',          //当前连接的 Wi-Fi
    blueToothList: [],        //可用蓝牙列表
    blueMateList: [],         //已配对的蓝牙列表
    blueCanUse: '未启动',     //本机蓝牙可用状态
    blueIsSearching: '',      //蓝牙搜索状态
    searchButton: 0,          //蓝牙搜索按钮
    buttonTxt: '搜索',        //蓝牙搜索按钮文字
    netWork: ''               //网络类型
},
```

（2）打开 index.wxml 文件，使用<view>视图容器组件、<text>文本组件、<switch>开关选择器组件按照 UI 布局图进行 UI 设计，程序如下。

```
<!--index.wxml-->
<wxs module='m1' src='index.wxs'></wxs>
<view class="container">
    <view class="info-list-head">
        <text class="wifi-name">当前网络</text>
        <text>{{netWork}}</text>
```

```
        </view>
        <view class="info-list-head">
          <text class="wifi-name">WLAN</text>
          <switch bindchange='getWifi' style="zoom:0.8;"></switch>
        </view>
        <view class="list-head">
          <text class="head-info">已连接</text>
          <text class="head-info">{{currentWifi}}</text>
        </view>
        <view wx:for='{{wifiList}}' wx:key='{{index}}' class="info-list">
          <text class="wifi-name" bindtap="connectWifi" data-bssid="{{item.BSSID}}" data-ssid="{{SSID}}">{{m1.wifiName(item.SSID)}}
</text>
          <text class="strength">强度:{{m1.inStrength(item.signalStrength)}}</text>
        </view>
        <view class="info-list-head">
          <text class="wifi-name">蓝牙</text>
          <switch bindchange='getBluetooth' style="zoom:0.8;"></switch>
        </view>
        <view class="list-head">
          <text class="head-info">本机蓝牙</text>
          <text class="head-info">{{blueCanUse}}</text>
        </view>
        <view class="list-head">已配对的设备</view>
        <view wx:for='{{blueMateList}}' wx:key='{{index}}' class="info-list">
          <text class="wifi-name" bindtap="connectWifi" data-bssid="{{item.BSSID}}" data-ssid="{{SSID}}">{{m1.wifiName(item.SSID)}}
</text>
        </view>
        <view class="list-head">
          <text class="head-info">可用设备</text>
          <text class="head-info">{{blueIsSearching}}</text>
        </view>
        <view wx:for='{{blueToothList}}' wx:key='{{index}}' class="info-list">
          <text class="wifi-name" >{{item}}</text>
        </view>
        <button bindtap="searchBlueTooth" wx:if='{{searchButton==1}}' class="search-button">{{buttonTxt}}
</button>
      </view>
```

（3）打开 index.wxss 文件，对 index.wxml 文件中各组件的 WXSS 样式表进行设计定义，程序如下。

```
/**index.wxss**/
.info-list,
.info-list-head,
.list-head{
  display: flex;
  flex-direction: row;
  justify-content:space-between;
  width: 90%;
  font-size: 1.2em;
  color:green;
  height: 70rpx;
```

```
    margin-top: 10rpx;
    line-height: 70rpx;
}
.info-list{
    color: gray;
    border-bottom: solid 1px lightgrey;
}
.info-list:active{
    background-color:lightgray;
}
.list-head{
    background-color: rgb(245, 245, 245);
    color: gray;
    }
.wifi-name{
    width: 75%;
}
.strength{
    width:20%;
    color: green;
}
.head-info_{
    width: 50%;
}
.search-button{
    border-radius: 50%;
    background-color: green;
    color: white;
}
```

（4）保存文件，并预览 index 页面，其在模拟器中的效果如图 19-5 所示。

图 19-5 index 页面预览效果

  注意：

第（2）步中的<wxs module='m1' src='index.wxs'></wxs>的用法及作用，请参阅下文。

19.2.2　页面逻辑的实现

1．获取当前网络类型

（1）打开 index.js 文件，在页面生命周期函数 onReady 中，调用 wx.getNetworkType 接口，获取网络类型,将结果返回页面 data 数据集的 newWork 字段，并调用 wx.onNetworkStatusChange 接口，监听网络状态的变化，并将监听结果返回页面 data 数据集的 netWork 字段，以便小程序端渲染显示。

onReady 函数的参考程序如下。

```
/**
 * 生命周期函数
 */
onReady: function() {
  var that = this
  //获取网络类型
  wx.getNetworkType({
    success(res) {
      that.setNetWork(res.networkType)
    }
  })
  //监听网络状态的变化
  wx.onNetworkStatusChange(function(res) {
    if (res.isConnected == false) {
      that.setData({
        netWork: '无网络'
      })
    } else {
      that.setNetWork(res.networkType)
    }
  })
}
```

上述程序中使用了 wx.getNetworkType 接口与 wx.onNetworkStatusChange 接口，这两个接口的相关注意事项如下。

① wx.getNetworkType 接口的作用是返回手机当前连接的网络类型，该接口的调用程序如下。

```
wx.getNetworkType({
  success (res) {
    const networkType = res.networkType
  }
})
```

其中，success 函数的返回参数 res 是一个 JSON 对象，该对象中只有一个字符串类型的属性——networkType，该属性的值就是网络的类型。networkType 的合法值与说明如表 19-1 所示。

表 19-1　networkType 的合法值与说明

合　法　值	说　　明
wi-fi	Wi-Fi 网络

合 法 值	说 明
2g	2G 网络
3g	3G 网络
4g	4G 网络
unknown	Android 系统中不常见的网络类型
none	无网络

② wx.onNetworkStatusChange 接口的作用是监听网络状态的变化,该接口的调用程序如下。

```
wx.onNetworkStatusChange(function (res) {
    console.log(res.isConnected)
    console.log(res.networkType)
})
```

当网络状态发生开、关、切换等变化时,该接口的回调函数将通过 res 参数带回一个 JSON 数据包,该数据包中包括两个对象:isConnected(网络是否连接)与 networkType(网络类型)。

(2)为了使小程序端 WXML 组件在显示网络类型 networkType 值时直接显示属性值,在页面的生命周期函数前定义一个 setNetWork()函数,对 networkType 的值进行转换操作,程序如下。

```
/**
 * 设置网络类型
 */
setNetWork: function(netType) {
    var netWorkType
    switch (netType) {
        case 'wifi':
            netWorkType = 'wifi 网络'
            break
        case '2g':
            netWorkType = '2g 网络'
            break
        case '3g':
            netWorkType = '3g 网络'
            break
        case '4g':
            netWorkType = '4g 网络'
            break
        case 'unknown':
            netWorkType = '未知网络'
            break
        case 'none':
            netWorkType = '无网络'
    }
    this.setData({
        netWork: netWorkType
    })
},
```

(3)在手机中预览小程序,并分别打开手机的 Wi-Fi 网络与移动数据网络进行测试,小程序的网络类型识别结果分别如图 19-6 与图 19-7 所示。

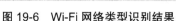

图 19-6　Wi-Fi 网络类型识别结果

图 19-7　移动数据网络类型识别结果

2．Wi-Fi 管理

（1）在 index.js 文件中，定义 WLAN 开关组件的 bindchange 函数 getWifi()，程序如下。

```
//getWifi 打开函数
getWifi: function(e) {
    if (e.detail.value == true) {
        var that = this
        //第 1 步：获取用户授权
        wx.authorize({
            scope: 'scope.userLocation',
            success() {
                //接口调用成功的回调函数
            }
        })
        //第 2 步：调用 wx.startWifi 接口，初始化 Wi-Fi 模块
        wx.startWifi({
            success(res) {
                //初始化成功，开始监听可用的 wifiList
                wx.getWifiList({})
            }
        })
        /*  第 3 步：在监听到的 wifiList 中挑出信号强度大于 50%的 Wi-Fi 信号源
         *  并将其保存到 wifiList 中
         */
        wx.onGetWifiList(function callback(res) {
            var wifiList = new Array;
            for (var i in res.wifiList) {
                if (res.wifiList[i].signalStrength >= 50) {
                    wifiList.push(res.wifiList[i])
                }
            }
            that.setData({
                wifiList: wifiList
            })
        })
    } else {
        this.setData({
            wifiList: []
        })
    }
},
```

上述程序调用了一系列小程序的 Wi-Fi 类接口，使用该类接口需要注意以下几点。

① 在调用小程序的 Wi-Fi 类接口前，需要先获取用户的地理位置授权。

② 在调用其他 Wi-Fi 类接口前，应先调用 wx.startWifi 接口对 Wi-Fi 模块进行初始化。

③ wx.getWifiList 接口的功能是获取周围可用的 Wi-Fi 信号源，但所得到的 wifiList 的数据不会直接返回，而是通过 onGetWifiList 接口的回调函数返回。

④ wx.onGetWifiList 接口的参数是一个回调函数，通过回调函数的参数 res 带回 wx.getWifiList 接口所获取到的 Wi-Fi 信号源。wifiList 是一个数组，该数组中的每个元素都包含一个可连接的 Wi-Fi 的详细属性，这些属性的名称及含义如表 19-2 所示。

表 19-2 可连接的 Wi-Fi 的属性名及含义

属 性 名	类 型	含 义
SSID	字符串	Wi-Fi 的 SSID，即 Wi-Fi 名
BSSID	字符串	Wi-Fi 的 BSSID，即 Wi-Fi 的 MAC 地址
secure	布尔	Wi-Fi 是否安全
signalStrength	数值	Wi-Fi 信号强度，取值范围为 0～100

signalStrength 的取值范围是 0～100，信号强度一般通过图标表示，为了实现不同的图标对应不同范围的信号强度值，将信号强度值转化为 5 个强度等级。

SSID 字符串最长可达 32 个字符，为避免太长的字符串对 UI 布局造成破坏，通常需要对长度超过 32 个字符的 SSID 字符串进行裁剪。

（2）在 index 目录下，新建一个 index.wxss 文件。编写程序实现 Wi-Fi 的 signalStrength 值的转换，以及 SSID 字符串的剪裁，程序如下。

```
//将信号强度转化为 1～5 级
function strengthToIn(strengthValue) {
  var index = Math.ceil(strengthValue/20)
    return index
}
//对 Wi-Fi 名进行字符串长度处理
function cuteName(strName){
  if(strName.length>15){
    var resName = strName.slice(0  15)
    return resName + '...'
  }else if(strName.length>0 && strName.length<=15){
    return strName
  }else{
    return '未知 wifi'
  }
}
module.exports = {inStrength: strengthToIn,wifiName:cuteName}
```

 注意：

（1）WXS 的全称为 WeiXin Script，是小程序的脚本语言，它与 WXML 结合，可以更加灵活地处理数据，从而构建更加灵活的页面结构。

（2）WXS 的语法与 JS 的语法很相似，但两者是不同的语言。WXS 的运行环境与 JS 也是隔离的，在 WXS 中不能调用 JS 文件中定义的函数，也不能调用小程序提供的 API。

（3）每个 WXS 文件中定义的 WXS 脚本程序，就是一个模块，必须使用 module.exports 方法将脚本中的数据导出为对象，才能被 WXML 组件渲染。

（4）在 WXML 文件中，必须先使用<wxs module='m1' src='index.wxs'></wxs>语句将 WXS 文件包含进来，才能对 WXS 中的数据进行渲染，详情参阅 19.2.1 节。

（3）在 index.js 文件中定义 Wi-Fi 名的 bindtap 属性函数 connectWifi，通过该函数实现当用户单击某个 Wi-Fi 名称时连接该 Wi-Fi，程序如下。

```
//连接单击的 Wi-Fi
connectWifi: function(e) {
    var that = this
    var ssid = e.target.dataset.ssid
    var bssid = e.target.dataset.bssid
    wx.connectWifi({
        SSID: ssid,
        BSSID: bssid,
        password: '*****',          //提示用户输入 Wi-Fi 密码
        success(res) {              //连接成功
            wx.showModal({
                title: 'wifi 连接成功',
                showCancel: false,
            })
            that.setData({
                currentWifi: SSID    //将 SSID 写入当前连接的 Wi-Fi
            })
        },
        fail(res) {                 //连接失败
            wx.showModal({
                title: 'wifi 连接失败',
                showCancel: false,
            })
        }
    })
}
```

（4）在手机中预览 index 页面，并打开页面中的"WLAN"开关，将显示附近可用的 Wi-Fi 信息，效果如图 19-8 所示。

（5）单击 Wi-Fi 列表中的任意一个 Wi-Fi 名称进行连接，其效果如图 19-9 所示。

图 19-8　附近可用的 Wi-Fi 信息效果

图 19-9　Wi-Fi 连接效果

注意：

　　本节的程序并没有提供输入 Wi-Fi 密码的交互，因此所有需要安全验证的 Wi-Fi 模块都会弹出"wifi 连接失败"的提示框。读者可根据前面所学的知识，思考如何实现输入 Wi-Fi 密码的验证。

3．蓝牙管理

　　（1）在 index.js 文件中，定义蓝牙开关对应的<switch>组件的 bindchange 属性函数 getBluetooth()，通过该函数调用相关接口，先对蓝牙模块进行初始化，然后找出已经与本机匹配的蓝牙设备，将相关信息添加到 data 数据集的 blueMateList 数组中，程序如下。

```javascript
//蓝牙开关控制函数
getBluetooth: function(e) {
    var that = this
    if (e.detail.value == true) {
        //第 1 步：初始化蓝牙模块
        wx.openBluetoothAdapter({
            success: function(res) {
                //初始化成功，显示本机蓝牙状态
                wx.getBluetoothAdapterState({
                    success(res) {
                        var canUse
                        var isSearch
                        canUse = res.available == true ? "已启动" : "不可用"
                        isSearch = res.discovering == true ? "搜索中……" : "已停止搜索"
                        //找出本机已匹配的蓝牙装备
                        wx.getConnectedBluetoothDevices({
                            success(res) {
                                console.log(res)
                                var index = that.data.blueMateList.length
                                var mate = 'blueMateList[' + index + ']'
                                var device
                                device = res.devices.name == '' ? res.devices.deviceId : res.devices.name
                                that.setData({
                                    [mate]: device
                                })
                            }
                        })
                        that.setData({
                            blueCanUse: canUse,
                            blueIsSearching: isSearch,
                            searchButton: 1    //显示蓝牙搜索按钮
                        })
                    }
                })
            },
            fail: function(res) {
                wx.showModal({
                    title: '蓝牙初始化失败，请检查手机蓝牙是否打开',
```

```
                showCancel: false,
            })
        }
    })
}                         //关闭蓝牙模块
    else {
    wx.closeBluetoothAdapter({
        success() {
            that.setData({
                blueToothList: [],
                searchButton: 0
            })
        }
    })
}
},
```

上述程序调用了小程序的蓝牙类接口，对于该类接口的调用，需注意以下几点。

① 调用蓝牙类接口时，必须先调用 wx.openBluetoothAdapter 接口，以对蓝牙模块进行初始化，该接口的参数是一个对象，该对象的取值为三种函数，这三种函数分别是 success 函数（调用成功时返回）、fail 函数（调用失败时返回）与 complete 函数（无论调用成功还是失败，调用结束就返回）。

② wx.getBluetoothAdapterState 接口的作用是获取蓝牙模块的状态，但只有蓝牙模块完成初始化后才能调用。

③ 通过 wx.getConnectedBluetoothDevices 接口可以获取本机蓝牙模块已经成功匹配的蓝牙设备，该接口的参数是一个对象。wx.getConnectedBluetoothDevices 接口参数与说明如表 19-3 所示。

表 19-3　wx.getConnectedBluetoothDevices 接口参数与说明

参　　数	类　　型	必　　填	说　　明
services	数组	是	蓝牙设备主 service 的 uuid 列表
success	函数	否	接口调用成功的回调函数
fail	函数	否	接口调用失败的回调函数
complete	函数	否	接口调用结束的回调函数（无论调用成功还是失败都会执行）

通过 success 函数可以定义接口调用成功以后的业务程序。success 函数的返回参数 res 是一个包含了蓝牙设备信息的 devices 对象，该对象有两个属性，即 name（蓝牙设备名称）与 deviceId（蓝牙设备 ID），不同蓝牙设备的名称可能相同，但 ID 是唯一的。通过 res.devices.name 语句即可获得该设备的名称。

④ wx.closeBluetoothAdapter 接口的作用是关闭蓝牙模块，断开所有已建立的连接并释放系统资源，通常与 wx.openBluetoothAdapter 接口成对调用。

（2）定义蓝牙搜索按钮的 bindtap 属性函数 searchBlueTooth()，通过该函数调用相关的蓝牙接口，搜索附近可用的蓝牙设备，并将设备信息添加到页面 data 数据集的 blueToothList 数组中，在 WXML 组件中渲染显示出来，程序如下。

```
//蓝牙搜索按钮事件
searchBlueTooth: function() {
```

```
var that = this
if (this.data.buttonTxt == '搜索') {
    wx.startBluetoothDevicesDiscovery({
        success() {
            that.setData({
                buttonTxt: '停止搜索',
                blueIsSearching: '搜索中……'
            })
        }
    })
} else {
    wx.stopBluetoothDevicesDiscovery({
        success() {
            that.setData({
                buttonTxt: '搜索',
                blueIsSearching: '已停止搜索'
            })
        }
    })
}
/**返回所发现的蓝牙设备列表
 * 如果蓝牙设备的 name 不为空，则将 name 压入数组
 * 如果蓝牙设备的 name 为空，则将 deviceId 压入数组
 */
wx.onBluetoothDeviceFound(function(res) {
    var index = that.data.blueToothList.length
    var blueTooth = "blueToothList[" + index + "]"
    var device
    if (res.devices[0].name == '') {
        device = res.devices[0].deviceId
    } else {
        device = res.devices[0].name
    }
    that.setData({
        [blueTooth]: device
    })
})
},
```

上述程序调到的蓝牙类接口的解析如下。

① wx.startBluetoothDevicesDiscovery 接口的功能是开始搜寻附近的蓝牙外围设备，该接口的参数与含义如表 19-4 所示。

表 19-4　wx.startBluetoothDevicesDiscovery 接口的参数与含义

参　　数	类　　型	默　认　值	必　　填	含　　义
services	数组		否	搜索的蓝牙设备主 service 的 uuid 列表。某些蓝牙设备会广播自己的主 service 的 uuid。如果设置此参数，则只搜索广播包中含有对应 uuid 的主 service 的蓝牙设备。建议通过该参数过滤周边不需要处理的蓝牙设备

续表

属　　性	类　　型	默 认 值	必　　填	说　　明
allowDuplicatesKey	布尔	false	否	是否允许重复上报同一蓝牙设备，如果允许重复上报，则 wx.onBlueToothDeviceFound 方法会多次上报同一设备，但 RSSI 值不同
interval	数值	0	否	上报设备的间隔,0 表示找到新设备立即上报，其他数值表示根据传入的间隔上报
success	函数		否	接口调用成功的回调函数
fail	函数		否	接口调用失败的回调函数
complete	函数		否	接口调用结束的回调函数

② wx.stopBluetoothDevicesDiscovery 接口的作用是停止搜索附近的蓝牙外围设备。

③ wx.onBluetoothDeviceFound 接口的作用是监听寻找蓝牙设备，其参数是一个函数，用于定义发现蓝牙设备后的业务逻辑。该函数的参数 res 是一个 devices 数组，该数组中包含了蓝牙设备的相关属性信息，具体如表 19-5 所示。

表 19-5　devices 数组包含的蓝牙设备相关属性信息

属　　性	类　　型	说　　明
name	字符串	蓝牙设备的名称，某些设备可能没有
deviceId	字符串	用于区分设备的 ID
RSSI	数值	当前蓝牙设备的信号强度
advertisData	数组	当前蓝牙设备的广播数据段中的 ManufacturerData 数据段
advertisServiceUUIDs	数组	当前蓝牙设备的广播数据段中的 ServiceUUIDs 数据段
localName	字符串	当前蓝牙设备的广播数据段中的 localName 数据段
serviceData	对象	当前蓝牙设备的广播数据段中的 serviceData 数据段

wx.onBluetoothDeviceFound 接口的调用范例程序如下。

```
wx.onBluetoothDeviceFound(function (devices) {
    console.log('发现一个新蓝牙设备')
    console.dir(devices)
    console.log(devices[0].advertisData)
})
```

（3）保存程序，在手机中打开蓝牙设备，然后预览 index 页面，打开页面中的蓝牙开关，效果如图 19-10 所示。

（4）单击"搜索"按钮，程序开始搜索并显示附近所有可用的蓝牙设备列表，如图 19-11 所示。

（5）若手机的蓝牙模块未打开，打开页面中的蓝牙开关，将弹出如图 19-12 所示的连接失败提示框。

图 19-10　打开小程序的蓝牙开关

图 19-11　搜索附近可用的蓝牙设备

图 19-12　蓝牙连接失败提示

19.3　桌面与电池接口

19.3.1　页面 UI 的实现

（1）打开"desktop"目录下面的 desktop.js 文件，在 data 数据集中准备页面的初始数据，程序如下。

```
/**
 * 页面的初始数据
 */
data: {
    powerPercent:100,        //电池电量
    powerColor:'',           //电量颜色样式
    sceenBrightness:1,       //屏幕亮度
},
```

（2）打开 desktop.wxml 文件，使用<view>视图容器组件，按照如图 19-13 所示的组件结构设计电池外观。

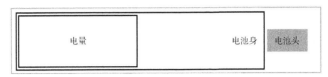

图 19-13　电池外观的组件结构

参考程序如下。

```
<view class="column-title">电池{{powerPercent}}%</view>
<view class="power">
  <view class="battery-body">
    <view class="{{powerColor}}" style='width:{{powerPercent/100*450}}rpx;'></view>
  </view>
  <view class="battery-head"></view>
</view>
```

（3）在 desktop.wxml 文件中按照如图 19-14 所示的效果设计屏幕亮度调整条及"始终保持亮屏"开关按钮。

图 19-14　屏幕亮度调整条及"始终保持亮屏"开关设计效果

参考程序如下。

```
<view class="column-title">屏幕设置</view>
<view class="brightness-setting">
  <text>屏幕亮度　{{sceenBrightness}}%</text>
  <slider max="100" min="1" value="{{sceenBrightness}}" backgroundColor="#e9e9e9" class="light-value" block-size="20" bindchanging="changBrightness" bindchange="changBrightness"></slider>
</view>
<view class="light-setting">
  <text>始终保持亮屏</text>
  <switch style="zoom:0.8" bindchange="onoffLight"></switch>
</view>
```

（4）在 desktop.wxss 文件中定义各个组件的外观样式表，程序如下。

```
/* pages/deskTop/deskTop.wxss */
.column-title{
  font-size: 1.5rem;
  color: green;
  margin:25rpx 0;
}
.power{
  width: 500rpx;
  height: 120rpx;
  background-color: white;
  display: flex;
  flex-direction: row;
  align-items: center;
}
```

```
.battery-body{
    height: 120rpx;
    width: 450rpx;
    background:-webkit-linear-gradient(top,rgb(180, 176, 176),rgb(245, 248, 245),rgb(167, 163, 163));
    border: 1px solid rgb(76, 78, 76);
}
.power-percent-green{      /*绿色电量样式*/
    background:-webkit-linear-gradient(top,green,lightgreen,green);
    height: 120rpx;
}
.power-percent-orange{      /*橙色电量样式*/
    background:-webkit-linear-gradient(top,rgb(231, 198, 7),rgb(247, 248, 160),rgb(231, 198, 7));
    height: 120rpx;
}
.power-percent-red{      /*红色电量样式*/
    background:-webkit-linear-gradient(top,rgb(245, 19, 19),rgb(243, 151, 128),rgb(245, 19, 19));
    height: 120rpx;
}
.battery-head{
    height: 50rpx;
    width: 30rpx;
    background: -webkit-linear-gradient(top,black,white,black);
    border: 1px solid black;
}
.light-value{
    width: 650rpx;
}
.brightness-setting{
    width: 90%;
    display: flex;
    flex-direction: column;
    align-items: flex-start;
    font-size: 1.2rem;
}
.light-setting{
    width:90%;
    display: flex;
    flex-direction: row;
    justify-content: space-between;
    font-size: 1.2rem;
}
```

（5）完成后保存文件，在微信开发者工具中预览页面效果。"屏幕设置"页面效果如图19-15 所示。

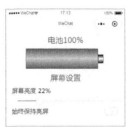

图 19-15 "屏幕设置"页面效果

为了使电池的图像在不同电量范围显示不同的颜色，程序把电量的 WXSS 样式表名称存储在 data 数据集的 powerColor 字段中，并将 powerColor 字段绑定到相应的<view>视图容器组件的 class 属性中，程序如下。

```
<view class="{{powerColor}}" style='width:{{powerPercent/100*450}}rpx;'></view>
```

然后在 WXSS 文件中，以 powerColor 字段值命名，定义了三种不同的颜色方案，分别是 power-percent-green、power-percent-orange 与 power-percent-red。在 powerColor 字段取不同值时电量的 WXSS 外观样式不同，所以相应的<view>视图容器组件能够呈现动态效果。

19.3.2　页面逻辑的实现

1. 电池管理

（1）打开 desktop.js 文件，在页面的生命周期函数 onReady 中，调用电池接口，获取当前电量，并根据电量决定电池的外观颜色样式，参考程序如下。

```
/**
 * 生命周期函数--监听页面初次渲染完成
 */
onReady: function () {
  var that=this
  //获取电池的电量
  wx.getBatteryInfo({
    success(res){
      //根据电量的不同，电池显示不同的颜色
      var classStyle
      if(res.level>=70){
        classStyle ='power-percent-green'
      }else if(res.level>=50){
        classStyle ='power-percent-orange'
      }else{
        classStyle = 'power-percent-red'
      }
      that.setData({
        powerPercent: res.level,
        powerColor:classStyle
      })
    }
  })
},
```

 注意：

wx.getBatteryInfo 接口的功能是获取电池的电量，接口调用成功后，其回调函数 success 将返回两个状态属性，一个是 level（电量），取值范围是 1～100；另一个是 isCharging（电池是否正在充电），取值为 true 或 false。

（2）保存程序，在手机中预览电量效果，不同电量下的效果分别如图 19-16～图 19-18 所示。

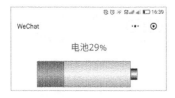 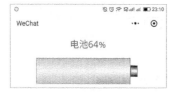 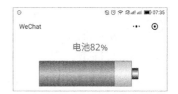

图 19-16　29%电池电量的效果　　　图 19-17　64%电池电量的效果　　　图 19-18　82%电池电量的效果

2．屏幕管理

（1）在 desktop.js 文件的生命周期函数 onReady()中，调用屏幕接口，获取屏幕的当前亮度，程序如下。

```
//获取屏幕的当前亮度
wx.getScreenBrightness({
    success(res){
        that.setData({
            sceenBrightness:res.value*100
        })
    }
})
```

wx.getScreenBrightness 接口调用成功后，其回调函数 success 将带回屏幕的亮度值，范围为 0～1，其中，0 表示最暗，1 表示最亮。

（2）在页面的生命周期函数之前定义调节屏幕亮度的滑动条的 bindchanging 与 bindchange 属性函数 changBrightness，实现在拖动滑标时屏幕亮度随滑动条的值的变化而变化，程序如下。

```
/**
 * 调节屏幕亮度函数
 */
changBrightness:function(e){
    var that=this
    that.setData({
        sceenBrightness:e.detail.value
    })
    wx.setScreenBrightness({
        value:e.detail.value/100,
        complete(res){
            console.log(res)
        }
    })
},
```

wx.setScreenBrightness 接口的功能是设置屏幕亮度，该接口的参数与含义如表 19-6 所示。

表 19-6　wx.setScreenBrightness 接口的参数与含义

参　　数	类　　型	必　　填	含　　义
value	数值	是	屏幕亮度值，取值范围为 0～1；0 最暗，1 最亮
success	函数	否	接口调用成功的回调函数
fail	函数	否	接口调用失败的回调函数
complete	函数	否	接口调用结束的回调函数（无论调用成功还是失败都会执行）

（3）继续定义保持亮屏的<switch>开关选择器组件的 bindchange 属性函数 onoffLight，实现控制屏幕是否永久亮屏的设置，程序如下。

```
/**
 * 设置屏幕是否永久亮屏
 */
onoffLight:function(e){
    if(e.detail.value==true){
        wx.setKeepScreenOn({
            keepScreenOn: true
        })
    }else{
        wx.setKeepScreenOn({
            keepScreenOn: false
        })
    }
},
```

wx.setKeepScreenOn 接口的功能是设置屏幕是否保持亮屏，该接口的参数与含义如表 19-7 所示。

表 19-7 wx.setKeepScreenOn 接口的参数与含义

参　　数	类　　型	必　　填	含　　义
keepScreenOn	布尔	是	是否保持屏幕常亮
success	函数	否	接口调用成功的回调函数
fail	函数	否	接口调用失败的回调函数
complete	函数	否	接口调用结束的回调函数（无论调用成功还是失败都会执行）

   注意：

wx.setScreenBrightness 接口与 wx.setKeepScreenOn 接口都只在手机中才有效，且只对当前小程序有效。离开当前小程序，两个接口对屏幕所进行的设置都将失效。

 # 19.4 电话与联系人接口

19.4.1 页面 UI 的实现

（1）打开 contact 目录下的 contact.js 文件，在 data 数据集中，准备页面的初始数据，程序如下。

```
/**
 * 页面的初始数据
 */
data: {
    familyName:'',        //姓氏
    name:'',              //名字
    cellPhone:0,          //手机
    company:'',           //公司
```

```
        postition:",          //职位
    },
```

（2）在 contact.wxml 文件中，编写程序，设计页面的 UI 效果，程序如下。

```
<!--pages/contact/contact.wxml-->
<view class="container">
<view class="info-item">
    <text>姓氏</text><input type="text" class="txt-box" bindinput='bindFamilyName'></input>
</view>
<view class="info-item">
    <text>名字</text><input type="text" class="txt-box" bindinput='bindName'></input>
</view>
<view class="info-item">
    <text>手机</text><input type="number" maxlength="11" class="txt-box" bindinput='bindCellPhone'></input>
</view>
<view class="info-item">
    <text>公司</text><input type="text" class="txt-box" bindinput='bindCompany'></input>
</view>
<view class="info-item">
    <text>职位</text><input type="text" class="txt-box" bindinput='bindPosition'></input>
</view>
<button type="primary" class="opt-button" bindtap="makePhoneCall">直接拨打电话</button>
<button type="primary" class="opt-button" bindtap="addPhoneContact">添加到通讯录</button>
</view>
```

（3）在 contact.wxss 文件中，设计各个 WXML 组件的外观样式表，程序如下。

```
/* pages/contact/contact.wxss */
.info-item{
    display: flex;
    flex-direction: row;
    justify-content: space-between;
    align-items: center;
    width: 650rpx;
    height: auto;
    margin: 20rpx auto;
}
.txt-box{
    width: 550rpx;
    height: 60rpx;
    border: 1px solid lightgray;
}
.opt-button{
    width: 650rpx;
    margin: 15rpx auto;
}
```

（4）完成后保存并预览页面，电话与联系人页面效果如图 19-19 所示。

图 19-19　电话与联系人页面效果

19.4.2　页面逻辑的实现

（1）打开 contact.js 文件，定义各个输入框的 bindinput 属性函数，使各个输入框的内容能够动态绑定到页面的 data 数据集中，程序如下。

```
/**
 * 各输入框输入绑定函数
 */
//姓氏绑定
bindFamilyName:function(e){
  this.setData({
    familyName:e.detail.value
  })
},
//名字绑定
bindName: function (e) {
  this.setData({
    name: e.detail.value
  })
},
//手机绑定
bindCellPhone: function (e) {
  this.setData({
    cellPhone: e.detail.value
  })
},
//公司绑定
bindCompany: function (e) {
  this.setData({
    company: e.detail.value
  })
},
//职位绑定
bindPosition: function (e) {
  this.setData({
    postition: e.detail.value
```

```
      })
   },
```

（2）定义"直接拨打电话"按钮的 bindtap 函数 makePhoneCall()，调用 wx.makePhoneCall 接口，实现拨打电话功能，程序如下。

```
//拨打电话
makePhoneCall:function(){
   if(this.data.cellPhone!=0){
      wx.makePhoneCall({
         phoneNumber: this.data.cellPhone
      })
   }else{
      wx.showModal({
         title: '错误',
         content: '请输入联系人的电话',
      })
   }
},
```

wx.makePhoneCall 接口的功能是拨打指定的联系人的电话，该接口的必填参数只有一个 phoneNumber。phoneNumber 是一个字符串类型的参数，用于指定要拨打的电话号码。

（3）定义"添加到通讯录"按钮的 bindtap 函数 addPhoneContact()，检查用户所填写的联系人数据，并调用联系人接口，将联系人信息保存到手机通讯录，程序如下。

```
//检查数据是否为空
checkData:function(){
   var res=true;
   if(this.data.familyName=='' || this.data.name==''
   || this.data.cellPhone==0 || this.data.company==''
   || this.data.postition==''){
      res=false
   }
   if(this.data.cellPhone.toString().length<11 || isNaN(this.data.cellPhone)) {
      res=false
   }
   return res
},
//添加到通讯录
addPhoneContact:function(){
   console.log(this.data)
   if(this.checkData()){
      wx.addPhoneContact({
         lastName:this.data.familyName,           //姓氏
         firstName:this.data.name,                //名字
         mobilePhoneNumber:this.data.cellPhone,   //手机号
         organization:this.data.company,          //公司
         title:this.data.postition,               //职位
         success() {
            wx.showToast({
               title: '联系人添加成功',
            })
         }
```

```
        })
      }
    else{
      wx.showModal({
        title: '错误',
        content:'信息内容不完整或错误',
        showCancel:false
      })
    }
  },
```

wx.addPhoneContact 接口的功能是将指定的联系人信息存入手机通讯录，该接口的参数与含义如表 19-8 所示。

表 19-8　wx.addPhoneContact 接口的参数与含义

参　　数	类　　型	必　　填	含　　义
firstName	字符串	是	名字
photoFilePath	字符串	否	头像图片的本地文件路径
nickName	字符串	否	昵称
lastName	字符串	否	姓氏
middleName	字符串	否	中间名
remark	字符串	否	备注
mobilePhoneNumber	字符串	否	手机号
weChatNumber	字符串	否	微信号
addressCountry	字符串	否	联系地址：国家
addressState	字符串	否	联系地址：省份
addressCity	字符串	否	联系地址：城市
addressStreet	字符串	否	联系地址：街道
addressPostalCode	字符串	否	联系地址：邮政编码
organization	字符串	否	公司
title	字符串	否	职位
workFaxNumber	字符串	否	工作传真
workPhoneNumber	字符串	否	工作电话
hostNumber	字符串	否	公司电话
email	字符串	否	电子邮件
url	字符串	否	网站
workAddressCountry	字符串	否	工作地址：国家
workAddressState	字符串	否	工作地址：省份
workAddressCity	字符串	否	工作地址：城市
workAddressStreet	字符串	否	工作地址：街道
workAddressPostalCode	字符串	否	工作地址：邮政编码
homeFaxNumber	字符串	否	住宅传真
homePhoneNumber	字符串	否	住宅电话
homeAddressCountry	字符串	否	住宅地址：国家
homeAddressState	字符串	否	住宅地址：省份
homeAddressCity	字符串	否	住宅地址：城市

续表

参　数	类　型	必　填	含　义
homeAddressStreet	字符串	否	住宅地址：街道
homeAddressPostalCode	字符串	否	住宅地址：邮政编码
success	函数	否	接口调用成功的回调函数
fail	函数	否	接口调用失败的回调函数
complete	函数	否	接口调用结束的回调函数（无论调用成功还是失败都会执行）

（4）在手机中预览 contact 页面，填写电话号码，单击"直接拨打电话"按钮，小程序将打开手机的电话拨打操作界面。如果未填写电话号码，单击"直接拨打电话"按钮，那么小程序将弹出如图 19-20 所示的错误提示框。

（5）填写联系人的各项信息，单击"添加到通讯录"按钮，小程序将打开手机通讯录的联系人操作选择菜单，如图 19-21 所示。

图 19-20　电话号码错误提示框

图 19-21　联系人操作选择菜单

（6）选择"创建新联系人"，程序将跳转至手机新建联系人的信息填写页面，在小程序中填写的信息将自动补充进相应的信息项，如图 19-22 所示。

（7）如果联系人的各项信息未填写完整，单击"添加到通讯录"按钮，那么将弹出如图 19-23 所示的联系人信息不完整的错误提示框。

图 19-22　"创建新联系人"效果

图 19-23　联系人信息不完整的错误提示框

19.5　手机罗盘接口

19.5.1　页面 UI 与数据准备

（1）打开 sensor 目录下面的 sensor.js 文件，在 data 数据集中定义数据对象，程序如下。

```
/**
 * 页面的初始数据
 */
data: {
    compass:'罗盘未开启',        //罗盘方向角度
    animation:0,               //罗盘旋转动画
},
```

（2）打开 sensor.wxml 文件，设计页面的 UI。其中，罗盘图像使用 icon 目录中的 compass.png 文件，并将该图像与 data 数据集中的 animation 绑定，实现旋转动画，程序如下。

```
<!--pages/sensor/sensor.wxml-->
<view class="container">
    <view class="title">手机罗盘</view>
    <view>当前方向：{{compass}}</view>
    <image src="../../icon/compass.png"    animation='{{animation}}' class="compass"></image>
    <button type="primary" class="button" bindtap="startCompass">启动罗盘</button>
    <button type="warn" class="button" bindtap="stopCompass">关闭罗盘</button>
</view>
```

（3）打开 sensor.wxss 文件，设计各组件的外观样式表，程序如下。

```
/* pages/sensor/sensor.wxss */
.title{
    color: green;
    font-size: 1.5rem;
    margin: 20rpx auto;
}
.compass{
    width: 600rpx;
    height: 600rpx;
    margin: 20rpx auto;
}
.button{
    width: 600rpx;
    margin: 20rpx auto;
}
```

（4）保存文件，并预览页面。"手机罗盘"页面效果如图 19-24 所示。

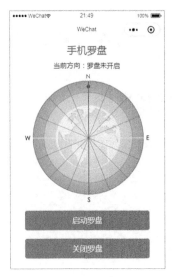

图 19-24　"手机罗盘"页面效果

19.5.2　页面逻辑的实现

（1）打开 sensor.js 文件，在页面的生命周期函数前定义"启动罗盘"按钮的 bindtap 属性函数 startCompass()，程序如下。

```
//开始监听罗盘方向
startCompass:function(){
    var that = this
    var angle
    wx.startCompass()
    wx.onCompassChange(function (res) {
        //罗盘旋转动画
        that.animation = wx.createAnimation()
        that.animation.rotate(360 - res.direction.toFixed(0)).step({
            timingFunction: "step-start"
        })
        //根据罗盘与正北方向的夹角判断手机所指方位
        switch (true) {
            case res.direction < 22.5 ||res.direction>337.5:
                angle='北'
                break;
            case 22.5 <= res.direction && res.direction < 67.5:
                angle = "东北"
                break;
            case 67.5 <= res.direction && res.direction < 112.5:
                angle = "东"
                break;
            case 112.5 <= res.direction && res.direction < 157.5:
                angle ="东南"
                break;
            case 157.5 <= res.direction && res.direction < 202.5:
                angle ="南"
```

```
        break;
      case 202.5 < res.direction && res.direction < 247.5:
        angle ="西南"
        break;
      case 247.5 < res.direction && res.direction < 292.5:
        angle ="西"
        break;
      case 292.5 < res.direction && res.direction < 337.5:
        angle ="西北"
        break;
    }
    //返回罗盘数据
    that.setData({
      compass: angle + res.direction.toFixed(1) + '度',
      animation:that.animation.export()
    })
  })
},
```

上述程序调用了一系列罗盘接口，关于这些接口的作用与解析如下。

① wx.startCompass 接口的作用是开始监听罗盘数据。

② wx.onCompassChange 接口的作用是监听罗盘数据的变化事件，监听频率是 5 次/s，并通过接口的回调函数返回罗盘的数据，数据有两项，即 direction（方向）与 accuracy（精度）。其中，direction 的取值范围为 0～360，表示手机当前方向与地理正北方向间的顺时针夹角。通过该接口获取罗盘方向的调用范例程序如下。

```
wx.onCompassChange(function (res) {
  console.log(res.direction)
})
```

（2）定义"关闭罗盘"按钮的 bindtap 属性函数 stopCompass()，程序如下。

```
//关闭罗盘按钮
stopCompass:function(){
  var that=this
  wx.stopCompass({success(){
    that.setData({
      compass:'罗盘已关闭'
    })
  }})
},
```

（3）保存程序，在手机中预览"手机罗盘"页面，单击"启动罗盘"按钮，调整手机方向，可以看到页面中的罗盘图像随着手机方向的旋转而旋转，效果如图 19-25 所示。单击"关闭罗盘"按钮后，罗盘将停止转动。

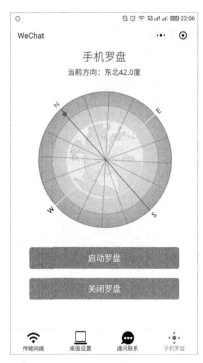

图 19-25 "手机罗盘"页面测试效果

第20讲　网上书店与购物车

小程序在发布上线时，小程序的文件包的大小不能超过 2MB。因此在开发时，大文件只能存储在 Web 服务器上，待小程序运行时再通过小程序端和服务器端数据交互，进行数据与文件的读写操作。

本讲主要通过实现一个简单的网上书店小程序，来掌握小程序开发中前端与服务器之间的相对复杂的数据交互技术。

小程序的业务逻辑流程如图 20-1 所示。

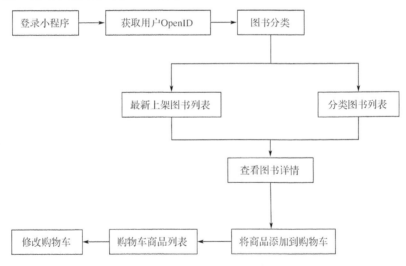

图 20-1　小程序的业务逻辑流程

本讲主要涉及的内容有以下几个方面。

1．小程序端和服务器端的数据交互

（1）wx.request 接口。

（2）PHP 获取小程序端数据。

（3）PHP 向小程序端发送数据。

2．小程序的页面生命周期函数

（1）onLoad()函数。

（2）onReady()函数。

（3）onShow()函数。

3．用户登录与用户信息

（1）wx.login 接口。

（2）用户 OpenID 的获取。

4．小程序带参数的页面跳转：wx.navigateTo 接口

5．小程序的 tabBar 界面设置：wx.setTabBarBadge 接口

20.1　文件、素材与数据准备

（1）打开微信开发者工具，使用测试号新建一个小程序项目，项目的相关配置信息如图 20-2 所示。

图 20-2　新项目的相关配置信息

（2）在项目的目录结构窗格删除项目默认建立的 logs 与 utils 两个目录，并将"icon"目录复制到项目的根目录下，调整后小程序的目录结构如图 20-3 所示。

（3）在"pages"目录下，再新建两个目录，即"detail"与"car"，分别在这两个目录内建立同名文件，最终小程序目录结构如图 20-4 所示。

图 20-3　调整后小程序的目录结构

图 20-4　最终小程序目录结构

（4）打开 app.json 文件，注册小程序的页面文件，配置 tabBar 数据及小程序的授权请求等内容，程序如下。

```
{
  "pages": [
    "pages/index/index",
    "pages/car/car",
    "pages/detail/detail"
  ],
  "window": {
    "backgroundTextStyle": "light",
    "navigationBarBackgroundColor": "#fff",
    "navigationBarTitleText": "WeChat",
    "navigationBarTextStyle": "black"
  },
  "sitemapLocation": "sitemap.json",
  "tabBar": {
    "list": [
      {
        "pagePath": "pages/index/index",
        "text": "图书架",
        "iconPath": "icon/booklist.png",
        "selectedIconPath": "icon/booklist2.png"
      },
      {
        "pagePath": "pages/car/car",
        "text": "购物车",
        "iconPath": "icon/shopcar.png",
        "selectedIconPath": "icon/shopcar2.png"
      }
    ]
  }
}
```

（5）在 Web 服务器上，新建一个 MySQL 数据库，并在该数据库中新建三张数据表，分别为 book_class 表（图书分类表）、book_info 表（图书信息表）与 shop_car 表（购物车表）。

book_class 表的结构如图 20-5 所示。

图 20-5　book_class 表的结构

book_info 表的结构如下图 20-6 所示。

#	名字	类型	排序规则	属性	空	默认	注释	额外
1	b_id	int(255)			否	无		AUTO_INCREMENT
2	b_name	varchar(255)	utf8_general_ci		否	无	图书名	
3	b_isbn	varchar(20)	utf8_general_ci		否	无	ISBN号	
4	cls_id	int(11)			否	无	分类号	
5	b_price	float(5,1)			否	无	价格	
6	b_author	varchar(30)	utf8_general_ci		否	无	作者	
7	b_pub	varchar(30)	utf8_general_ci		否	无	出版社	
8	add_time	datetime			否	无	上架时间	
9	b_pic	varchar(255)	utf8_general_ci		否	无	图片	
10	b_about	varchar(255)	utf8_general_ci		否	无	图书简介	

图 20-6   book_info 表的结构

shop_car 表的结构如图 20-7 所示。

#	名字	类型	排序规则	属性	空	默认	注释	额外
1	id	int(11)			否	无		AUTO_INCREMENT
2	vip_ID	varchar(28)	utf8_unicode_ci		否	无	会员号	
3	b_id	int(11)			否	无	图书ID	
4	car_num	int(2)			否	无	数量	
5	car_time	datetime			否	无	添加时间	

图 20-7   shop_car 表的结构

（6）完成数据表结构设计后，将素材文件夹中"source"目录下的 book_class.sql 文件与 book_info.sql 文件分别导入对应的数据表中，完成数据的准备。

（7）在 Web 服务器的根目录下，新建一个"bookshop"目录，并将其作为项目的根目录，将"book_img"目录及全部图像文件上传到"bookshop"目录中。Web 服务器上项目的目录结构如图 20-8 所示。

远程站点: /webroot
└ webroot
　　└ bookshop
　　　　└ book_img

图 20-8   Web 服务器上项目的目录结构

 # 20.2   用户登录模块的实现

20.2.1   小程序端的逻辑实现

（1）小程序端的用户登录模块在 app.js 文件中设置。小程序端的用户登录模块需要实现以下业务需求。

① 获取用户的 OpenID，并将其保存在小程序的全局数据变量中。

② 根据用户的 OpenID，在数据库中的 shop_car 表中查询该用户的购物车，将购物车中已有的图书数量显示在小程序的 tabBar 中的"购物车"图标上。

app.js 文件中的程序逻辑流程如图 20-9 所示。

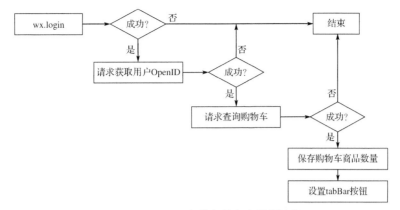

图 20-9　app.js 文件中的程序逻辑流程

app.js 文件中的程序如下。

```javascript
//app.js
const DOMAIN ='https://www.hzclin.com/bookshop/'
App({
  onLaunch: function () {
    //登录，获取用户 OpenID
    wx.login({
      success: res => {
        //发送 res.code 到后台，换取用户 OpenID
        wx.request({
          url: DOMAIN + 'login.php',
          data:{
            code:res.code
          },
          success:res=>{
            this.globalData.openId=res.data.openid
            //查询购物车中该用户的商品数量
            wx.request({
              url: DOMAIN + 'queryCar.php',
              data: {
                vipid: res.data.openid
              },
              success: res => {
                this.globalData.carNum = res.data
                //设置 tabBar 中的"购物车"图标右上角的数字
                if(res.data!=0){
                  wx.setTabBarBadge({
                    index: 1,
                    text: this.globalData.carNum + ',
                  })
                }
              }
            })
          }
        })
      }
    })
  },
```

```
    globalData: {
        openId: null,
        carNum:null
    }
})
```

app.js 文件中的程序实现的是在 wx.login 接口中通过 wx.request 接口向 Web 服务器上的 login.php 发送登录验证码 code，并接收 login.php 返回的用户的 OpenID，然后向 Web 服务器上的 queryCar.php 发送用户的 OpenID，并接受 queryCar.php 返回购物车中商品的数量。

（2）打开 index.js 文件，在页面生命周期函数 onShow()中，将 tabBar 的"购物车"图标右上角的数字设置为最新值，程序如下。

```
//index.js 文件
const DOMAIN = 'https://www.hzclin.com/bookshop/'
const APP=getApp()

onShow:function(){
    //从详情页返回本页面时，刷新 tabBar
    if (APP.globalData.carNum!=0){
        wx.setTabBarBadge({
            index: 1,
            text: APP.globalData.carNum + '',
        })
    }
}
```

index 页面是小程序的图书列表页，小程序经常需要从其他页面跳转回到 index 页，为了防止在其他页面中修改了购物车的数量而 tabBar 中没有同步，需要在 index 页的 onShow()函数中再设置一次 tabBar 的数字。

20.2.2 服务器端的逻辑实现

（1）使用 Dreamweaver 新建服务器端的 login.php 文件，编写 PHP 程序，接收小程序端发送过来的 code，并调用相关接口，获取小程序用户的 OpenID，并将其返回小程序端，程序如下。

```php
<?php
/* 小程序开发
   获取用户 OpenID
*/
$wx=new UserInfo;
if(isset($_GET['code']))
{
    $tmp=$_GET['code'];
    $wx->code=$tmp;
    $wx->sendCode();
}
class UserInfo
{
    private $appid;
    private $appsecret;
    public $code;
```

```php
    function __construct()
    {
        $this->appid='wx2xxxxxxxb';        //AppID
        $this->appsecret='xxexxx9xxd';     //AppSecret
    }
    //发送 code、AppID、AppSecret
    public function sendCode()
    {
        $api_url="https://api.weixin.qq.com/sns/jscode2session?";
        $api_url.="appid=".$this->appid."&secret=".$this->appsecret;
        $api_url.="&js_code=".$this->code."&grant_type=authorization_code";
        $json=file_get_contents($api_url);
        echo $json;                        //返回数据包
    }

    private function httpGet($url){
        $curl = curl_init();
        curl_setopt($curl, CURLOPT_RETURNTRANSFER, true);
        curl_setopt($curl, CURLOPT_TIMEOUT, 500);
        curl_setopt($curl, CURLOPT_SSL_VERIFYPEER, true);
        curl_setopt($curl, CURLOPT_SSL_VERIFYHOST, true);
        curl_setopt($curl, CURLOPT_URL, $url);
        $res = curl_exec($curl);
        curl_close($curl);
        return $res;
    }
}
?>
```

　注意：

关于用户登录、获取用户 OpenID 的详细原理与过程，可参阅第 16 讲。

（2）新建 Web 服务器端的数据库操作文件 dbinfo.php，编写程序，通过程序实现数据库连接，程序如下。

```php
<?php
    /**
     * 数据库信息
     */
    $dbServer='b-xx.xxx.com';         //数据库服务器
    $dbname='b_xxxxxxy9x';            //数据库名称
    $dbuser='b_xxxxxxx9x';            //数据库用户名
    $dbping='xxxxx;                   //数据库登录密码
    $conn=mysqli_connect($dbServer,$dbuser,$dbping);
    if($conn){
        mysqli_select_db($conn,$dbname);
    }else {
        echo '数据库服务器错误';
        exit;
    }
?>
```

（3）新建 Web 服务器端的 queryCar.php 文件，编写程序，接收小程序发送的用户 OpenID，并查询出该 OpenID 对应的用户的购物车表中的商品数量，并将数值返回小程序端，程序如下。

```php
<?php
    /**
     * 购物车商品数量查询接口
     */
    include_once('dbinfo.php');
    $vipID=$_GET['vipid'];
    $sqls="select sum(car_num) as num from shop_car where vip_ID='{$vipID}'";
    $rs=mysqli_query($conn,$sqls);
    if($rs && mysqli_num_rows($rs)>0){
        $temp=mysqli_fetch_array($rs,MYSQLI_ASSOC);
        if($temp['num']!=NULL)
            echo $temp['num'];
        else
            echo 0;
    }else{
        echo 0;
    }
?>
```

20.2.3 程序测试

（1）打开 FileZilla，连接 Web 服务器，将 login.php 文件、dbinfo.php 文件与 queryCar.php 文件上传到服务器的"bookshop"目录下，如图 20-10 所示。

（2）在浏览器中，登录小程序的管理后台，进入"开发设置"的"服务器域名"配置界面，将小程序的服务器域名设置为自己的 Web 服务器域名，如图 20-11 所示。

图 20-10 文件上传后的 Web 服务器文件列表　　　图 20-11 设置服务器域名

（3）在微信开发者工具的模拟器中预览小程序的 tabBar 效果，如图 20-12 所示。

图 20-12 小程序的 tabBar 效果

（4）在微信开发者工具的"Network"面板的"Name"窗格中选择 login 页面的网络详情，单击"Preview"选项卡，可以看到 login 页面返回小程序端的数据，复制该数据中的 OpenID（见图 20-13）。

图 20-13　通过"Network"面板获取 login 页面返回的 OpenID

（5）登录服务器的 MySQL 数据库，参考图 20-14 的数据内容，在 shop_car 表中，添加一条购物车记录，vip_ID 为第（4）步复制的 OpenID。

图 20-14　shop_car 表数据内容

（6）在微信开发者工具中，重新编译、预览小程序，tabBar 中的"购物车"图标的效果如图 20-15 所示。

图 20-15　"购物车"图标的效果

20.3　图书分类的实现

20.3.1　页面 UI 的实现

本节在 index 页面中实现以下两项需求。

（1）在页面上端显示所有图书分类的名称，由于页面的宽度限制不能完全显示的内容，可通过拖动操作显示，其效果如图 20-16 与图 20-17 所示。

图 20-16　通过拖动显示图书分类名称列表一　　　　图 20-17　通过拖动显示图书分类名称列表二

（2）某个图书分类的名称被单击后，该分类名称与其他分类名称外观样式有所区别，效果如图 20-18 所示。

图 20-18　图书分类名称被单击后的样式效果

以上效果的实现步骤如下。

（1）打开 index.js 文件，在页面函数 page()前定义两个常量"DOMAIN"与"APP"，"DOMAIN"的值是 Web 服务器中本项目的 URL，"APP"的值是通过小程序内置函数 getApp()初始化为小程序对象获得的，程序如下。

```
//index.js 文件
const DOMAIN = 'https://www.hzclin.com/bookshop/'
const APP=getApp()
```

（2）在 data 数据集中设置页面数据，程序如下。

```
  data: {
    bookClass: [],          //图书分类列表
    bookList: [],           //图书信息列表
    clsID:0,                //分类号
    imgDir: DOMAIN          //书籍图片目录
  },
```

（3）打开 index.wxml，使用<view>视图容器组件与<scroll-view>滚动视图容器组件，设计页面的图书分类 UI，程序如下。

```
<!--index.wxml-->
<view id="container" class="container">
  <scroll-view    scroll-x>
    <view class="cls-list">
      <view id='bookclass'  wx:for='{{bookClass}}'  wx:key='{{item.cls_id}}'  data-id="{{item.cls_id}}"  bindtap="selectCls" class="{{clsID==item.cls_id?'cls-name-select':'cls-name'}}">{{item.cls_name}}</view>
    </view>
  </scroll-view>
</view>
```

　注意：

class="{{clsID==item.cls_id?'cls-name-select':'cls-name'}}"语句的作用是判断 clsID 的值是否与当前图书分类的 cls_id 值相等，如果相等，则说明用户单击了当前的图书分类名称，当前图书分类的 WXSS 外观样式类应使用 cls-name-select；否则使用 cls-name。

（4）打开 index.wxss 文件，定义图书分类 UI 中各个 WXML 组件的 WXSS，程序如下。

```
/**index.wxss 文件**/
.cls-list{
  display: flex;
  flex-direction: row;
  white-space: nowrap;
  margin-bottom: 10rpx;
}
.cls-name{
  width: 250rpx;
```

```
    color: gray;
    font-size: 1rem;
    border-bottom: 1px solid lightgray;
    margin: 0rpx 10rpx;
    padding-bottom: 6rpx;
}
.cls-name-select{
    width: 250rpx;
    color:   rgb(66, 140, 224);
    font-size: 1rem;
    border-bottom: 2px solid rgb(204, 122, 122);
    margin: 0rpx 10rpx;
    padding-bottom: 6rpx;
}
```

（5）打开 app.wxss 文件，定义 container 类，程序如下。

```
/**app.wxss 文件**/
.container {
    height: 100%;
    display: flex;
    flex-direction: column;
    align-items: center;
    justify-content: space-between;
    box-sizing: border-box;
}
```

将 WXSS 外观样式类 container 定义在 app.wxss 文件中，是为了使其他页面共用该样式类。

20.3.2　小程序端的逻辑实现

（1）打开 index.js 文件，定义页面的 data 数据，程序如下。

```
data: {
    bookClass: [],          //图书分类列表
    bookList: [],           //图书信息列表
    clsID:0,                //分类号
    imgDir: DOMAIN          //书籍图片目录
},
```

（2）在 index.js 文件的页面生命周期函数 onReady 中调用 wx.request 接口，向 Web 服务器端的 bookClass.php 发送数据请求，获取图书分类列表，并将返回的图书分类数据保存到 data 数据集中的 bookClass 中，程序如下。

```
onReady: function () {
    //获取图书分类
    wx.request({
      url: DOMAIN + 'bookClass.php',
      success: res => {
        this.setData({
          bookClass: res.data
        })
      }
    })
},
```

（3）在页面生命周期函数前定义图书分类列表<view>视图容器组件（id='bookclass'）的 bindtap 属性函数 selectCls，将当前分类的 cls_id 写进 data 数据集的 clsID 中，然后调用 showBookList()函数，程序如下。

```
/**
 * 选择不同的图书分类
 */
selectCls:function(e){
    this.setData({
        clsID:e.target.dataset.id
    })
    this.showBookList()
},
```

showBookList()函数的作用是获取并显示分类图书的信息列表，关于该函数的具体定义，请参阅下文。

20.3.3 服务器端的逻辑实现

（1）使用 Dreamweaver 新建 bookClass.php 文件，编写程序，从 MySQL 数据库的 book_class 表中查询全部图书分类信息，并将这些信息以 JSON 格式返回小程序端，程序如下。

```php
<?php
    /**
     * 图书分类接口
     */
    include_once('dbinfo.php');
    $sqls='select cls_id,cls_name,cls_great from book_class';
    $rsList=mysqli_query($conn,$sqls);
    $listArray=array();
    if($rsList && mysqli_num_rows($rsList)>0){
        $rsRows=mysqli_num_rows($rsList);
        //将各条记录转换为关联数组，并压入数组$listArray 中
        for($i=0;$i<$rsRows;$i++)
        {
            $temp=mysqli_fetch_array($rsList,MYSQLI_ASSOC);
            array_push($listArray,$temp);
        }
        $listJson=json_encode($listArray);    //以 JSON 格式将图书分类信息返回小程序端
        echo $listJson;
        }else{
        echo NULL;
    }
?>
```

（2）将 bookClass.php 文件上传到 Web 服务器中的该项目的根目录下，在微信开发者工具模拟器中预览 index 页面。图书分类列表显示效果如图 20-19 所示。

图 20-19　图书分类列表显示效果

20.4　图书信息列表的实现

20.4.1　页面 UI 的实现

（1）打开 index.wxml 文件，参考如图 20-20 所示的图书信息列表布局效果，在视图组件 container 中设计 WXML 组件，程序如下。

```
<view   id="booklist" wx:for="{{bookList}}" wx:key="{{item.b_id}}"   class='book-list'>
    <image src="{{imgDir}}{{item.b_pic}}" class="book-img"></image>
    <view id='bookinfo' class="book-info">
       <view id="bookname" class="book-name" data-id="{{item.b_id}}" bindtap="selectBook">
{{item.b_name}}</view>
       <view id="bookauthor" class="book-author">作者：{{item.b_author}}</view>
       <view id="bookprice" class="book-price">￥:{{item.b_price}}</view>
       <image id="shopcar" src="../../icon/addtocar.jpg" data-id='{{item.b_id}}' bindtap='addToCar' class="addtocar"></image>
    </view>
</view>
```

图 20-20　图书信息列表布局效果

JS 文件是小程序的逻辑层，WXML 文件是小程序的视图层。在 WXML 文件中通过{{}}符号可以获取 JS 文件中 data 数据集的值，在 JS 文件中如果需要获取 WXML 组件的一些数据，则需要使用组件的 data-属性。

组件的 data-属性的作用是为组件绑定一个数据集，并将该数据集传回到逻辑层。data-属性可以有多个不同的数据值，每个数据值用不同的名称来区分，如 data-id='3'，data-name='a'。

在 JS 文件中，可以在该组件绑定的事件函数中，通过 e.target.dataset.id 语句来获取该组件的 data-id 属性的值，详情请参阅下文。

（2）打开 index.wxss 文件，在该文件中定义各个组件的外观样式表，程序如下。

```
.book-list{
    height: 230rpx;
    display: flex;
    flex-direction: row;
    border-bottom: 1rpx solid lightgray;
    margin:5rpx 0;
}
.book-info {
    width:500rpx;
    margin: 10rpx;
    font-size: 0.7rem;
}
.book-img{
    width: 200rpx;
```

```
  height: 200rpx;
}
.book-name{
  color: rgb(77, 75, 75);
  font-size: 0.8rem;
  height: 60rpx;
  line-height: 60rpx;
}
.book-author{
  color: rgb(168, 164, 164);
}
.book-price{
  color: red;
  font-size: 0.8rem;
}
.addtocar{
  width: 87px;
  height: 25px;
  margin-top: 5rpx;
  float: right;
}
```

20.4.2　图书列表的逻辑实现

1. 小程序端

（1）打开 index.js 文件，在页面的生命周期函数 onReady 中，再次调用 wx.request 接口，向 Web 服务器上的 bookList.php 文件发送分类 ID 为 0 的数据，获取最新上架的图书信息，并将其写入 data 数据集，程序如下。

```
//获取最新上架的图书
wx.request({
  url: DOMAIN + 'bookList.php',
  data: {
    cls_ID: 0
  },
  success: res => {
    this.setData({
      bookList: res.data
    })
  }
})
```

wx.request 接口不支持一次向多个 URL 发送请求，因此当程序需要向不同的 URL 请求数据时，必须通过多次调用 wx.request 接口来实现。

（2）在页面生命周期函数前定义 showBookList()函数，通过该函数将用户选择的图书分类的 ID 号发送到 Web 服务器上的 bookList.php 文件中，接收返回该分类中的图书信息列表，并将其写入页面的 data 数据集中，程序如下。

```
/**
 * 分类图书信息列表查询显示
 */
showBookList:function(){
  wx.request({
    url: DOMAIN + 'bookList.php',
    data: {
      cls_ID: this.data.clsID
    },
    success: res => {
      this.setData({
        bookList: res.data
      })
    }
  })
},
```

注意：

showBookList()函数结合 20.3.2 节中的 selectCls()函数进行调用。

（3）在页面生命函数前继续定义 bookname 组件的 bindtap 属性函数 selectBook，实现当用户单击每本图书的书名时，跳转到图书详情页 detail，程序如下。

```
/**
 * 跳转到图书详情页
 */
selectBook:function(e){
  wx.navigateTo({
    url: '../detail/detail?bid='+e.target.dataset.id,
  })
},
```

在调用 wx.navigateTo 接口时，在目标页面的 URL 后添加"?var=value"语句，可实现当前页面携带一个 var 参数（其值为 value）跳转到目标页。

2．服务器端

（1）在 Dreamweaver 中新建图书列表信息的接口文件 bookList.php，编写接口程序，接收小程序发送过来的图书分类号 cls_ID，如果用户指定某一图书分类，则查询并返回该分类中最新的 5 本图书；如果用户未指定图书分类，则查询并返回最新上架的 5 本图书，程序如下。

```
<?php
  /**
   * 图书信息列表接口
   * 每个分类获取最新的 5 本图书
   */
  include_once('dbinfo.php');
  $bookClass=$_GET['cls_ID'];                    //图书分类号 cls_ID
  if($bookClass!=0){                             //如果指定图书分类号，则查询对应分类最新的 5 本图书
      $sqls="select b_id,b_name,b_author,b_price,cls_id,b_pic from book_info
      where cls_id={$bookClass} order by add_time desc limit 0,5";
```

```
    }else{                        //如果不指定分类号，则查询最新上架的 5 本图书
        $sqls="select b_id,b_name,b_author,b_price,cls_id,b_pic from book_info
        order by add_time desc limit 0,5";
    }
    $rsList=mysqli_query($conn,$sqls);
    $listArray=array();
    if($rsList && mysqli_num_rows($rsList)>0){
        $rsRows=mysqli_num_rows($rsList);
        //将各条记录转换为关联数组，并压入数组$listArray
        for($i=0;$i<$rsRows;$i++)
        {
            $temp=mysqli_fetch_array($rsList,MYSQLI_ASSOC);
            array_push($listArray,$temp);
        }
    }else{
        $listArray=array(array('b_id'=>'',
                                'b_name'=>'暂无该分类图书',
                                'b_author'=>'',
                                'b_price'=>'',
                                'b_isbn'=>'',
                                'cls_id'=>'',
                                'b_pic'=>'book_img/default.jpg'));
    }
    $listJson=json_encode($listArray);         //以 JSON 格式将图书信息返回小程序端
    echo $listJson;
?>
```

（2）将 bookList.php 文件上传到 Web 服务器相应的目录中。在微信开发者工具中编译、预览小程序。未指定分类的图书信息列表效果如图 20-21 所示。

（3）单击不同图书分类名称，显示不同图书分类中的图书信息列表，如图 20-22 所示。

图 20-21　未指定分类的图书信息列表效果　　图 20-22　单击不同的图书分类名称的图书信息列表

20.4.3　加入购物车的逻辑实现

1．小程序端

在 index.js 文件的生命周期函数前定义"加入购物车"按钮的 bindtap 属性函数 addToCar()，实现将对应的图书 ID（bID）、当前用户的 OpenID（vipID）发送到服务器端的 addToCar.php，并更新 tabBar 中的"购物车"图标右上角的数字，程序如下。

```
/**
 * 添加到购物车
 */
addToCar:function(e){
  wx.request({
    url: DOMAIN + 'addToCar.php',
    data:{
      bid:e.target.dataset.id,
      vipid: APP.globalData.openId,
    },
    success:res=>{
      if(res.data=='insert ok')             //添加购物车成功
      {
        //显示添加成功提示框
        wx.showToast({
          title: '已成功加入购物车',
        })
        //tabBar 更新数字
        APP.globalData.carNum+=1;
        wx.setTabBarBadge({
          index: 1,
          text: APP.globalData.carNum+'',
        })
      }else{                                 //添加购物车失败
        wx.showToast({
          title: '购物车添加失败',
        })
      }
    }
  })
},
```

2．服务器端

（1）在 Dreamweaver 中新建购物车的商品添加接口文件 addToCar.php，编写接口程序，接收小程序端传入的 bID 与 vipID，根据两项数据实现购物车中商品的添加，程序如下。

```
<?php
/**
 * 添加图书到购物车接口
 */
include_once('dbinfo.php');
$bID=$_GET['bid'];
```

```php
$vipID=$_GET['vipid'];
$time=date("Y-m-d H:i:s",time());
$sqls="select id from shop_car where vip_ID='{$vipID}' and b_id='{$bID}'";
$rs=mysqli_query($conn,$sqls);
if($rs && mysqli_num_rows($rs)>0){
    $sqls="update shop_car set car_num=car_num+1,car_time='{$time}' where vip_ID='{$vipID}' and b_id='{$bID}'";
}else{
    $sqls="insert into shop_car(vip_ID,b_id,car_num,car_time)values('{$vipID}','{$bID}',1,'{$time}')";
}
if(mysqli_query($conn,$sqls)){
    echo 'insert ok';
}else{
    echo 'insert false';
}
?>
```

（2）将 addToCar.php 文件上传到 Web 服务器中相应的目录下。在微信开发者工具中预览小程序，单击图书列表中的"加入购物车"按钮，添加购物车成功的提示框效果如图 20-23 所示。

（3）监视 MySQL 数据库中记录的变化，可以看到单击"加入购物车"按钮前后 shop_car 表的记录分别如图 20-24 和图 20-25 所示。

图 20-23　添加购物车成功的提示框效果

id	vip_ID 会员号	b_id 图书ID	car_num 数量	car_time 添加时间
96	oV7Xy5Jai-qc01-TlzDW1VeBsV8I	4	3	2019-08-05 17:06:20

图 20-24　单击"加入购物车"按钮前 shop_car 表的记录

id	vip_ID 会员号	b_id 图书ID	car_num 数量	car_time 添加时间
96	oV7Xy5Jai-qc01-TlzDW1VeBsV8I	4	3	2019-08-05 17:06:20
97	oV7Xy5Jai-qc01-TlzDW1VeBsV8I	6	1	2019-08-05 17:12:37

图 20-25　单击"加入购物车"按钮后 shop_car 表的记录

20.5　图书详情页的实现

20.5.1　页面 UI 的实现

（1）打开 detail 目录下的 detail.js 文件，定义页面常量"DOMAIN"与"APP"，并在页面 data 数据集中准备页面数据，程序如下。

```
// pages/detail/detail.js
const APP=getApp()
const DOMAIN ='https://www.hzclin.com/bookshop/'
Page({

  /**
   * 页面的初始数据
   */
  data: {
    bookID:'',            //图书 ID
    bookImage:'',         //图书图片
    bookName:'',          //图书名称
    bookAuthor:'',        //图书作者
    bookPrice:0,          //图书价格
    bookPublisher:'',     //出版社
    bookDescribe:'',      //图书简介
    bookAddTime:''        //上架时间
  },
```

（2）打开 detail.wxml 文件，编写 WXML 程序，设计页面的 UI 效果，程序如下。

```
<!--pages/detail/detail.wxml-->
<view class="container">
  <view id="bookname" class="book-name">{{bookName}}</view>
  <image id="bookimage" src="{{bookImage}}"class="book-image"></image>
  <view id='describle' class="describle">{{bookDescrible}}</view>
  <view id="bookprice" class="book-price">￥{{bookPrice}}</view>
  <view id="bookauthor" class="book-info">{{bookAuthor}}</view>
  <view id="bookpublisher" class="book-info">{{bookPublisher}}</view>
  <view id="publish-time" class="book-info">{{bookAddTime}}</view>
  <image id="addtocar" src="../../icon/addtocar.jpg" data-id='{{bookID}}' bindtap='addToCar' class="addtocar"></image>
</view>
```

（3）打开 detail.wxss 文件，设计各 WXML 组件的外观样式表，程序如下。

```
/* pages/detail/detail.wxss */
.book-name{
  font-size: 1.2rem;
  color: green;
  margin: 20rpx 0rpx;
}
.book-image{
```

```
    width: 400rpx;
    height: 400rpx;
}
.describle{
    font-size: 0.9rem;
    color: rgb(80, 77, 77);
    width: 700rpx;
    text-align: justify;
    border-bottom: 1px solid lightgray;
    padding: 20rpx 0rpx;
}
.book-price{
    font-size: 1rem;
    color: red;
    text-align: left;
    width: 700rpx;
    height: 60rpx;
    line-height: 60rpx;
    border-bottom: 1px solid lightgray;
}
.book-info{
    font-size: 0.9rem;
    width: 700rpx;
    height: 60rpx;
    line-height:60rpx;
    color: gray;
    text-align: left;
    border-bottom: 1px solid lightgray;
}
.addtocar{
    width: 102px;
    height: 27px;
    margin: 20rpx 0rpx;
}
```

20.5.2 小程序端的逻辑实现

（1）在 detail.js 文件的页面生命周期函数 onLoad()中获取页面的 URL 参数 bid，并将其保存到页面的 data 数据集中，程序如下。

```
/**
 * 生命周期函数--监听页面加载
 */
onLoad: function (options) {
    this.setData({
        bookID:options.bid
    })
},
```

在用户单击 index 页面中的图书名称查看图书详情时，页面通过 URL 参数 bid 将图书 ID

携带到 detail 页面，在 detail 页面的 onLoad()函数中，通过函数参数 options.bid 可以获取该参数的值。

（2）在页面生命周期函数 onReady()中，将图书 ID 号提交给 Web 服务器上的 bookInfo.php 文件，获取该图书的详情数据，并将其保存到页面的 data 数据集中，程序如下。

```
/**
 * 生命周期函数--监听页面初次渲染完成
 */
onReady: function () {
  var that=this
  //获取图书详情
  wx.request({
    url: DOMAIN + 'bookInfo.php',
    data:{
      bid:this.data.bookID
    },
    success:res=>{
      //成功
      that.setData({
        bookImage: DOMAIN + res.data.b_pic,
        bookName: res.data.b_name,
        bookAuthor: res.data.b_author,
        bookPrice: res.data.b_price,
        bookPublisher: res.data.b_pub,
        bookDescribe: res.data.b_about,
        bookAddTime: res.data.add_time
      })
    }
  })
},
```

页面的生命周期函数 onReady()在 onLoad()之后执行，onLoad()函数是在页面加载时执行的，onReady()函数是在整个页面准备完成后才执行的。因此在 onLoad()函数获取图书 ID 之后，可以在 onReady()函数中提交给 Web 服务器的接口文件。

（3）定义"加入购物车"按钮的 bindtap 函数 addToCar()，通过该函数将图书 ID 与用户 OpenID 提交给 Web 服务器中的 addToCar.php 文件，实现购物车商品的添加，程序如下。

```
/**
 * 添加到购物车
 */
addToCar:function(e){
  wx.request({
    url: DOMAIN + 'addToCar.php',
    data: {
      bid: e.target.dataset.id,
      vipid: APP.globalData.openId,
    },
    success: res => {
      if (res.data == 'insert ok')        //添加购物车成功
      {
```

```
                    //显示添加购物车成功提示框
                    wx.showToast({
                        title: '已成功加入购物车',
                    })
                    //更新数据
                    APP.globalData.carNum += 1;
                    wx.setTabBarBadge({
                        index: 1,
                        text: APP.globalData.carNum + ",
                    })
                } else {                       //添加购物车失败
                    wx.showToast({
                        title: '购物车添加失败',
                    })
                }
            }
        })
    },
```

20.5.3　服务器端的逻辑实现

（1）在 Dreamweaver 中新建服务器端的图书详情接口文件 bookInfo.php，程序如下。

```php
<?php
/**
 * 图书详情接口
 */
    include_once('dbinfo.php');
    $bid=$_GET['bid'];
    $sqls="select b_id,b_name,b_isbn,b_price,b_author,b_pub,add_time,b_pic,b_about from book_info where b_id=".$bid;
    $rs=mysqli_query($conn,$sqls);
    if($rs && mysqli_num_rows($rs)>0){
        $temp=mysqli_fetch_array($rs,MYSQLI_ASSOC);
        $json=json_encode($temp);
        echo $json;
    }else{
        echo null;
    }
?>
```

（2）保存上述程序，并将 bookInfo.php 文件上传到 Web 服务器相应的目录下，预览小程序，在图书信息列表中单击任意一本图书的书名，小程序将跳转到该图书的详情页。"图书详情页"的预览效果如图 20-26 所示。

（3）单击"加入购物车"按钮，页面效果如图 20-27 所示，再单击页面左上角的返回按钮，tabBar 中"购物车"的数字在原来的基础上加 1。

图 20-26　图书详情页的预览效果　　　图 20-27　单击"加入购物车"按钮的效果

20.6　购物车列表页的实现

20.6.1　页面 UI 与数据准备

（1）打开 car 目录下面的 car.js 文件，定义页面，并在页面 data 数据集中定义数据对象，程序如下。

```
//car.js 文件
const APP=getApp()
const DOMAIN ='https://www.hzclin.com/bookshop/'
Page({
  data: {
    bookList: '',        //图书列表
    imgDir:DOMAIN        //书籍图片目录
  },
```

（2）打开 car.wxml 文件，按照如图 20-28 所示的布局设计购物车列表页面中每本图书的购物车内容布局。

图 20-28　购物车的图书信息布局

参考程序如下。

```
<!--car.wxml-->
<view class="container ">
  <view id="booklist" wx:for="{{bookList}}" wx:key="{{item.b_id}}" class="booklist">
    <image id='bookimg' src="{{imgDir}}{{item.b_pic}}" class="img-book"></image>
    <view id="bookinfo" class="bookinfo">
```

```
            <view id="bookname">{{item.b_name}}</view>
            <view id="price" class="price">￥{{item.b_price}}</view>
            <view id="operation" class="operation">
                <view id="decrease" class="opt-button" data-id="{{item.id}}" data-index="{{index}}" data-opt='d' bindtap="operateNum">-
</view>
                <view id="carnum" class="carnum">{{item.car_num}}</view>
                <view id="increase" class="opt-button" data-id="{{item.id}}" data-index="{{index}}" data-opt="i" bindtap="operateNum"> +
</view>
            </view>
        </view>
    </view>
</view>
```

 注意：

数量减少按钮（id="decrease"）与数量增加按钮（id="increase"）的 bindtap 属性函数都是 operateNum，二者通过两个按钮的 data-opt 属性的值来区分。

（3）打开 car.wxss 文件，设计各组件的外观样式表，程序如下。

```
/**car.wxss 文件**/
.booklist {
    width:700rpx;
    margin: 10rpx;
    border: 1px solid rgb(158, 156, 156);
    display: flex;
    flex-direction: row;
}
.img-book{
    width: 150rpx;
    height: 150rpx;
}
.bookinfo{
    width: 550rpx;
    display: flex;
    flex-direction: column;
}
.operation{
    display: flex;
    flex-direction: row;
}
.price{
    color: red;
}
.carnum,
.opt-button{
    width:   40rpx;
    height: 40rpx;
    line-height: 40rpx;
    text-align: center;
    border: 1px solid gray;
}
```

```
.carnum{
    width:   70rpx;
    margin: 0rpx 5rpx;
    color: green;
}
```

20.6.2　小程序端的逻辑实现

（1）打开 sensor.js 文件，在页面的生命周期函数 onShow()中，通过 wx.request 接口向 Web
服务器上的 carList.php 文件发出请求，获取当前用户的 shop_car 表，并将其保存到页面的 data
数据集中，程序如下。

```
onShow:function(){
    //获取购物车中的商品列表
    var that = this
    wx.request({
        url: DOMAIN + 'carList.php',
        data: {
            vipid: APP.globalData.openId
        },
        success: res => {
            that.setData({
                bookList: res.data
            })
        }
    })
}
```

（2）在页面生命周期函数前定义数量增加按钮与数量减少按钮的 bindtap 属性函数
operateNum()，实现用户单击两个按钮时，将该条购物车记录的 cid 与最新数量 newNum 发送
到服务器上的 updateShopCar.php 文件，对应的图书在 shop_car 表中的数量也相应地增加或减
少，同时 tabBar 中"购物车"图标的右上角的数字也同步变化，程序如下。

```
/**
 * 增加或减少商品数量
 */
operateNum:function(e){
    var that=this
    var opt=e.target.dataset.opt             //操作标志
    var index=e.target.dataset.index         //数组下标
    var cid=e.target.dataset.id              //购物车记录 ID
    var carNum='bookList[' + index + '].car_num'
    if(opt=='i'){                            //增加商品数量
        var newNum = parseInt(that.data.bookList[index].car_num) + 1
        that.setData({
            [carNum]: newNum
        })
    }
    else{                                    //减少商品数量
        var newNum = parseInt(that.data.bookList[index].car_num) - 1
```

```
        newNum=newNum<1?0:newNum;        //最小值为 0
        if(newNum<=0){
            var temp=that.data.bookList
            temp.splice(index,1)
            that.setData({
                bookList:temp
            })
        }else{
            that.setData({
                [carNum]: newNum
            })
        }
    }
    //更新数据库
    wx.request({
        url: DOMAIN + 'updateShopCar.php',
        data:{
            cid:cid,
            num:newNum
        },
        success:res=>{
            if(res.data){
                that.updateTabBar(opt)        //更新 tabBar
            }
        }
    })
},
```

（3）在 operateNum()函数后面定义 tabBar 的同步更新函数 updateTabBar()，程序如下。

```
/**
 * 更新 tabBar 函数
 */
updateTabBar:function(flag){
    if(flag=='d')
        APP.globalData.carNum -=1;
    else
        APP.globalData.carNum += 1
    wx.setTabBarBadge({
        index: 1,
        text: APP.globalData.carNum + '',
    })
},
```

20.6.3　服务器端的逻辑实现

（1）在 Dreamweaver 中新建购物车商品列表的接口文件 carList.php，编写程序，接收小程序发送的用户 OpenID，从 MySQL 数据库的 shop_car 表中查出该用户的购物车数据，并将数据返回小程序端，程序如下。

```php
<?php
    /**
     * 购物车中的商品列表查询接口
     */
    include_once('dbinfo.php');
    $vipID=$_GET['vipid'];
    $sqls="select a.b_id,a.b_name,a.b_pic,a.b_price,b.id,b.car_num from book_info a
    inner join shop_car b on a.b_id=b.b_id where b.vip_ID='{$vipID}'";
    $rs=mysqli_query($conn,$sqls);
    if($rs && mysqli_num_rows($rs)>0)
    {
        $num=mysqli_num_rows($rs);
        $resArray=array();
        for($i=0;$i<$num;$i++)
        {
            $temp=mysqli_fetch_array($rs,MYSQLI_ASSOC);
            array_push($resArray,$temp);
        }
        $json=json_encode($resArray);
        echo $json;
    }else{
        echo null;
    }
?>
```

（2）新建购物车中的商品数量更新接口文件 updateShopCar.php，编写程序，接收小程序端发送的 cid 与 num，并修改 shop_car 表中的相应记录，程序如下。

```php
<?php
    /**
     * 购物车中的商品数量更新接口
     */
    include_once("dbinfo.php");
    $cid=$_GET['cid'];
    $num=$_GET['num'];
    if($num>0){
        $sqls="update shop_car set car_num={$num} where id={$cid}";
    }
    else {
        $sqls="delete from shop_car where id={$cid}";
    }
    $rs=mysqli_query($conn,$sqls);
    if(mysqli_affected_rows($conn)>0){
        echo true;
    }else{
        echo false;
    }
?>
```

20.6.4　程序测试

（1）将 carList.php 文件与 updateShopCar.php 文件上传到 Web 服务器中相应的目录下，预览小程序，在图书列表中单击"加入购物车"按钮，添加几本图书到购物车。

单击 tabBar 中的"购物车"图标，可以看到如图 20-29 所示的页面效果。

MySQL 数据库中的 shop_car 表记录如图 20-30 所示。

id	vip_ID 会员号	b_id 图书ID	car_num 数量	car_time 添加时间
96	oV7Xy5Jai-qc01-TIzDW1VeBsV8I	4	6	2019-09-17 20:22:54
97	oV7Xy5Jai-qc01-TIzDW1VeBsV8I	6	2	2019-08-05 17:12:37
100	oV7Xy5Jai-qc01-TIzDW1VeBsV8I	9	2	2019-08-05 21:50:05
101	oV7Xy5Jai-qc01-TIzDW1VeBsV8I	23	1	2019-08-05 21:50:18
102	oV7Xy5Jai-qc01-TIzDW1VeBsV8I	24	1	2019-08-05 21:50:24
103	oV7Xy5Jai-qc01-TIzDW1VeBsV8I	28	1	2019-09-17 20:25:05

图 20-29　"购物车"中的图书列表效果　　　图 20-30　MySQL 数据库中的 shop_car 表记录

（2）单击"购物车"商品列表中的《为什么是毛泽东》对应的"+"，该图书对应的数字将随单击次数增加，tabBar 中的"购物车"图标右上角的红色数字同步增加，效果如图 20-31 所示。

"购物车"中的商品数量增加后 MySQL 数据库中的 shop_car 表的记录如图 20-32 所示。

id	vip_ID 会员号	b_id 图书ID	car_num 数量	car_time 添加时间
96	oV7Xy5Jai-qc01-TIzDW1VeBsV8I	4	6	2019-09-17 20:22:54
97	oV7Xy5Jai-qc01-TIzDW1VeBsV8I	6	3	2019-08-05 17:12:37
100	oV7Xy5Jai-qc01-TIzDW1VeBsV8I	9	2	2019-08-05 21:50:05
101	oV7Xy5Jai-qc01-TIzDW1VeBsV8I	23	1	2019-08-05 21:50:18
102	oV7Xy5Jai-qc01-TIzDW1VeBsV8I	24	1	2019-08-05 21:50:24
103	oV7Xy5Jai-qc01-TIzDW1VeBsV8I	28	1	2019-09-17 20:25:05

图 20-31　在"购物车"商品列表中增加商品　　　图 20-32　"购物车"中的商品数量增加后 MySQL 数
　　　　　数量的效果　　　　　　　　　　　　　　　据库中的 shop_car 表的记录

（3）单击商品列表中《语言本能：人类语言进化的奥秘》对应的"-"，该图书对应的数字将随单击次数减少，tabBar 中的"购物车"图标的右上角的红色数字同步减少；当数量为 0 时，该图书将从商品列表中删除，效果如图 20-33 所示。

"购物车"商品列表中的某图书数量为 0 时 MySQL 数据库中的 shop_car 表的记录如图 20-34 所示。

id	vip_ID 会员号	b_id 图书ID	car_num 数量	car_time 添加时间
96	oV7Xy5Jai-qc01-TlzDW1VeBsV8I	4	6	2019-09-17 20:22:54
97	oV7Xy5Jai-qc01-TlzDW1VeBsV8I	6	3	2019-08-05 17:12:37
100	oV7Xy5Jai-qc01-TlzDW1VeBsV8I	9	2	2019-08-05 21:50:05
101	oV7Xy5Jai-qc01-TlzDW1VeBsV8I	23	1	2019-08-05 21:50:18
102	oV7Xy5Jai-qc01-TlzDW1VeBsV8I	24	1	2019-08-05 21:50:24

图 20-33　"购物车"商品列表中的某图书数量　　图 20-34　"购物车"商品列表中的某图书数量为 0 时
为 0 时删除该图书　　　　　　　　　　　　　MySQL 数据库中的 shop_car 表的记录

SPOC官方公众号

欢迎广大院校师生 **免费注册体验**

www.hxspoc.cn

华信SPOC在线学习平台

专注教学

教学课件
师生实时同步

数百门精品课
数万种教学资源

多种在线工具
轻松翻转课堂

支持PC、微信使用

测试、讨论
投票、弹幕……
互动手段多样

一键引用，快捷开课
自主上传、个性建课

教学数据全记录
专业分析、便捷导出

登录 www.hxspoc.com 检索 SPOC 使用教程 获取更多

SPOC宣传片

教学服务QQ群： 231641234
教学服务电话：010-88254578/4481   教学服务邮箱：hxspoc@phei.com.cn

电子工业出版社有限公司   华信教育研究所